应用运筹与博弈教材教辅系列

数学规划建模方法
（第 5 版）

Model Building in Mathematical Programming
（Fifth Edition）

[英] H. Paul Williams 著

李志猛　王建江　译

电子工业出版社
Publishing House of Electronics Industry
北京·BEIJING

内容简介

本书作为数学建模领域的名著，集中讨论了数学规划中模型构建的一般原则、各类数学规划模型的核心特征和求解难度，并重点讲述了它们在不同领域的广泛应用。难能可贵的是，本书还阐述了数学规划的应用范围和局限性，填补了该领域中过于关注算法导致应用讨论不足的空白。本书可作为高等院校理工科运筹学相关专业的教材，也适合作为参与数学建模竞赛读者的辅助教材或者相关领域专业人员的重要参考书。

图书在版编目（CIP）数据

数学规划建模方法 ：第 5 版 /（英）H. 保罗·威廉姆斯（H. Paul Williams）著；李志猛等译. -- 北京 ：
电子工业出版社，2025. 8. --（应用运筹与博弈教材教辅系列）. -- ISBN 978-7-121-50819-6

Ⅰ. O141.4；O221

中国国家版本馆 CIP 数据核字第 20252895N6 号

责任编辑：徐蔷薇　　文字编辑：赵　娜
印　　刷：河北虎彩印刷有限公司
装　　订：河北虎彩印刷有限公司
出版发行：电子工业出版社
　　　　　北京市海淀区万寿路 173 信箱　邮编：100036
开　　本：787×1 092　1/16　印张：22　字数：458 千字
版　　次：2025 年 8 月第 1 版（原书第 5 版）
印　　次：2025 年 8 月第 1 次印刷
定　　价：128.00 元

凡所购买电子工业出版社图书有缺损问题，请向购买书店调换。若书店售缺，请与本社发行部联系，联系及邮购电话：(010) 88254888，88258888。

质量投诉请发邮件至 zlts@phei.com.cn，盗版侵权举报请发邮件至 dbqq@phei.com.cn。

本书咨询联系方式：(010) 88254438，xuqw@phei.com.cn。

前　言

数学规划模型是运筹学和管理科学中应用最广泛的重要模型之一。在许多场景下，它的应用已经非常成功，以至于已经超越运筹学的研究机构，成为被人们广为接受的常规规划工具。但是，相当令人惊讶的是，当前文献中对如何构建数学规划模型，甚至只是确定这类模型何时适用的问题，关注非常少！相关出版物大多数为如下两类：第一类是在运筹学专业期刊和特定行业相关的期刊上，对具体应用进行的案例研究；第二类是在更理论性的期刊上的，大量针对特定类别问题求解的新算法探讨。本书试图填补两者之间的空白，第一部分探讨数学规划模型构建的一般原则；第二部分介绍了应用数学规划模型求解的29个实际案例问题，并通过简化描述，在充分表达问题实质和确保易于理解的基础上，避开了案例研究中很多烦琐的细节；第三部分和第四部分，对相应的实际应用建议了一些模型形式并给出了解，还介绍了一些求解的经验心得。

市面上已有许多关于数学规划的书，特别是关于线性规划的书。但大多数此类书籍都对算法给予大量的关注，这也是一种常见的方式。考虑到算法在其他书中已经描述得很多了，本书不将此作为重点，也就是说，不对问题求解的过程进行过多描述，而是更多地将篇幅放在模型的构建和模型的解释上。尽管如此，作者希望本书能激励读者更深入地钻研具有挑战性的算法部分。不过，作者的观点是：应该将实际应用和模型的构建放在第一位，这样才可能为求解相应模型提供动力。同时，如果只是应用数学规划模型解决问题，则算法的相关知识也不是必要的（如果有的话更好），本书第2章中给出的商业化软件，可以用来对绝大多数问题进行自动求解。

对于那些先前有数学规划方面专业知识的读者，本书的某些部分可能显得琐碎，可以跳过或快速浏览；而其余部分则"高等"一些，内容也十分新颖，尤其是关于整数规划的章节。实际上，可以不用连续阅读本书，通过书中的交叉引用，读者可从一个部分跳转到另一个相关部分。

本书面向以下三类读者：

（1）要用数学规划解决实际问题的学生。本书的目的是为大学和理工学院的学生提供建模基本原理及传统上数学或算法方面的专业知识，其中建模的相关内容可能更为重要。本书中的第二部分提供了形成问题方面的实践案例，通过构建模型并在计算机辅助下求解，学生们能以最令人满意的方式学习建模的艺术，进而可将自己得到的解与别人从不同模型中得到的数值解进行比较，以从中学习如何校验模型。

同时，也希望这些问题有助于研究型学生探寻解决数学规划问题的新算法，通常，他们不得不依赖琐碎或随机生成的模型来检验算法的实施过程，而这些模型与现实世界中的典型模型差别很大。此外，算法研究只是从实际背景中抽取的一个（或多个）步骤，往往会脱离实际，导致不能深入理解对高效模型与算法的需求。

（2）面向管理者。这本书为他们提供了一种对数学规划技术使用限制与可能范围的非技术性理解。此外，通过阅读第二部分所描述的实际应用，他们可能会发现一些在其所在组织中原本可用数学规划来解决但未被认识到的情况。

（3）面向更大范围的各类读者。希望读者能够理解：构建一个组织的数学模型实际上是深入理解组织本身的最佳方法之一。通过构建模型，本书所描述的很多原则可帮助读者了解系统中很多无法口头清晰描述的功能。根据作者的经验，建模过程本身往往比获得最终解更让人受益，因为对于尝试建模的任何人而言，其在建模过程中会被迫深入了解组织中不同层面的复杂关系。

本书的第一部分描述数学规划模型的构建原则，以及它们在实际应用中的实施方式。特别介绍了线性规划、整数规划和可分规划模型，进一步探讨了这些类别模型的实际应用，并对如何解读模型的解进行了全面探讨。

第二部分介绍了 29 个实际应用，为读者利用数据构建一个数学规划模型提供了足够的细节，在部分问题中还会提及问题的来源。

第三部分详细探讨了每个问题，并给出了相应数学规划的可能模型形式。

第四部分给出了第三部分模型形式对应的最优解，并介绍了一些计算的经验，以使读者对求解特定模型的计算难度有所了解。

希望读者在学习第三部分和第四部分之前，能够尝试自己构建模型并求解这些问题。

通过上述 29 个来自不同行业背景的案例，读者能很容易看出数学规划技术对解决实际问题的能力，其中有些案例是故意设定为"不常见"的，以此启发读者将数学规划用到很多新领域中。

本书的结尾提供了参考资料。这份清单并不是为了提供一份关于大量案例研究的完整书目（实际上忽略了许多优秀的案例研究），而是提供一份具有代表性的样本，以此作为深入研究的起点。

有意或无意地，许多人为本书后续版本提供了自己的建议和意见。作者要特别感谢乔塔姆·阿帕、谢娜和罗伯特·阿什福德、马丁·比尔、托尼·布雷利、伊恩·布坎南、科林·克莱曼、刘易斯·考纳、马丁·杰弗里斯、鲍勃·杰罗斯洛、克利福德·琼斯、伯纳德·肯普、艾尔莎·兰德、阿道夫·丰塞卡、曼贾雷斯、肯尼斯·麦金农、乔塔姆·米特拉、海纳·穆勒-默巴赫、比约恩·尼格林、帕特·里维特、理查德·托马斯、史蒂文·瓦吉达和威尔·沃特金斯。我还必须向爱丁堡大学的罗宾·戴表示深深的谢意，在作者撰写的本书早期版本中，他深厚的计算机知识和编程能力非常有助于构建模型，他同时设计了建模系统 MAGIC（现在已经被 George Skondras 编写的 NEWMAGIC 系统所取代），该系统可与优化器 EMSOL 配合使用。本书中所有的模型都可在 NEWMAGIC 系统中构建并求解。本书第三部分中提到的模型也都使用 NEWMAGIC 系统完成了建模。

自本书第 1 版出版以来，计算的能力已经大大提高，由此，大多数案例模型的求解都很快，所耗时间几乎可忽略不计，还有部分模型当前仍然难以求解，在这种情况下，本书提供了一些计算上的经验。

第 4 版增加了约束逻辑规划（Constraint Logic Programming）、数据包络分析（Data Envelopment Analysis）、水力发电、牛奶配送和航空公司收益管理问题，以及若干主题和应用上的最新资料和其他参考资料。这方面，非常感谢肯尼斯·麦克肯诺的建议和帮助。

很期待第 5 版和第 4 版一样受到读者欢迎。

第 5 版增加了关于随机规划（Stochastic Programming）和列生成的新章节，以及车辆路径问题和约束逻辑规划的相应小节。此外，在用整数变量对非线性函数和约束进行建模的小节中，使用更通用的公式表达形式，同时有不少其他小的修正与改进。

本书还增加了几个新的实际应用：租车还车及其拓展问题、机场丢失行李配送问题和两个分子生物学问题。

同时，本书增加了一些新的参考文献，当然，不可能提及自本书早期版本以来所有的优秀论文，在此也向未被提及论文的作者们致歉。

此外，很多人提供了改进和修正第 4 版的建议，以便修正形成第 5 版。特别地，我想提到哈维·格林伯格、约翰·胡克、科马克·卢卡斯、安德鲁·麦基和肯·麦金农，他们都帮助验证了新的素材。另外，还有些与我通信的朋友指出了一些小的拼写错误，在此向他们致谢。

H. 保罗·威廉姆斯
英格兰温彻斯特

目　录

第一部分

Note

Note

第二部分

Note

第三部分

Note

第四部分

第 14 章　问题的解 ·· 300

Note

第一部分

第1章

导言

1.1　模型的概念

科学领域的许多应用场景都会使用模型。术语"模型"通常用来指为展示其他物体的特性和特征而构造的"结构"，一般来说，模型只保留对象相应特性和特征中的一部分，具体保留哪些则取决于模型的用途。有时模型是具体的，如用于风洞实验的飞机模型，而在运筹学中，更多关注的是抽象模型，它们通常是数学模型，模型中的代数符号用于反映被建模对象（通常是组织机构）的内部关系。尽管术语"模型"（包括一些纯描述性的模型）有时也会在更大范围内使用，但本书主要关注运筹学中的数学模型。

运筹学中数学模型的本质特征是：用一组数学关系（如方程、不等式或逻辑依赖关系），来对应描述真实世界的现实关系（如技术关系、物理规律或市场约束）。

构建这类模型的原因包括：

（1）实际建模的过程往往能揭示出对许多人而言并不明显的某些关系，从而有助于更好地理解建模的对象。

（2）在构建模型之后，通常可以对其进行数学上的分析，有助于找出不易察觉的行动方案。

Note

（3）模型还支持实验，有时对被建模的对象而言，可能是没办法直接进行实验或实验不可行。例如，对某国尝试采取一些非常规经济措施，有可能引起灾难性的失败，显然在政治上很难实行，或者有些措施根本不受欢迎，而使用数学模型，就可以大胆实验（尽管可能并非完全如此）。

重要的是，要认识到模型实际上是由其所抽取的关系来定义的，这些关系在很大程度上独立于模型中的数据。同一个模型可以在不同的场合使用不同的数据，如成本、技术性系数和资源可用性等，即使部分系数发生了变化，通常还是会认为这是同一个模型。当然，这种区别并非总是如此，如果数据发生了根本变化，通常可以认为关系变了，由此模型也不一样了。

运筹学（以及工程学、经济学等其他领域）中使用的许多模型都采用标准形式，本书使用的可能是最常见的数学规划标准模型形式之一。常用的数学模型还包括仿真模型、网络规划模型、计量经济学模型和时间序列模型，当然还有许多其他类型，这些模型在实际应用中都经常用到，它们本身也成了值得研究的领域。然而，应当强调的是，标准模型形式不可能是完全穷举或相互完全独立的，总有一些实际情况不能用标准方式来建模。构造、分析和试验新的模型形式可能仍是有价值的。通常，实际应用也可以用一种以上的标准方式（或非标准方式）建模，运筹学工作者很早就认识到，比较和对照不同类型模型的结果是非常有价值的。

对于数学模型的价值，存在许多误解，特别是在用于规划目的时，一种极端情况是对于特定应用目的，否认模型的一切价值。批评理由往往是其无法令人满意地获取所需的大量数据，如将成本或效用与社会价值建立关联的数据。不那么严厉的批评理由是：数学模型的输入数据准确性不足，如一个模型有 10 万个系数，如果对这种规模的数据有疑问，怎么能对它产生的解有信心呢？上述第一个批评很难反驳，虽然许多成本效益分析的拥护者已经用大量篇幅来反驳，但不可否认的是，许多决策，不管它们是如何做出的，涉及不可量化的概念，都会有无法避免的隐性量化因素，如果以实际角度确定相关因素予以量化，进而纳入相应数学模型中，似乎更有诚意，也更科学。第二个关于数据准确性的批评，应该在具体模型背景下考虑，虽然模型的很多系数可能不准确，但模型的结构合理，仍然可以使得最终解更可用。这一问题在本书 4.2 节和 6.3 节中会有详细介绍。

另一些人与上面持批评意见的人截然相反，他们对决策使用的数学模型抱有近乎形而上学的迷信（尤其是在用计算机的时候）。模型产生的解，其质量显然取决于模型的结构和数据的准确性，对于数学规划模型，目标的定义显然也会有影响。对模型不加批判的盲从显然是没有根据的，也不可取。这种态度源于对模型应用的完全误解，如果没有进一步的分析和质疑，绝大多数情况下，不应马上接受数学模型给出的解。模型是决策使用的众多工具之一，其产生的解应该受到严格审查，如果它对应的是一个不能接受的方案，应该详细说明不能接受的原因；如果使用修正后的模型，相应的解可以接受，明智的做法是将其作为一种可选项，如果目标函数（使用数学规划模型的情况下）的设定不同，相应地，可能会有其他不同的选项。通过对结论的不断质疑和持续改进模型（或模型的目标函数），完全可能弄清所有的可选项，并对可能结果有更深入的理解。

1.2　数学规划模型示例

需要直接指出的是，数学规划（mathematical programming）与计算机编程（computer programming）存在很大不同[1]。数学规划的"规划"侧重于"计划"层面上的含义，因此与计算机没有任何关系，但令人遗憾的是，它与"计算机编程"中的"编程"一词混用比较普遍。由于实际应用往往涉及大量的数据和算法，且这些数据和算法只能用计算机来有效处理，因此数学规划不可避免地会涉及计算机，因此，应正确理解计算机和数学规划之间的内在关系。

数学规划模型的共同特点是都涉及"优化"这一概念。人们希望最大化或最小化某些对象，此类最大化或最小化的量被称为目标函数。遗憾的是，很多人认为数学规划只能优化一个目标，从而认为实践中如果没有明确的目标或者有多个目标，那么数学规划就不适用，这种观点实际上是没有根据的。在本书第 3 章中会看到，恰恰是当现实生活中没有明确的单一目标时，采用模型优化其中的某些方面，通常更有价值。

本书将集中探讨一些特定类型的数学规划模型，这些模型可以很简易地分为线性规划（LP）模型、非线性规划（NLP）模型和整数规划（IP）模型。下面首先通过两个示例来描述什么是线性规划模型。

例 1.1：线性规划（LP）模型（产品组合）

某工厂可生产 5 款产品（分别记为 PROD 1，PROD 2，…，PROD 5），涉及两种生产流程：研磨和钻孔。

---

[1] 数学规划英文为 mathematical programming，与计算机编程（computer programming）同样使用了 programming 一词，但中文翻译不同。

扣除原材料成本后，每种产品每一单位可产生的利润如表 1.1 所示。

表 1.1　每种产品每一单位可产生的利润（单位：英镑）

PROD 1	PROD 2	PROD 3	PROD 4	PROD 5
550	600	350	400	200

每种单位产品需要两种工艺实施的时间数据如表 1.2 所示（以小时为单位）。

表 1.2　每种单位产品需要两种工艺实施的时间数据（单位：小时）

	PROD 1	PROD 2	PROD 3	PROD 4	PROD 5
研磨	12	20	—	25	15
钻孔	10	8	16	—	—

注："—"表示无须相应工艺。

此外，每款产品每一单位的最终组装还需要员工 20 小时的时间。

工厂配有 3 台磨床和 2 台钻床，每周工作 6 天，每天 2 班，每班 8 小时。组装车间共雇用 8 名工人，每人每天工作 1 班。

问题是每种产品应生产多少，可使总利润最大。

该例子很简单，可作为线性规划中"生产组合"的应用案例。

为了构建一个数学模型，引入变量 $x_1, x_2, \cdots, x_5$ 来表示一周内应该生产的 5 款产品的数量。每单位 PROD 1 可获得 550 英镑的利润，每单位 PROD 2 可获得 600 英镑的利润，以此类推，总利润可用以下表达式表示：

$$550x_1 + 600x_2 + 350x_3 + 400x_4 + 200x_5 \tag{1.1}$$

工厂的目标是选择 $x_1, x_2, \cdots, x_5$ 的值，使得总利润表达式的值尽可能大，即表达式（1.1）是要最大化的目标函数。

显然，加工流程和可用工人在一定程度上限制了 x_j 的取值范围。考虑到只有 3 台磨床，其每周工作 96 小时，研磨工时总量共有 288 小时，每单位 PROD 1 需使用 12 小时研磨，因此 x_1 个单位将耗用 $12x_1$ 小时。类似地，生产 x_2 单位 PROD 2 将耗用 $12x_2$ 小时。1 周时间内可使用的研磨工时限制由不等式（1.2）左侧的表达式给出：

$$12x_1 + 20x_2 + 25x_4 + 15x_5 \leqslant 288 \tag{1.2}$$

不等式（1.2）是一种数学表达，表示每周可用的总研磨时间不能超过 288 小时，不等式（1.2）被称为约束条件，它限制（或约束）了变量 x_j 的取值范围。

钻孔的最大能力为每周 192 小时，相应地，有以下约束：

$$10x_1 + 8x_2 + 16x_3 \leqslant 192 \tag{1.3}$$

最后，共有 8 名组装工人，每人每周工作 48 小时，这使最大组装工时达到 384 小时。由于每种产品的每个单元都要用 20 小时，因此有如下约束：

$$20x_1 + 20x_2 + 20x_3 + 20x_4 + 20x_5 \leqslant 384 \tag{1.4}$$

现在将此类实际应用用一个数学模型来表示，这里模型的特定形式为线性规划模型。该模型已经是一个定义明确的数学问题，其中用变量 $x_1, x_2, \cdots, x_5$ 使表达式（1.1）（目标函数）尽可能大，同时满足约束（1.2）～约束（1.4）。你应该已经清楚了这里使用"线性"一词的原因。表达式（1.1）和约束（1.2）～约束（1.4）的左侧都是线性形式，这里不会看到类似 x_1^2、$x_1 x_2$ 或 $\log x$ 等表达式。

该模型中有许多隐含的假设，首先，显然应假设变量 $x_1, x_2, \cdots, x_5$ 为非负，也就是说，不允许任何产品数量为负。可以通过附加约束条件来确保这一点，即

$$x_1, x_2, \cdots, x_5 \geqslant 0 \tag{1.5}$$

首先，在大多数线性规划模型中，除非特别说明，非负约束（1.5）默认为适用。其次，假设变量 $x_1, x_2, \cdots, x_5$ 可以取分数，如 2.36 个单位的 PROD 1 有实际意义，该假设可能正确，也可能不完全正确。例如，如果 PROD 1 代表的是以加仑计量的啤酒，那么分数形式是可以接受的，但如果它代表的是汽车数量，那分数形式就没有意义了。实践中，如果四舍五入到最接近的整数所涉及的误差不大，那么在这类模型中，变量为分数的假设是完全可行的，如果不行，则必须采用整数规划。

上述模型说明了线性规划模型的一些基本特征。

（1）有一个线性表达式（目标函数），要求将其最大化或最小化。

（2）有一系列线性表达式形式的约束，这些约束不得超过（≤）某些特定值，当然也可以是"≥"的形式或"="的形式，分别表示表达式的值不低于特定数值或必须正好等于指定值。

（3）约束（1.2）～约束（1.4）右侧的一组系数：288、192 和 384 通常被称为右端项。

当然，实际模型的规模要大得多（有更多变量和约束），更为复杂，但必须具有以上三个基本特征。上述模型的最优解将在 6.2 节给出。

为了更全面地了解线性规划模型是如何产生的，下面给出了面向实际食用油混料问题的第二个小型例子。

例 1.2：线性规划模型（混料问题）

某种食品是通过提炼原料油并将它们混合在一起配制而成的。原料油分为两

类，如表 1.3 所示。

Note

表 1.3　不同食品所用的原料油类别

类别	符号表达
植物油	VEG 1
	VEG 2
非植物油	OIL 1
	OIL 2
	OIL 3

植物油和非植物油需要不同的生产线进行精炼。任意一个月内都不可能提炼出 200 吨以上的植物油和 250 吨以上的非植物油。在精炼过程中没有重量损失，精炼成本可忽略不计。

最终产品的硬度有技术限制。硬度的数值必须介于 3 和 6 之间。假设硬度呈线性混合。原料油的成本和硬度数据如表 1.4 所示。

表 1.4　原料油的成本和硬度数据

数据项	VEG 1	VEG 2	OIL 1	OIL 2	OIL 3
成本（英镑/吨）	110	120	130	110	115
硬度	8.8	6.1	2.0	4.2	5.0

最终产品的售价为 150 英镑/吨，食品厂家应该如何安排生产才能使其总净利润最大化？

这是线性规划的另一种很常见的应用类型，当然，实际应用的规模通常要大得多。

先引入变量来表示未知量，用 $x_1, x_2, \cdots, x_5$ 分别表示一个月内应购买、精炼和混合的 VEG 1、VEG 2、OIL 1、OIL 2 和 OIL 3 的数量（单位为吨）。y 代表应生产的产品数量。目标是使净利润最大化，其表达式为

$$-110x_1 - 120x_2 - 130x_3 - 110x_4 - 115x_5 + 150y \tag{1.6}$$

每月的生产能力用下面两个约束条件表示，即

$$x_1 + x_2 \leqslant 200 \tag{1.7}$$

$$x_3 + x_4 + x_5 \leqslant 250 \tag{1.8}$$

最终产品的硬度限制则由以下两个约束表示，即

$$8.8x_1 + 6.1x_2 + 2x_3 + 4.2x_4 + 5x_5 - 6y \leqslant 0, \tag{1.9}$$

$$8.8x_1 + 6.1x_2 + 2x_3 + 4.2x_4 + 5x_5 - 3y \geqslant 0 \qquad (1.10)$$

最后，必须确保最终产品的重量与各配料的重量之和相等，这可以通过一个连续性约束来实现，即

$$x_1 + x_2 + x_3 + x_4 + x_5 - y = 0 \qquad (1.11)$$

最大化的目标函数（1.6）与约束（1.7）～约束（1.11）共同构成了线性规划模型。

尽管线性规划的线性假设可使模型更容易求解，但在实际应用中并不总是成立，当必须在模型中加入非线性项（无论是在目标函数还是在约束中）时，可得一个非线性规划（NLP）模型。第 7 章将展示这种模型是如何产生的，并介绍一种使用可分规划（separable programming）来应对一大类问题的建模方法，当然，相应的模型通常更难求解。

最后，允许变量取分数值的假设并不总是正确的。当线性规划模型中的部分或全部变量必须取整数（非负整数）值时，可得到一个整数规划（IP）模型。此类模型比普遍线性规划模型更难求解。在第 8 章到第 10 章中将了解到，整数规划开辟了另一种可能性，可以对范围很广的实际应用建模。

在 4.2 节中探讨的另一种模型被称为随机规划（stochastic programming）模型，当模型中某些数据不确定，但可以通过概率分布来指定时，就会出现这种模型。虽然许多线性规划模型中的数据可能是不确定的，但仅用期望值来表示是远远不够的，可能需要确定场景，以便更深入地认识数据的概率性质，但最终得到的模型仍可转换为线性规划。第 3 章还提到了机会约束模型（chance-constrained models），第 4 章提到了有追索权的多阶段模型（multi-staged models with recourse），这两类模型都属于随机规划的范畴，12.24 节、13.24 节和 14.24 节中给出了后一种模型的使用示例，用于在不确定需求情况下确定连续时段的机票价格。Kall 和 Wallace（1994）给出了对随机规划很有价值的参考资料。

第2章

求解数学规划模型

2.1 算法和软件包

所谓算法，是指解决特定类型问题或模型的一组数学规则，这里探讨用于求解线性规划（LP）、可分离规划或者整数规划（IP）模型的算法。这些算法以特定的形式被编程到计算机程序中，用于求解相应类型的模型。对于常用的算法，为其编写精巧高效的计算机程序是值得的，此类程序可由多个算法组成，它们汇集在一起，以"程序包"（或"软件包"）的形式出现，并且已经有不少此类商用程序包专门用于求解数学规划模型，它们通常包含了求解 LP 模型、可分离规划模型和 IP 模型的算法。这些程序包由计算机制造商、咨询公司或软件公司负责编写，通常非常复杂，需要很多人多年的编程经验。当一个数学规划模型建立后，通常用现有的程序包来求解，而不需要自己动手编程求解。

现有商用程序包中特别常用的算法有：①求解 LP 模型的改进单纯形算法；②求解可分离规划模型时，改进单纯形算法的可分离拓展形式；③求解 IP 模型的分支定界算法。

详细说明这些算法会超出本书的范围。算法①和②在 Beale（1968）的文献中有很好的说明。本书 8.3 节概述了算法③，Nemhauser 和 Wolsey（1988）的文献中也有详细说明。虽然上述 3 种算法并不是求解相应模型的唯一方法，但均是已被证明的最有效的通用方法之一。还应该强调的是，这些算法之间并不是完全独立的。因此，可将它们合并到同一个程序包中，算法②只是算法①的一种拓展，可以使用相同的计算机程序，且只需要在识别模型为可分规划时对执行过程进行必要的更改即可。算法③使用算法①作为其初始阶段，然后再执行本书 8.3 节所述的"分支定界"搜索过程。

程序包的另一优点是使用非常灵活，其包含了许多程序及不同的选项，只要用户认为合适，既可以选用它们，也可以忽略具体细节。除上述 3 种基本算法外，本书还概述了大多数程序包所提供的附加功能。

2.1.1 约简

有些程序包有一个程序，专门用于检测和删除模型中的冗余部分，从而减小模型的规模，进而缩短求解时间。这类程序通常被称为 REDUCE、PRESOLVE 或 ANALYSE。关于这一主题将在本书 3.4 节中进一步探讨。

2.1.2 初始解

大多数程序包都允许用户自己为模型指定初始解。如果指定的初始解能较好地接近最优解，那么可以大大减少模型求解的时间，提高求解效率。

2.1.3 简单的边界约束

模型中，经常出现一类简单约束，即

$$x \leqslant U$$

式中的 U 是一个常数。例如，用 x 表示要生产的产品的数量，那么 U 可能表示市场总规模的限制。相对于在模型中将这种约束表示为一般约束，不如简单地将 U 视为变量 x 的上界。改进单纯形算法已经进行了调整，以处理此类问题（这里指改进单纯形算法的有界变量版本）。同样地，下界型的约束为

$$x \geqslant L$$

这种约束也不需要表示为一行约束，只需类似处理即可。大多数计算机软件包都可以用这种方式处理变量的边界问题。

2.1.4 范围约束

有时，有必要为线性表达式设置上下界。这可以通过以下两类约束实现：

$$\sum_j a_j x_j \leqslant b_1 和 \sum_j a_j x_j \geqslant b_2$$

一种更简洁、方便的方法是只指定上面的第一个约束及约束上的 $b_1 \sim b_2$ 范围。范围的作用是限制松弛（slack）变量（这类变量可由软件包引入到约束中）的上界为 $b_1 \sim b_2$，因此可表示上述第二个约束。大多数商业软件包都具有根据约束定义此类变量范围的功能（请读者不要与后面探讨的灵敏度分析相混淆）。

2.1.5 广义上界约束

广义上界约束指多个变量和界限的约束，例如：

$$x_1 + x_2 + \cdots + x_n \leqslant M$$

这种形式在线性规划中很常见，有时被称为在变量集（$x_1, x_2, \cdots, x_n$）上存在值为 M 的广义上界（generalized upper bound，GUB）。如果一个模型中有不少约束是这种形式，并且每一组此类变量都不包括任何其他组中的变量，那么就可以使用改进单纯形算法的 GUB 扩展形式。具体使用时，不必将这些约束指定为模型中的行，而是采用有点类似于单变量的简单界限方式来处理，如此做通常会使模型求解的速度更快。

2.1.6 灵敏度分析

在获得模型的最优解后，研究目标函数和约束条件右端项中的系数（有时也可以是其他系数）变化对该解的影响通常很重要。灵敏度分析（ranging）是一类方法的统称，它用来确定在系数改变时解的相应变化，包括最大可能与范围变化，由此得到的信息对模型的灵敏度分析非常有价值，这一主题将在本书 6.3 节线性规划模型中详细探讨。几乎所有的商用软件包都有这一功能。

2.2 实际考虑

为了演示如何将模型提交给计算机软件及结论的表现形式，这里考虑 1.2 节中给出的第二个示例，该混料问题显然比大多数现实情况规模要小得多，但可以展示模型可能呈现的形式。

该问题是一个包含 5 个约束和 6 个变量的模型，将 VEG 1、VEG 2、OIL 1、OIL 2、OIL 3 和 PROD（产品）作为变量的名称，为方便起见，相应地命名目标函数为 PROF（利润），将约束分别命名为 VVEG（植物油精炼）、NVEG（非植物油精炼）、UHAR（高硬度）、LHAR（低硬度）和 CONT（连续性约束）。表 2.1 所示的矩阵直观地给出了数据。可以看出，右端项是一列，并命名为 CAP（容量）。空白的单元格表示系数为零。

表 2.1　不同变量在目标函数和约束条件中的系数矩阵

	VEG 1	VEG 2	OIL 1	OIL 2	OIL 3	PROD	关系	CAP
PROF	−110	−120	−130	−110	−115	150	—	—
VVEG	1	1	0	0	0	0	≤	200
NVEG	0	0	1	1	1	0	≤	250
UHAR	8.8	6.1	2.0	4.2	5.0	−6.0	≤	0
LHAR	8.8	6.1	2.0	4.2	5.0	−3.0	≥	0
CONT	1.0	1.0	1.0	1.0	1.0	−1.0	=	0

表 2.1 中的信息通常通过建模语言提交给计算机。且对大多数计算机软件包来说，都用一种标准格式来实现，几乎所有的建模语言都可以将模型转换成这一格式，它被称为数学规划系统（mathematical programming system，MPS）格式。虽然也有其他格式，但 MPS 格式是最普遍的，其数据表达形式如表 2.1 所示。

模型的数据可分为 3 个主要部分：ROWS（行）部分、COLUMNS（列）部分和 RHS（右端项）部分。上述混料问题中，给问题命名（BLEND）后，ROWS 部分包括模型中各行的清单及指示符 N、L、G 或 E。其中，N 代表非约束行——显然，目标函数是非约束行；L 代表小于或等于（≤）约束；G 代表大于或等于（≥）约束；E 表示等于（=）约束。COLUMNS 部分则包含系数矩阵，这些会被逐列检查，且在一个表达语句中，最多有两个非零系数（零系数被忽略）。每条语句都包含列名、行名和系数矩阵中的相应系数。最后，RHS 部分被单独视为一列，使用与 COLUMNS 部分相同的格式。最后，以 ENDATA 条目表示数据结束，如表 2.2 所示。

Note

表 2.2 MPS 格式的模型相关数据

NAME	BLEND					
ROWS						
N PROF						
L VVEG						
L NVEG						
L UHAR						
G LHAR						
E CONT						
COLUMNS						
VEG	01	PROF	−110.000000	VVEG	1.000000	
VEG	01	UHAR	8.800000	LHRD	8.800000	
VEG	01	CONT	1.000000			
VEG	02	PROF	−120.000000	VVEG	1.000000	
VEG	02	UHAR	6.100000	LHRD	6.100000	
VEG	02	CONT	1.000000			
OIL	01	PROF	−130.000000	NVEG	1.000000	
OIL	01	UHAR	2.000000	LHRD	2.000000	
OIL	01	CONT	1.000000			
OIL	02	PROF	−110.000000	NVEG	1.000000	
OIL	02	UHAR	4.200000	LHRD	4.200000	
OIL	02	CONT	1.000000			
OIL	03	PROF	−115.000000	NVEG	1.000000	
OIL	03	UHAR	5.000000	LHRD	5.000000	
OIL	03	CONT	1.000000			
PROD		PROF	150.000000	UHRD	−6.000000	
PROD		LHAR	−3.000000	CONT	−1.000000	
RHS						
RHS00001		VVEG	200.000000	NVEG	250.000000	
ENDATA						

显然，有时可能还需要输入其他数据（如上下界），相应格式要求可参见对应软件包的用户手册。

对于大型模型，实际求解过程可能比所用软件包的标准"默认"方法更复杂一些，基本算法往往有许多改进形式，如果用户认为需要，则可以充分加以利用。应该强调的是，关于何时使用这些改进形式，一般没有硬性规定，数学规划的软

Note

件包不应被看作对所有模型使用方式都一样的"黑匣子"，在特定计算机上反复求解同一个模型时，对数据做一些小的改变，就可以让用户理解在不同的模型和不同的计算机配置下，哪些算法改进有效，哪些无效。如果经常使用某模型，那么实验不同的求解策略，甚至使用不同的软件包是有意义的。

对于重要的大型模型，这里简要说明一个计算方面的问题。有时可能从中间阶段开始求解，主要有两个原因：一是有可能中间要稍微修改一下数据，显然这时最好能利用对先前最优解的知识来快速获得新的最优解，对于线性规划和可分规划模型，用一个软件包来实现这一点通常很容易，但对于 IP 模型要困难得多，尽管如此，大多数软件都有将结论保存到文件的功能，通过操作程序，通常可以重载（或恢复）此类解，并作为新一轮求解的起始点；二是想提前终止运行，运行可能需要很长时间，而当前可能有更紧迫的工作必须在此计算机上进行，又或者遇到数值上的困难必须放弃计算，为了不浪费已经花费的（有时相当长的）计算机时间，可以保存终止前获得的中间（非最佳）解，并将其用作后续运行的起点。通常在运行过程中可以定期保存中间解。这样，就可以一直使用终止前保存的最后一个解。

2.3 决策支持和专家系统

一些数学规划算法被纳入为特定应用设计的计算机软件中，这种系统有时被称为决策支持系统，通常还集成到管理信息系统中。它们往往要执行大量其他功能，当然，也可能执行求解模型的功能，可能包括访问数据库及以"用户友好"的方式与管理者或决策者交互，如果此类系统确实已经集成了数学规划算法，用户就可以忽略许多建模和算法的内容，而专注于具体应用。不过在设计和编写此类系统时，显然有必要对本书中探讨的很多模型构建和解释过程进行自动化设置。

随着决策支持系统变得越来越复杂，除存储、结构化和展示数据等简单任务外，还可能为用户提供多样化的决策选择，相应地很可能需要使用数学规划，尽管用户不会直接看到该项内部的功能。

计算机应用软件中的另一个相关概念是专家系统，这些系统非常注重用户界面，例如，有时设计成接受"非正式的问题定义"，进一步通过与用户交互，帮助用户更精确地定义问题，最终可能是模型的形式。这些信息与过去积累的"专家"信息相结合，以辅助决策，使用的计算程序通常涉及数学规划概念（如 8.3 节整数规划中的树搜索）。虽然探讨专家系统超出了本书范畴，但此类系统的设计和编写会依赖于数学规划和建模的概念。

Jeroslow（1985）和 Williams（1987）特别描述了数学规划在人工智能和专家系统中的应用。

2.4 约束规划

约束规划（CP）是解决许多整数规划问题的另一种方法，有时也称为约束满足（constraint satisfaction）问题或者有限域规划（finite domain programming）。通常，从数学意义上讲，其使用的方法并不太复杂，重点是要应用更精巧的计算机技术。这些方法使用的模型表达更简洁，可以使问题更容易建模，有时也会让问题更容易求解，因此特意在此处探讨该话题。随着 CP 的建模能力可以用于求解 CP 或 IP 两类模型，一类混合的系统似乎终将出现。Hooker（2011）探讨了如何结合这两种方法，他还帮助设计了相应的求解系统 SIMPL [Yunes 等人，（2010）]。

在 CP 中，每个变量都有一个有限的可能值域。约束关联着（或限制着）变量取值的可能组合，相应约束比 IP 的线性约束更为丰富（尽管也可以包括这些约束），并且通常以谓词（predicates）的形式表示，谓词必须是真或假，也被称为全局约束（或元约束），因其作为一个整体应用于模型（如果被使用），并集成到使用的 CP 系统中。这与"局部"或"程序"的约束不同，用户可以构造这些约束来聚焦求解过程，通常的 IP 模型只使用谓词性的约束，因此在模型的谓词和求解过程之间有明确的区别。出于例证需要，本节先给出 CP 系统中使用的一些常见的全局约束（通常名称不同）。

all_different $(x_1, x_2, \cdots, x_n)$ 意味着谓词中的所有变量必须采用不同的值。虽然这种情况可以用通常的 IP 表达式来模拟，但很麻烦。一旦其中一个变量被设置为其域中的一个值（临时或永久），就意味着该值必须从其他变量的域中提取出来（该过程被称为约束传播）。通过这种方式，逐步使用约束传播来限制变量的值域，直到可以为每个变量找到一组可行解，或者已经不存在任何可行解为止。这与 3.4 节探讨的 REDUCE、PRESOLVE 和 ANALYSE 在应用于边界约简时有相似之处。而且，CP 允许"域约简"（domain reduction）和"范围约简"（bound reduction）。

其他常用的建模谓词如下：

Note

- "$\neq$" 谓词由约束 $\sum_j a_j x_j \neq b$ 规定。

- "基数" 谓词采用类似 card m ($x_1, x_2, \cdots, x_n \mid v$) 的形式，规定变量 $x_1, x_2, \cdots, x_n$ 中正好有 m 个取值为 v。

- "累积" 谓词(($t_1, t_2, \cdots, t_n$), ($D_1, D_2, \cdots, D_n$), ($C_1, C_2, \cdots, C_n$), C)表示 n 项工作在时间 $t_1, t_2, \cdots, t_n$ 开始，持续时间分别为 $D_1, D_2, \cdots, D_n$，并消耗了一类资源，消耗量分别为 $C_1, C_2, \cdots, C_n$，并且任何时刻资源消耗总量都不能超过 C 个单位。

- "循环" 谓词($x_1, x_2, \cdots, x_n$)规定了数值 $x_1, x_2, \cdots, x_n$ 是 1, 2, $\cdots$, n 的一个排列，其中 x_i 就是下标在 i 之后的对应排列数值。同时，排列必须表示一个完全的循环，也就是说，不存在子循环（可查阅第 9 章中旅行推销员问题中的相关部分）。

- "元素" 谓词(j, ($x_1, x_2, \cdots, x_n$), z)规定集合 z 等于变量序列 $x_1, x_2, \cdots, x_n$ 中的第 j 个元素。

- "字典序"（lex-greater）谓词可写为($x_1, x_2, \cdots, x_n$) > lex ($y_1, y_2, \cdots, y_n$)，表示在 $x_1 = y_1, x_2 = y_2, \cdots, x_r = y_r, x_r + 1 > y_r + 1$ 时为真。

虽然上面的谓词都可以用传统整数规划的变量和约束表达出来（通常还不止一种方法），但可能很麻烦，也很困难。

在大多数商业 CP 软件的用户手册中，可以找到更多全局约束/谓词的形式。也就是说，在很多情况下，CP 比 IP 更灵活。

例如，在构建 IP 模型时（见第 9 章），通常希望使用如下形式的"赋值"变量：当且仅当 i 被分配给 j 时 $x_{ij}=1$，在 CP 中，这将由函数 $f(i)=j$ 替代。

另一个常见情况是希望指定"反"函数，即给定 j，求 i，使得 $f(i)=j$，这在 CP 中可通过"元素"谓词来实现，如 element (j, $f(i)$, i)，用来确定 j 的对应值是否为 i。

CP 所应用的问题通常表现出很大程度的对称性。这种对称性可能存在于约束（谓词）、解或两者之中。例如，$i_1, i_2, \cdots, i_n$ 可能是必须被分配给实体 $j_1, j_2, \cdots, j_n$ 的同类实体。通过例如使用字典序来为解指定一个优先顺序，可以显著减少计算量，而不需要枚举出所有等价解。该问题在传统的 IP 模型中也会出现，并且改进的建模方法也可同样使用（见第 10 章）。

CP 主要在人们试图从通常为天文数字的多种可能性中寻找一个解时有用。这经常发生在组合问题（见第 8 章）中，此时人们试图在"干草堆里找一根针"，即

Note

在一个复杂的条件集合中寻找一个解，而这些条件可能根本没有解。当人们为具有许多可行解的问题（如第 9 章旅行推销员问题）寻求最优解，或如果一个问题没有目标函数，或所寻求的仅仅是一个可行解时，CP 的用处不大。CP 通常也缺乏证明最优性的能力（除了通过逐步对目标施加更弱的约束直至获得可行解之外）。传统的 IP 使用（通常是 LP）松弛（8.3 节）的概念来限制寻找最优解的树搜索。之所以这样做，是因为松弛问题给出了最优目标值的界（对于最大化问题是上界，对于最小化问题是下界），这赋予了它强大的优势。然而 CP 需要用比 IP 更复杂的分支策略。此类算法的分析不在本书的范围内。

此外，类似 CP 中使用谓词，在 IP 建模过程使用谓词（且其后转化为传统 IP 形式）是相当有趣的。McKinnon 和 Williams（1989）的一篇早期论文展示了如何使用嵌套的 "at _least $_m$ $(x_1, x_2, \cdots, x_n | v)$"（表示变量 $x_1, x_2, \cdots, x_n$ 中至少有 m 个取值为 v）谓词来表达任意 IP 模型中的所有约束。关于 IP 和 CP 间的区别和联系，Barth（1995）、Bockmayr 和 Kasper（1998）、Brailsford（1996）、Proll 和 Smith（1998）、Darby Dowman 和 Little（1998）、Hooker（1998）及 Wilson 和 Williams（1998）等人都探讨过，Williams 和 Yan（2001）则研究了 IP 中构建 all _different 谓词的不同方法。

第3章

构建线性规划模型

3.1 线性的重要性

1.2 节指出，线性规划模型要求目标函数和约束都是线性表达式，任何地方都不能出现类似 x_1^3、e^{x_1} 或 $x_1 x_2$ 的形式，对于许多实际应用场景来说，这对使用线性规划是一个很大限制。不过，非线性表达式有时可以转换成恰当的线性形式，与非线性规划模型相比，线性规划模型之所以受到如此多的关注，是因为其更容易求解。当然，应该确保线性规划模型的适用性，注意只用于表达有效的情况或近似合理的情况，因为相对而言，线性规划模型的求解比非线性规划模型相对容易。

值得思考的是，为什么线性规划模型比非线性规划模型更容易求解。下面以一个具有两个变量的模型为例进行说明，这时模型可用几何形式来表达。

$$
\begin{aligned}
\max \quad & 3x_1 + 2x_2 \\
\text{s.t.} \quad & x_1 + x_2 \leqslant 1 \\
& 2x_1 + x_2 \leqslant 5 \\
& -x_1 + 4x_2 \geqslant 2 \\
& x_1, x_2 \geqslant 0
\end{aligned}
$$

表达式中的变量 x_1 和 x_2 的值可视为图 3.1 中各点的坐标。

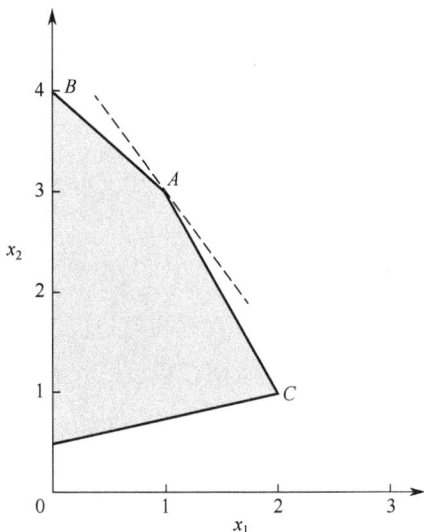

图 3.1 变量的可能取值范围

最优解由点 A 表示，对应 $3x_1 + 2x_2$ 的值为 9。图 3.1 中虚线上的任何点都使得此目标函数取值为 9。

目标函数的其他取值对应该线的平行线。在任何两个变量的类似例子中，最优解总是位于可行域（阴影）的边界上，这在几何上显而易见，通常还会在一个顶点上，如图 3.1 中的 A 点。不过目标函数的等值线可能平行于可行域的一条边界线，如上例中的目标函数若为 $4x_1 + 2x_2$，则其将与图 3.1 中的 AC 线段平行，这时点 A 仍然是最优解，但点 C 也是，点 A 和点 C 之间的任何点都是，对应地会有其他可选的最优解。该主题将在 6.2 节和 6.3 节中详细探讨。不过，此处重点是证明最优解（如果有的话）总是在可行域的边界上。事实上，即使在出现其他可选最优解的情况下，也总会有一个最优解位于顶点上，这一事实可推广到具有多变量的情况（需要用几何形式表示多个维度），正因如此才使得线性规划模型相对容易求解，单纯形算法的工作原理就是只检查顶点上的解（而不是通常无限多的可行解）。

可以想象，线性规划的上述简单性质可能不适用于非线性规划模型。对于具有非线性目标函数的模型，二维平面中目标函数等值线将不再是直线，如果约束中也存在非线性的，可行域也可能不再以直线为边界。在此情况下，最优解很可能不在顶点上，甚至可能位于可行域的内部。此外，找到一个解后，也可能很难确定它是最优的（可能存在所谓的局部最优解）。所有这些问题都在第 7 章中进行了叙述，本节只是说明线性问题在很大程度上使数学规划模型更易求解。

Note

最后，不应该总是认为，线性规划模型总是非线性情况的近似表示，很多实际情况下，线性规划模型本身就是一个完全值得重视的表达形式。

3.2　确定目标

在确定的约束下，不同目标可能导致不同的最优解，但不应自动假定总会如此，有时不同的目标可能产生相同的求解过程。一个极端情况下，目标可能完全不相关，仅问题的约束就完全定义了唯一的解，比如，考虑以下 3 个约束：

$$x_1 + x_2 \leqslant 2 \qquad (3.1)$$

$$x_1 \geqslant 1 \qquad (3.2)$$

$$x_2 \geqslant 1 \qquad (3.3)$$

无论目标函数是什么，这些约束都使得解为 $x_1 = x_2 = 1$。实际情况中，如果没有自由选择，那么只有一种可行解确实会出现。如果模型非常复杂，这一特征可能并不明显，如果不同的目标函数总是导致相同的最优解，就要怀疑是否属于这种情况。通过调查将对建模对象有更深入的理解，从而会获得更深入的结果。事实上，如果真是如此，就会导致不再需要线性规划了。

实际上，问题的目标定义非常重要，企业的可能优化目标包括：

- 利润最大化；
- 成本最小化；
- 效用最大化；
- 营业额最大化；
- 投资回报最大化；
- 净现值最大化；
- 员工数量最大化；
- 员工数量最小化；
- 冗余最小化；
- 顾客满意度最大化；
- 存续概率最大化；
- 运营计划的稳健性最大化。

还可以提出更多其他目标，也可能什么都不想优化，或者多个目标经常要同时考虑，而目标间可能还有冲突。不过，本书观点是：无论是优化单个目标、多个相互冲突的目标，还是没有优化目标，在所有这些情况下，应用数学规划方法总是有意义的。

3.2.1　单一目标

运筹学中，最实用的数学规划模型要么涉及利润最大化，要么涉及成本最小化。更准确地说，最大化的"利润"通常称为利润贡献，或作为可变成本的成本。在成本最小化时，目标函数中通常只有可变成本。例如，假设每单位产品的生产成本为 C 元，那么 x 个单位产品的成本为 Cx 元成立有一个前提，就是这里的 C 为边际成本，即每生产一个单位产品所产生的额外成本相同。如果加上了管理成本或设备相应的资本成本等固定成本，此类表达式通常不成立。不过，当允许模型本身决定是否包括固定成本时，某些整数规划模型确实会出现一些例外情况，例如，如果什么都不生产，就不会产生固定成本，但是一旦生产，就会产生相应的成本。虽然如此，对标准线性规划模型而言，通常只关注可变成本。事实上，构建模型的一个常见错误是使用平均成本而不是边际成本。同样，在考察利润系数时，通常只有从收入中减去可变成本才是正确的。因此，称之为利润贡献可能更合适。

通常情况下，线性规划模型会用来以某种最优方式分配生产资源，这里往往要做选择，是选成本最小化还是利润最大化？成本最小化一般包括以最小成本分配生产资源以满足某些已知的特定要求。此类模型很可能包含以下形式或类似的约束，即

$$对于任意 i, \sum_{j} x_{ij} = D_i \tag{3.4}$$

式中，x_{ij} 为过程 j 生产的产品 i 的数量，D_i 为产品 i 的需求量。

一方面，如果不留意，忽略了这些约束（有时会发生这种情况），成本最小化模型的求解往往会一无所获。另一方面，如果建立的是利润最大化模型，使用者可更大胆些，其不需要指定不变的需求 D_i，可以让模型来决定每个产品的最佳生产量。然后，数量 D_i 相应替换为表达生产量的变量 d_i。约束（3.4）将变为

$$对于任意 i, \sum_{j} x_{ij} - d_i = 0 \tag{3.5}$$

为了使模型能够确定变量 d_i 的最优值，必须在目标函数中给出合适的单位利润贡献系数 P_i。然后模型就能够在不同生产方案产生的利润与相应成本之间比较

Note

权衡，以确定最佳的生产量。显然，此类模型比简单的成本最小化模型更有用。实践中，最好先从成本最小化模型开始，并将其作为一种生产规划工具，然后再将该模型扩展为利润最大化模型。

在利润最大化模型中，单位利润贡献 P_i 本身可能依赖于生产量 d_i 的值，那么目标函数中的 $P_i d_i$ 项将不再是线性的，如果 P_i 能表示为 d_i 的函数，则可以构建非线性模型。McDonald 等人（1974）在卫生服务的资源分配模型中给出一个示例。

当模型表达一段时间内发生的活动时，模型中的目标可能会很复杂，在定义货币表示的目标时可能会出现复杂的情况。因为必须想办法评估与现在相比的未来利润或成本，其中最常用的方法是以某种利率来贴现未来的货币。相应于表达未来的目标系数将被相应减小。本书 4.1 节探讨了与此相关的模型，称为多周期或动态模型。本书第二部分中提出的一些问题涉及这一内容，其中的经济规划问题（economic planning）甚至更复杂一些，在那些场景里，需要决定是否放弃当前的利润，以便投资新的工厂在未来获得更大的利润。对不同增长模式的选取会导致目标函数的不同。

3.2.2　多个相互冲突的目标

一个数学规划模型通常只涉及一个单一的目标函数，求最大化或最小化。不过，这并不意味着它不能用来解决多目标的问题。实际上，已有多种相关建模技术和求解策略可供使用。

解决多目标问题的第一种方法是对每个目标依次求解。通过比较不同的结果，可能会得出令人满意的解决办法，或者能指明下一步努力的方向。在本书第二部分中的"人力资源规划"（manpower planning）问题中，就给出了两个目标的一个典型例子。例子中，成本和冗余均可最小化。可以依次优化每个目标，当求解 2.3 节中提到的新目标函数时，每个解都可作为初始解来开始下一轮次求解，求解不同目标的计算任务会有效简化。

目标函数和约束还可以经常互换。例如，在成本不超过规定水平的前提下，可能希望追求某种理想的社会性目标，或者也可能希望将社会性考虑作为对运营活动的约束，而让成本最小化。目标和约束之间的这种相互作用是许多数学规划模型的特点，这一点很少被人们意识到。一旦构建了模型，将一个目标函数转化为一个约束就会很容易，反之亦然。对于这类模型，正确的做法是多次修改和多次求解，对相应结论的检验和探讨会加深对实际场景下不同模型选择的理解。由此，有一种处理多目标的方法：除一个目标外，把其他所有目标都当作约束，然后通过改变要优化的目标及目标/约束的右端项来不断实验。

另一种处理多目标的方法是，先将所有目标函数进行适当的线性组合，然后对复合目标进行优化。显然，要对不同的目标赋予相对权重或效用。这些权重的取值往往取决于主观判断。同样，为了给出一系列可能的解，很可能要对目标函数的不同组合反复实验，最终将那些解作为策略选项提交给决策者，大多数商业软件包都可以让用户很便利地自定义和改变复合目标函数的权重。实际上，与上述方法相比，即将除一个目标外的其他目标都视为约束，这种处理多目标的方法并非完全不同，如在求解线性规划模型时，每个约束都有一个"影子价格"的值，如果将这些值作为这里所属组合目标方法中的目标/约束的权重，会得到相同的最优解。影子价格的数值在经济上很重要，这一点还将在 6.2 节中详细探讨。

当目标相互冲突时，由于多个目标间会经常在某种程度上发生冲突，因此可以采用上述任何一种方法。不过当目标被约束取代时，必须小心，不要将相互矛盾的约束作为模型的一部分，否则模型就会没有可行解。如果约束间相互冲突，那么一定要放宽部分或全部约束。当约束转换成目标时，可能可以实现，也可能实现不了。可在目标函数中描述超过目标值的部分或不足的部分，3.3 节中描述了这种允许模型本身决定目标数值放宽多少的方法，有时称其为目标规划（goal programming）。

使用数学规划来处理多目标问题，并没有一种固定有效的方法。上述部分或全部方法都应在特定情况下选择性使用。在无法确定定义多个目标的相对权重时，可能没有可以简单套用的方法，要将它看作一个正常情况，这并不令人惋惜。即使是单目标模型的情况，也最好经常采取各种不同的方法求解，而不是一劳永逸。

3.2.3 最大最小形式的目标

在某些情况下会出现以下类型的目标：

$$\min \quad \left(\max_i \sum_j a_{ij} x_j \right)$$

满足条件：　　通常的线性约束条件

通过引入一个变量 z，可以将其转化为通常的线性规划形式。除原始约束外，转化后的模型可表示为

$$\min \quad z$$
$$\text{s.t.} \quad \text{对于任意 } i, \quad \sum_j a_{ij}x_j - z \leqslant 0$$

其中新的约束保证 z 将大于或等于每个表达式 $\sum_j a_{ij}x_j$（对所有的 i），通过最小化 z，使得这些表达式中的最大值也降低。

目标规划部分会有这类表达式的一个特殊例子，将在 3.3 节中探讨。它也出现在零和博弈的线性规划公式中。

当然，"最大最小"型的目标很容易以类似方式处理。不过需要指出的是，"最大最大（或最小最小）"型的目标不能用线性规划来处理，而需要整数规划，这将在 9.4 节探讨。

3.2.4 比率型的目标

在某些应用中，会出现以下形式的非线性目标函数：

$$\max \atop (\text{或 } \min) \quad \frac{\sum_j a_j x_j}{\sum_j b_j x_j}$$

令人相当惊讶的是，通过以下方式，该模型也可以转化为线性规划形式。

（1）用变量 t 替换表达式 $\dfrac{1}{\sum_j b_j x_j}$。

（2）用变量 w_j 表示乘积 $x_j t$。新的目标函数是

$$\max \quad \sum_j a_j \omega_j$$

（3）引入一个新的约束

$$\sum_j b_j \omega_j = 1$$

为了满足条件（1），可以将原来的约束

$$\sum_j d_j x_j \overset{<}{\underset{>}{=}} e$$

转化为

$$\sum_j d_j \omega_j - e \overset{<}{\underset{>}{=}} 0$$

必须指出，上述转化只有当分母 $\sum_j b_j x_j$ 全部同号且非零时才成立，如有必要（同时也是充分条件），需要引入一个附加约束来确保这一点。如果 $\sum_j b_j x_j$ 总是负值，那么上述约束中不等式的方向应该反转。

一旦转化后的模型求解出来了，变量 x_j 的值就可以通过 w_j 除以 t 得到。

一个典型的应用场景是为某些组织设定绩效指标，如没有可用利润标准的组织。Charnes 等人（1978）对此进行了研究。目标为组织加权投入和产出之比（绩效比），变量为权重因子，每个组织可在一定的约束下自行选择权重因子，使其绩效比最大化，该主题被称为数据包络分析（data envelopment analysis，DEA）。本书第二部分中将以效率分析问题为例，对其应用进行说明。

3.2.5 "不存在"的和"不可优化"的目标

存在"不可优化"的目标可能被认为自相矛盾。不过在该词范畴下，本节将从非技术层面使用"目标"一词。在许多实际情况中，其实没什么要优化的，即使一个组织有特定的目标（如生存下去），也不存在优化问题，或者使用"优化"一词时附加了其他的含义。当实际应用不涉及最优化时，因数学规划问题被看作只与最优化有关，可能会被完全否定。但这种技术上的否定为时过早，如果问题涉及约束，那么找到满足约束的解可能并非易事。使用任意目标函数求解数学规划模型，至少在它存在的前提下能找到可行的解，即满足所有约束的解。这里的最后一句话通常与某些整数规划模型密切相关，模型中可能存在一组非常复杂的约束。当然，它有时也与通常的线性规划模型约束有关。使用（人为添加的）目标函数的价值也不仅仅在于构建一个定义明确的数学规划模型，通过优化一个目标或多个目标，会依次得到满足约束的"极值"解。这些解在验证模型的准确性等方面具有很大价值。从实践角度看，如果这些解中的任何一个都不可接受，那么模型一定是不正确的，如果有条件就应该修改。如前所述，这样验证模型通常很有价值，至少与解的获得一样有价值，甚至更有价值。

3.3　约束的定义

线性规划模型中一些最常见的约束类型说明如下。

3.3.1 产能的约束

产能约束是指在 1.2 节产品组合示例中出现的那些约束。在生产活动中，如果能用的资源有限，那么资源供应与不同活动所需资源之间的关系就产生了此类限制。要考虑的资源可能是处理的能力，也可能是人力资源。

3.3.2 原材料可用性

如果某些活动（如生产产品）使用的原材料供应有限，显然会造成此类限制。

3.3.3 营销需求及局限性

如果对销售产品的总量有限制，这很可能导致生产的数量少于能销售的总量。对此进行建模，这类约束可能的形式如下：

$$x \leqslant M \qquad (3.6)$$

式中，x 是生产产品的数量，M 是市场规模限制。

如果必须生产至少一定数量的产品以满足某些需求，也可规定最低销售量，相应的约束形式如下：

$$x \geqslant L \qquad (3.7)$$

如果有时需求量恰好要准确地满足，不等式（3.6）或不等式（3.7）也可能是"="约束。

约束不等式（3.6）和不等式（3.7）（或等式形式）非常简单，当用单纯形算法求解模型时，这种约束可以更有效地作为变量的简单界限来处理，这将在本章后面探讨。

3.3.4 物料均衡（连续性）约束

经常要表述这样一个事实：进入某一过程的量之和等于出来的量之和。例如，1.2 节的混料问题中，必须确保最终产品的质量等于配料的总质量。这种情况往往容易被忽视，这类物料总量平衡的约束通常采用以下形式：

$$\sum_j x_j - \sum_k y_k = 0 \qquad (3.8)$$

该式表示，变量 x_j 的总量（质量或体积）必须与变量 y_k 的总量相等。有时，这类约束中系数的含义也不尽相同，但是有些表示特定过程中质量或体积的损失量或增加量。

3.3.5 质量规定

这些约束通常出现在混料问题中，其中某些成分有可测的质量要求。如果要将最终产品的质量控制在一定范围内，则会产生相应的约束。1.2 节的混料问题就是一个例子，相应的约束可能涉及食品中营养素的数量、石油的辛烷值或材料强度等。

下面关注一些更抽象的约束，建模人员应该多加注意。

3.3.6 硬约束与软约束

线性规划的约束形式如下：

$$\sum_j a_j x_j \leqslant b \tag{3.9}$$

该表达式显然排除对 j 求和后超过 b 的解，有些情况下这并不符合实际情况。例如，若不等式（3.9）描述的是生产能力限制或原材料可用性，那么实际中这些限制可能会被推翻。有时以高价得到附加生产能力或更多原材料是值得或必要的，这时不等式（3.9）就不符合实际了。也有一些情况下无法违反不等式（3.9）。例如，不等式（3.9）也许是由容量限制（管道横截面无法扩展）施加的一个技术性约束。像不等式（3.9）这种不能违反的约束有时称为硬约束，相对而言，能够以一定的代价被违反的约束是软约束。很多时候，人们会认为需要此类软约束。相应地，不等式（3.9）可被改写为

$$\sum_j a_j x - u \leqslant b \tag{3.10}$$

对于一个求最小化（或最大化）的问题，如果给 u 一个合适的正（或负）的价值系数 c，就能达成预期的效果。变量 b 表示产能或原材料的总量，如果对模型的优化是可取的，则可以将成本 cu 扩展到 $b+u$。有时"剩余"变量 u 会有一个简单的上界，以防止其增量超过指定的数量。

如果不等式（3.9）是"$\geqslant$"约束，则可以通过"松弛"变量来达成类似的效果。如果不等式（3.9）是等式约束，则可以将其表示为

$$\sum_j a_j x_j + u - v = b \tag{3.11}$$

Note

表达式中将允许超过或不超过右端项 b。

还可以在目标函数中赋予 u 和 v 适当的加权系数。显然最优解中 u 或 v 取值必须为零。对于任何 u 和 v 为正值的解，都可以通过减去 u 和 v 中的较小值来调整，以得到一个更好的解。

模糊集（fuzzy set）是构建此类软约束的另一种方法，其中隶属度对应于违反约束的量。实际上，Dyson（1980）已经证明，模糊集理论的公式可以重新表述为具有最大最小目标函数的常规 LP 模型。

3.3.7　机会约束

在一些应用中，需要指定某个约束以一定的概率成立。例如，可能希望某个约束成立的可信度为 95%，可写为

$$P\left[\sum_j a_j x_j \leqslant b\right] \geqslant \beta \tag{3.12}$$

这里 β 是概率值。实践中，人们可能会期望用较大的 β 值来反映更高的成本，这一点本身应该体现在目标函数中，但这需要一个更复杂的模型。在 β 值和成本之间本来应该没有关系（通常如此），可以用一个粗糙但有时令人满意的方法来处理：用确定性表达式来代替上面的不等式（3.12），即用

$$\sum_j a_j x_j \leqslant b' \tag{3.13}$$

替代不等式（3.12），其中 b' 是一个大于 b 的数，满足不等式（3.13）意味着不等式（3.12）以一定概率成立。这一思路源于 Charnes 和 Cooper（1959）的文章。

3.3.8　冲突约束

有时，一个问题会涉及不能同时满足的多个约束，这时通常的办法显然是不行的。在这种情况下，有时可以规定目标是尽可能满足所有约束。前面的 3.2 节已经提到目标冲突的案例，普遍的探讨将放在下节。

这种情况产生的模型有时被称为目标规划模型，这一术语是由 Charnes 和 Cooper（1961b）提出的，但由此得到的模型实际上仍为线性规划模型。

其中每个约束都被视为一个要尽可能满足的"目标"。例如，施加以下限制：

$$对所有 i, \sum_j a_{ij} x_j \leqslant b_j \tag{3.14}$$

但是如果可能无法完全满足以上所有条件，则可用"软约束"来代替，即

$$对所有 i,\ \sum_j a_{ij}x_j + u_i - v_i = b_i \qquad (3.15)$$

Note

很明显，这里使用的是前面描述的办法[1]。

此时目标是确保不等式（3.14）中所有的约束都尽可能地得到满足。有多种方法使得目标更具体，下面是两种可能：

（1）最小化所有约束行中 $\sum_j a_{ij}x_j$ 与右端项 b_i 的差值总和。

（2）最小化上述差值中的最大值。

对于许多实际应用而言，上述两种目标差别不大。

目标（1）可以通过一个目标函数表达式来处理，由等式（3.15）等约束中的松弛变量（u）和剩余变量（v）之和组成。必要时，还可在有非单位系数目标中对变量进行加权处理，以反映不同约束的相对重要性。在本书 12.13 节"市场分配"问题中给出了使用这种目标的一个例子。事实上，该问题是一个整数规划模型，但不影响结论，因为该模型可用线性规划模型很好地近似。而在曲线拟合问题中则使用的是线性规划模型。

目标（2）的处理稍微复杂一些，但令人惊奇的是，其仍然可用线性规划模型来实现。通过引入一个附加变量 z 来表示最大偏差，因此要施加如下附加约束：

$$对所有 i,\quad z - u_i \geqslant 0 \qquad (3.16)$$
$$对所有 i,\quad z - v_i = 0 \qquad (3.17)$$

要最小化的目标函数就是变量 z 本身，显然 z 的最优值不会大于 u_i 和 v_i 中的最大值。凭借约束（3.16）和约束（3.17），它也不能小于 u_i 或 v_i。因此，z 的最佳值将尽可能小，同时正好等于所有 $\sum_j a_{ij}x_j$ 与右端项 b_i 的差值中的最大值。有时这类问题被称为瓶颈问题。"曲线拟合"问题和"市场份额"问题都将说明这一点。

在线性规划的应用中，Redpath 和 Wright（1981）描述了一个此类"最小最大"型目标的有趣例子：确定癌症肿瘤的辐射大小和辐射方向。用最小化辐射强度的最大差异来替代最小化辐射方差。这可以用更为简单的线性规划而不是二次规划来简化计算。

Hooker 和 Williams（2012）则展示了在整数规划模型中，用"最大最小"型目标来实现公平性与实用性目标的结合。

---

[1] 应为 3.3.6 节中的办法。——译者注

3.3.9　冗余约束

假设在一个线性规划模型中有如下约束：

$$\sum_j a_j x_j \leqslant b \tag{3.18}$$

如果发现 $\sum_j a_j x_j$ 的值小于 b，那么在线性规划模型中，约束（3.18）称为非紧约束（无实际约束力，对应影子价格为零）。此类非紧约束可以从模型中移除，而不会影响最优解。这就为模型中包含这类冗余约束提供了一个好的理由。首先，在求解模型前，是否冗余可能并不明显，由此必须包含一些约束，以防这些条件最后被证明为紧约束（有约束力）。其次，如果模型需要定期更新其中的数据，那么当前约束可能相对于将来的数据来说为紧约束。因此保留这些约束就有好处：不需要后面再修改模型。最后，虽然一些约束在最优解意义上可能是多余的，但灵敏度分析依赖这些约束（参见 6.3 节）。

需要注意的是，约束（3.18）中的此类约束即使在两边取等式时也可能为非紧约束。如果删除该约束并不影响最优解，也就是说，无论约束（3.18）是否在模型中，$\sum_j a_j x_j$ 的数值由于其他原因都一定等于 b。这种情况可以通过最优解中影子价格是否为零来判别。影子价格将在 6.2 节中探讨。

对于"$\geqslant$"的约束，类似的结果也成立。如果不等式（3.18）是此类约束，$\sum_j a_j x_j$ 大于 b，那么它为非紧约束；但是如果 $\sum_j a_j x_j$ 等于 b，它也可能依然为非紧约束。

最后，还应该指出，对于整数规划，如果不等式（3.18）中 $\sum_j a_j x_j$ 小于 b，那么不等式（3.18）为非紧约束，则这种说法有误。完全有可能的是，这时不等式（3.18）正好为紧约束，且不是冗余条件，这一点将在 10.3 节中探讨。

3.3 节探讨了在模型中包含的冗余约束是否可取，还描述了一种快速检测某些此类冗余的方法。

3.3.10　简单上界和广义上界

已有研究指出，市场方面的约束往往采取如不等式（3.6）或不等式（3.7）的形式，表达式很简单。通过修改单纯形算法，可以更有效地处理此类对变量的简单界限。大多数商用软件包都应用了这种改进，因此此类要求不作为常规约束，而是只作为相应变量的简单界限指定即可。它的一种泛化形式称为广义上界

Note

（GUB），其在模型求解时已被证明有很大的计算价值，因此值得了解。这类约束通常写为

$$\sum_j x_j = b \tag{3.19}$$

称变量集合 x_j 有广义上界（GUB）b，即这些变量的和必须是 b。如果式（3.19）中是"≤"约束，可通过添加松弛变量将其转换为式（3.19）的形式。式（3.19）中变量的系数都是一样的，这并不重要，因为可以通过按比例放缩的变换将所有非负系数约束转化为这种形式。更重要的是，当存在很多形如式（3.19）的约束，且其中的变量以互斥集合形式存在时，即相互间没有共同变量时，则称此类一组变量属于一个 GUB 集合。如果变量被指定为属于一个 GUB 集，如等式（3.19），则不必指明相应的约束。通过对单纯形算法进一步的改进，可以用类似简单界限约束的方式来处理此类隐含约束。图 3.2 中的模型显示了三个 GUB 类型约束，可以将这些约束从模型中删除，而作为 GUB 集合来处理。

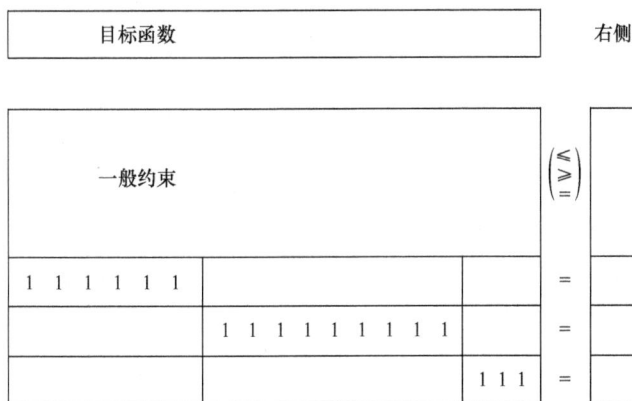

目标函数			右侧
一般约束		$\begin{pmatrix}\leqslant\\ \geqslant\\ =\end{pmatrix}$	
1 1 1 1 1 1		=	
	1 1 1 1 1 1 1 1 1	=	
	1 1 1	=	

图 3.2　带有 GUB 类型约束的模型形式

通常只有当大量的 GUB 集合可以被分离出来时，使用单纯形算法的 GUB 修正形式才有价值。例如，5.3 节的运输问题，其中至少有一半的约束可以看作 GUB 集合。

对于大型模型，找出 GUB 约束能为计算带来巨大好处。Brearley 等人（1975）介绍了一种在模型中检测大量此类集合的方法。

3.3.11　不寻常的约束

前面集中探讨了可用线性规划建模的约束。重要的是，实际应用中可能出现一些"不寻常"的限制，不要因其无法正常建模而将其忽略。有时可以通过将模

Note

型扩展为整数规划模型，来对此类限制建模，如下面的要求，这一主题将在第 9 章中进一步探讨。

如果生产了产品 2，就只能生产产品 1，产品 3 或产品 4 均不生产。

3.4 如何构建出好的模型

构建模型时，可能要实现的目标包括模型的易读性、检测模型中错误的便利性及模型求解的简便性，下面介绍达成这些目标的方法。

3.4.1 模型的易读性

当变量隐式出现时，通常可以构建出一个紧凑而真实的模型。例如，将变量 y 通过以下约束等价于表达式 $f(x)$，而不是由其表示非负量。

$$f(x) - y = 0 \tag{3.20}$$

由此 y 可以不再出现，而在所有 y 出现的相关表达式中将其用 $f(x)$ 替代。此类模型形式紧凑，但通常会导致解释解及附加计算工作难度陡增，即使一个较小的模型也可能需要较长时间来求解，不过如此做通常是值得的。而在编写结论报告时，需要特别注意模型的解释问题，如果能够解释得好，使用紧凑形式的模型是可取的。

问题中的变量和约束最好使用好记的名称，以方便解释解。1.2 节所示的小型混料问题中，计算机输入演示了如何命名。Beale 等人（1974）介绍了一种模型中变量和约束命名的系统方法。

3.4.2 检测模型中错误的便利性

这一目标显然与第一个目标有关，模型中的错误可以分为两类：①文书错误，如拼写错误；②公式表达错误。为了避免第一类错误，最好使用矩阵生成器（matrix generator，MG）或语言来构建小型模型。

建议在模型上使用预处理（PRESOLVE）或重组（REDUCE）的方式检测错误，笔误或公式错误常常导致模型无界或不可行。使用此类方法通常可以轻松发现这类情况，本书后面会简单说明一种这类方法。

有时可以在考虑错误检测的情况下建模，6.1 节说明了这一点。

3.4.3　模型求解的简便性

线性规划模型可能会消耗大量的计算机时间，所以最好能构建出尽可能快速求解的模型。该目标可能与第一类目标相冲突，即模型最好不要过于紧凑。在构建模型后，如果求解前使用"预处理"或"重组"的方法，有时可以大幅压缩模型的规模。Brearley 等人（1975）介绍了一种此类算法，而 Karwan 等人（1983）则提供了一系列检测冗余的方法。这样就可以求解约简后的问题，并基于得到的解对应求得原问题的解。

为了说明在线性规划模型中如何发现冗余，考虑以下示例：

$$\max \quad 2x_1 + 3x_2 - x_3 - x_4 \tag{3.21}$$

$$\text{s.t.} \quad x_1 + x_2 + x_3 - 2x_4 \leqslant 4 \tag{3.22}$$

$$-x_1 - x_2 + x_3 - x_4 \leqslant 1 \tag{3.23}$$

$$x_1 + x_4 \leqslant 3 \tag{3.24}$$

$$x_1, x_2, x_3, x_4 \geqslant 0 \tag{3.25}$$

由于目标函数中 x_3 的系数为负，并且问题是求最大化，因此会希望使 x_3 尽可能小，而 x_3 在约束（3.22）和约束（3.23）中系数为正。同时这两个约束都是"≤"类型，因此会使 x_3 尽可能地小。因此，x_3 可以约简至其下界值零，从而被视为一个冗余变量。

从模型中删除变量 x_3 后，建议检查约束（3.23）。该约束中的所有系数现在都是负数，因此不等式关系左侧的表达式的值永远不可能为正，且始终小于右侧值 1，这表示这一约束是多余的，可以从问题中删除。

由此可以压缩上述模型的规模。对于大型模型而言，一方面，这种压缩很可能导致模型求解所需的计算量大幅减少，有时甚至可发现模型不可行或无界。如果模型没有满足所有约束（包括变量的非负性条件）的解，则称模型是不可行的。另一方面，如果目标函数的最优值没有限制，则称模型是无界的。模型中出现这两种情况，通常表明存在建模错误（6.1 节将对此进行详细探讨）。

有些软件包中有用类似方式来约简模型，称为 REDUCE、PRESOLVE 或 ANALYSE。实际上，还可以进一步压缩模型，如使用变量的简单界限并考虑其对偶模型（线性规划模型的对偶在 6.2 节中描述），上述示例可以简化到无须显式表达（可被直接解出）。更完整的处理过程超出了本书范畴，实际上模型构建者知道如何简化模型并不总是重要的，因为模型可被简化虽会对建模产生影响，但处理过程通常可以靠编程和软件自动执行来完成。Brearley 等人（1975）和 Karwan 等人（1983）对这一问题作了更全面的论述。

利用问题的特殊结构，可以大幅地减少计算时间。3.3 节所述的 GUB 便是其中一个特别有价值的特殊结构。显然，如果问题中存在此类结构，那么建模人员应该能够识别出来，尽管有些计算机软件包具有自动执行这一操作的功能（基于 Brearley、Mitra 和 Williams 所描述的流程）。

3.4.4　模态化表达形式

在大型线性规划问题中，可以使用模态化表达形式（modal formulation）来减少约束的数量。如果一系列约束只涉及几个变量，则可以考虑这些变量生成的可行域。例如，假设 x_A 和 x_B 是 LP 模型中的两个（非负）变量，它们出现在以下约束中：

$$x_A + x_B \leqslant 7 \tag{3.26}$$

$$3x_A + x_B \leqslant 15 \tag{3.27}$$

$$x_B \leqslant 5 \tag{3.28}$$

如图 3.3 所示，通过让"极端模式"操作的活动由变量而不是 x_A 和 x_B 表示，可以对情况进行建模。如果这些变量为 $\lambda_0, \lambda_1, \lambda_2, \lambda_3$ 及 λ_4，则只需要指定一个约束：

$$\lambda_0 + \lambda_1 + \lambda_2 + \lambda_3 + \lambda_4 = 1 \tag{3.29}$$

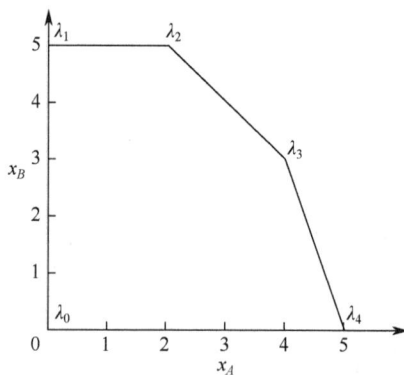

图 3.3　模态化后的可行域

无论 x_A 和 x_B 出现在模型中哪个部分，除可被忽略的约束（3.26）～约束（3.28）外，可用以下表达式替换：

$$\text{对于 } x_A, \quad 2\lambda_2 + 4\lambda_3 + 5\lambda_4 \tag{3.30}$$

$$\text{对于 } x_B, \quad 5\lambda_1 + 5\lambda_2 + 3\lambda_3 \tag{3.31}$$

Note

如图 3.3 所示，x_A 的系数是 $\lambda_1, \lambda_2, \cdots$ 在 x_A 轴的坐标，x_B 的系数是 $\lambda_1, \lambda_2, \cdots$ 在 x_B 轴的坐标。

本例中，这样实际保存了两个约束的信息，巧妙应用这一思想可以大大减少模型中约束的数量。

Knolmayer（1982）描述了使用此方法的一个实验案例，Smith（1973）则探讨了这种方法在实际建模中的应用。模态公式在石油工业的应用建模中极为常见，本书中的石油精炼优化模型演示了一种简单情况：一种工艺只有一种操作模式，输入和输出按固定比例进行，在这种情况下，最好将不同级别的过程按活动建模，从而无须通过约束来表示输入、输出之间的（固定）关系。

Muller-Merbach（1987）提出了一种用不同类型的输入、输出关系对过程进行建模的通用方法。

3.4.5　计量单位

在对实际情况建模时，各变量的计量单位很重要。在线性规划模型中，如果变量系数的大小差异巨大，会使模型求解难度增大。例如，若目标函数中的单位利润系数为百万英镑级别时，则用英镑的个位数来衡量利润就不明智。同样，如果容量的总量以千吨为单位，则最好让每个变量都以千吨为单位，而不是以吨为单位。理想情况下，应选择合适的单位，使线性规划模型中每个非零系数的大小在 0.1 和 10 之间。但在实际应用中，这并不总是可行，大多数商业软件包都有在模型求解前自动缩放模型系数的功能，当然最终结果会自动恢复原有标度单位。

3.5　建模语言的使用

有许多计算机辅助软件可以帮助用户结构化描述问题，并以模型的形式将图文输入到计算机软件中。此类软件有时称为矩阵生成器（matrix generators，MGs）。在此类系统中，有些被认为是很有用的专用高级编程语言，即建模语言。

人们已经认识到，成功应用数学规划模型的主要障碍往往不是求解问题，而是用户和计算机之间的转化接口问题，建模语言可将建模者从特定软件的输入需求中解放出来，可以帮助克服部分困难。

Greenberg（1986）描述了解决用户界面问题的大胆尝试。Greenberg 和 Murphy（1992）则对建模系统的情况进行了综述。

Buchanan 和 McKinnon（1987）及 Greenberg 等人（1987）则描述了将输入和输出同等关注的其他一些建模系统。

下面说明构建矩阵生成器/建模语言的许多不同方法。在此之前，先具体介绍使用它们的主要好处。

3.5.1　更自然的输入格式

大多数程序包的输入格式设计更多地考虑了程序包本身而非用户。如 2.2 节所述，大多数商业程序包使用了 MPS 格式，它根据计算机内部矩阵表示的顺序，以固定格式按列对模型进行表达，这往往并不自然，同时还乏味且容易写错，此外，这种格式还远不是简洁的，模型中每两个系数就需要一个独立的数据谓词语句，而使用通用建模语言可以克服所有这些缺点。

3.5.2　调试更容易

与计算机编程一样，模型的调试和验证是一项重要且可能很耗时的任务，使用建模者认为自然的格式会使这项任务变得更加容易。

3.5.3　修改更容易

模型通常需要定期使用，但往往要稍加修改，或者构建之后，要在实验中多次使用，但数据需要微调。在大多数建模语言中，从模型结构中分离数据（数据随时会变化）有助于完成这项任务。

3.5.4　自动复用

大型模型通常由小型模型的组合或不断反复而产生，如 4.1 节描述的多阶段产品生产问题。在这种情况下，特定的数据项或数据结构会不断重复，MPS 之类的格式会要求重复输入这些数据，这其实既低效又易错，而建模语言通常很容易通过索引时间段来处理这种重复。

下面概述不同建模语言的处理方法，Fourer（1983）进行了高质量的全面探讨，这些方法的细节一般只能通过相关系统的用户手册来了解。

3.5.5　使用高级语言的专用生成器

可以用通用语言为要构建的每个模型编写一个特定的程序，这种方法忽略了所有数学规划模型在结构上的相似性，也不管应用领域的差异，更不管所需标准格式（如 MPS）的问题。不过，如果需要将标准格式写入通用程序中，是可以机械操作的，而如果能将模型的相似性融合到一门语言中，似乎是明智的。

3.5.6　矩阵"积木系统"

在实际模型中，系数矩阵通常规模很大，且高度结构化，往往是由一些小而密集的子矩阵块组成的稀疏矩阵，这些块还可能彼此重复，并可通过简单的子矩阵（如单位矩阵）连接在一起。某些实际系统中会经常出现这种用子矩阵来组合和复制而成的更大矩阵，如具有连接和转置功能的一些系统。这类系统的一个缺点是：尽管用户可以不考虑集成子矩阵的机制，但仍然会要求用户以系数矩阵的方式来考虑。

3.5.7　结构化数据录入系统

有些系统允许用户以图表形式来构建模型，如流程图通常很有用。例如，一个问题中，可能涉及不同的原材料，这些原材料流入生产过程后形成产品，最后再通过仓库将产品分销给客户。系统会允许用户不使用代数表达式，直接将其转换成为结构化形式输入系统，这种方法在特定领域如加工工业中是有用的。但也存在一个明显的缺点：会要求用户在使用系统前对领域有深入了解。

3.5.8　相关数学语言

上面几种方法都避开了通常的符号运用，比如"$\sum$"符号和索引值集合。事实上，有一种论点认为，对于需要以其他方式思考模型的用户来说，使用此类数学符号不够自然。对于某些应用领域（如石油工业），可能就是如此。在这些领域中，数学规划地位稳固，且对其自身方法论的发展非常重要。如果需要更具通用性，那么通常的数学表示方法会提供更普及的语言，同时也是方便定义多类模型的简洁方法。任何受过初等数学训练的人都能理解这些符号，使得学习使用相应行业系统相对容易。

基于数学符号的大多数通用建模系统都很相似。下面介绍它们的共同特征，并用一种典型的语言 NEWMAGIC 演示一个模型。其可以轻松地将模型转换为任何其他类似的建模语言。这种语言要求用户识别模型中以下形式的组件，通过示例可以轻松看到这些元素的使用方式（不过不同的系统会有不同的关键字和语法规则）。

3.5.8.1 集合

集合（set）通常表示特定类型线性规划或整数规划中变量的索引值。例如，PROD 1、PROD 2、PROD 57 等，就可能代表 57 种不同产品的变量名，这些产品只在利润和资源使用上有所不同。可以定义一个"根名称" PROD，后面跟一个集合 $A = \{1, 2, \cdots, 57\}$ 定义的索引值，大多数语言中，索引可以是数字或名称（如城镇或一年中的月份）。

3.5.8.2 数据

数据通常是模型中的系数，可以在数组中定义或从外部文件读取，数组或文件中的数据项通常由上面定义的集合来索引。

3.5.8.3 变量

在模型中变量可以是线性或整数类型，通常使用根名称和相关索引（如 PROD[a]）来共同定义。而变量如果需要指定类别，如整型、自由取值型、二进制型等，通常直接限定变量本身。

3.5.8.4 目标

模型中的目标函数需实现最大化或最小化，通常需要一个名称，并用定义在索引集合上的求和表达式定义，可用符号"$\sum$"来表达（这一符号不能用键盘直接输入）。

3.5.8.5 约束

如果约束是通常的线性约束，那么很可能就用集合来索引。

此外，这类语言还会有一些专有的设定或特点，对于这些内容本章不做探讨，一般会在相应手册中解释。下面用 NEWMAGIC 语言给出了一个例子，与其他语言一样，可以将注释放在两个符号 "/*" 之间，或者在一行中最前面用符号 "!"
来方便地标记。

```
MODEL FoodB
DATA
    max t= 6, max i=5;
SET
    A= {1..2}, B= {1..5},
    T= {1..max t}, I= {1..max i};
DATA
    cost[T,I] << " cost.dat ",
    hard[I] = [8,8,6.1,2.0,4.2,5.0];
  VARIABLES
    b[I,T], u[I,T], s[I ,T], Prod[T];
  OBJECTIVE
  MAXIMIZE
prof= sum{t in T} (150 * Prod[t] - sum{i in I} (cost[t,i]
b[i,t] +5 * s [i,t]));
CONSTRAINTS
          loil{i in I, 1} : 500 + b[i,1] - u[i,1] - s[i,1] = 0,
          loil{i in I, tinT, t > 1} : s [i, t -1] + b[i,t] -
u[i,t]-s[i,t] = 0,
          vveg{t in T} : sum{i in A} u[i,t] < = 200,
          voil{t in T} : sum{i in B} u[i,t] < = 250,
          lhrd{t in T} : 3 * Prod[t] <= sum{i in I} hard[i] * u[i,t],
          uhrd{t in T} :sum{I in I} hard[i] * u[i,t] < 6* Prod[t],
          cont{t in T} : sum{i in I} u[i,t] = Prod[t],
      /*  Specify bounds for the variables */
          for{i in I, tinT, t < maxt} s [i,t] < = 1000,
          for{i in I} s[i, maxt] = 500;
        /* This is the end of the continuous part of the model. The
        section below adds integer variables and extra constraints
    to model some logical conditions. Separate VARIABLE and
    CONSTRAINT sections are not necessary; they could be included
    in the VARIABLE and CONSTRAINT sections above. The keyword
    BINARY means an integer variable that can only take the
    values 0 or 1 */
VARIABLES
vd[I,T] BINARY;
CONSTRAINTS
for{t in T}
{
! Formulate second condition
for{i in A}
{ ! UB on amount of veg. oil refined/month = 200
```

```
20 * d[i,t] <= u[i,t], u[i,t] <= 200 * d[i,t]
},
for{i in B}
{! UB on amount of non-veg. oil refined/month = 250
20 * d[i,t] <= u[i,t], u[i,t] <= 250 * d[i,t]
},
! Formulate first condition
sum{i in I} d[i,t] <=3,
! Formulate third condition
d[1,t] <= d[5,t], d[2,t] <= d[5,t]
};
END MODEL
SOLVE FoodB;
PRINT SOLUTION FOR FoodB >> "FoodB.sol";
 QUIT;
```

第4章

结构化线性规划模型

4.1 多个工厂、多类产品和周期生产模型

本节的目的是演示通过整合小模型来构建大型线性规划模型。几乎所有大型模型都是以这种方式建立的。事实证明，相较于构成它们的子模型而言，组合而成的模型在决策实际应用时用处更大。为了说明多工厂模型如何应用这种方法产生出来，下面举一个非常小的示例。

例 4.1：多工厂模型

一家公司经营着两家工厂甲和乙。每家工厂生产标准款和豪华款两款产品。一个标准款产品毛利是 10 英镑，而一个豪华款产品毛利为 15 英镑。

每家工厂都采用研磨和抛光两种工艺来生产其产品。甲厂研磨能力为每周 80 小时，抛光能力为每周 60 小时，而乙厂则分别为每周 60 小时和 75 小时。

制造单位产品的消耗时间如表 4.1 所示。

表 4.1 制造单位产品的消耗时间（单位：小时）

	甲厂		乙厂	
	标准款	豪华款	标准款	豪华款
研磨	4	2	5	3
抛光	2	5	5	6

究其原因，可能是乙厂的机器设备比甲厂旧，从而导致单位加工时间更长。

此外，每单位产品使用 4 千克原材料（以下简称原料）。公司每周的原料供应量为 120 千克。首先，假设甲厂每周分到 75 千克原料，而乙厂每周分到剩余的 45 千克原料。

可以为每家工厂建立一个非常简单的线性规划（LP）模型来使其毛利最大化。这是一个典型示例，可说明 1.2 节中提到的线性规划在产品组合中的应用。以下是结果模型：

甲厂模型

$$
\begin{aligned}
\max \quad & 利润甲 \quad && 10x_1 + 15x_2 \\
\text{s.t.} \quad & 原料甲 \quad && 4x_1 + 4x_2 \leqslant 75 \\
& 研磨甲 \quad && 4x_1 + 2x_2 \leqslant 80 \\
& 抛光甲 \quad && 2x_1 + 5x_2 \leqslant 60
\end{aligned}
$$

其中，x_1 是甲厂生产的标准款产品数量，x_2 是甲厂生产的豪华款产品数量。

乙厂模型

$$
\begin{aligned}
\max \quad & 利润乙 \quad && 10x_3 + 15x_4 \\
\text{s.t.} \quad & 原料乙 \quad && 4x_3 + 4x_4 \leqslant 45 \\
& 研磨乙 \quad && 5x_3 + 3x_4 \leqslant 60 \\
& 抛光乙 \quad && 5x_3 + 6x_4 \leqslant 75
\end{aligned}
$$

其中，x_3 是乙厂生产的标准款产品数量，x_4 是乙厂生产的豪华款产品数量。

这两组模型可以轻松以图解方法求解。但这里的目的不在于研究对特定模型求解的机制。下面直接给出了最优解，具体方法稍后探讨。

甲厂模型的最优解

生产 11.25 个标准款产品和 7.5 个豪华款产品可带来 225 英镑的利润，盈余研磨能力 20 小时。

乙厂模型的最优解

生产 11.25 个豪华款产品可带来 168.75 英镑的利润。盈余研磨能力 20 小时，盈余抛光能力 7.5 小时。

假设现在建立一个公司模型的目的是使总利润最大化。假设工厂区别明显且在地理位置上是分开的。但不再将 75 千克的原料分配给甲，也不再将 45 千克的原料分配给乙。相反，让模型来决定分配。现在为公司施加单一原材料限制，即每周 120 千克，相应模型如下：

$$\begin{aligned}
\max \quad & \text{利润} && 10x_1 + 15x_2 + 10x_3 + 15x_4 \\
\text{s.t.} \quad & \text{原料} && 4x_1 + 4x_2 + 4x_3 + 4x_4 \leqslant 120 \\
& \text{研磨甲} && 4x_1 + 2x_2 \leqslant 80 \\
& \text{抛光甲} && 2x_1 + 5x_2 \leqslant 60 \\
& \text{研磨乙} && 5x_3 + 3x_4 \leqslant 60 \\
& \text{抛光乙} && 5x_3 + 6x_4 \leqslant 75
\end{aligned}$$

公司总体模型

将工厂模型的原料甲和原料乙约束合并为公司模型的单一约束至关重要。现在要求模型在甲和乙之间按照最理想情况分配这 120 千克的原料，而不是自行任意分配。因此，预计更为有效的划分将能提高公司整体利润，最优解证明了这一点。

公司总体模型的最优解

总利润为 404.15 英镑，来自甲生产 9.17 单位的标准款产品和 8.33 单位的豪华款产品，以及乙生产 12.5 单位的豪华款产品。甲的盈余研磨能力为 26.67 小时，乙的盈余研磨能力为 22.5 小时。

将此解与工厂甲和乙的解分别进行比较时，以下几点值得注意：

（1）总利润为 404.14 英镑，大于甲、乙独自生产的利润总和 393.75 英镑。

（2）甲厂只为新的总利润贡献了 216.65 英镑，而之前创造了 225 英镑的利润。然而，乙厂现在为总利润贡献了 187.5 英镑，而之前只创造了 168.75 英镑。

（3）甲厂现在使用 70 千克原料，乙厂使用 50 千克原料。

很明显，公司总体模型下的生产更侧重于乙厂，因为此模型为乙厂分配了 50 千克原料，而不是之前的 45 千克，多的 5 千克来自甲厂。如果以前可以决定采用 7 比 5 的比例，则没有必要建立公司总体模型。这个论点也适用于规模更大、更现实的多工厂模型。然而，通常情况下，工厂之间必须共享一些稀缺资源，而并非只用在这里考虑的单一资源"原料"，必须为每种资源找到最佳的分配比。要想确定这种分配比显然很复杂。每家工厂的需求必须与其使用稀缺资源的效率相对应。在示例中，鉴于乙厂机器老旧，公司为其分配的原料少于甲厂。然而，一开始 75/45 的分配比例过度偏向于甲厂。

上面的例子旨在说明多工厂模型出现的背景。该方法应用线性规划来处理工厂之间的指派问题及帮助工厂内部更好地决策。建立的模型是一个非常简单的例子，多工厂模型中出现的结构，被称为"块角型结构"。如果分离公司模型中的系数并以图形来分析问题，可以得到图 4.1。

10	15	10	15		
4	4	4	4	≤	120
4	2			≤	80
2	5			≤	60
		5	3	≤	60
		5	6	≤	75

图 4.1 "块角型结构"的模型形式示例

图 4.1 中，前两行称为公共行。显然，公共行之一始终是目标行，对角线位置放置的两个系数块称为子模型。对于具有众多共享资源和 n 个工厂的一般性问题，可得到图 4.2 所示的一般块角型结构。

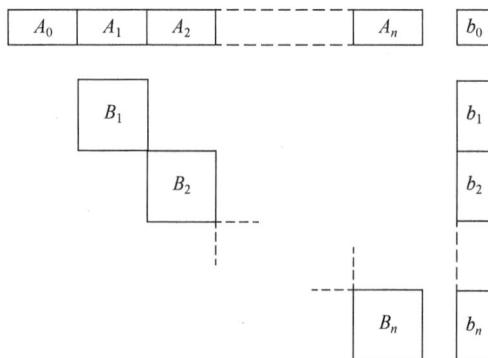

图 4.2 模型中的"块角型结构"

图 4.2 中，$A_0, A_1, \cdots, B_1, B_2, \cdots$ 是系数块。$b_0, b_1, \cdots$ 形成右端项的系数列。块 A_0 在原模型中也许并没有，但有时会出于方便而将其显式地表达出来。$A_0, A_1, \cdots$ 表示公共行。多工厂模型中的常见约束通常涉及跨工厂分配稀缺资源（如原材料、加工能力、劳动力等），有时也可能表示工厂之间的运输关系。例如，在某些情况下，将某中间工序的产品从一家工厂运输到另一家工厂可能是更好的选择。如果需要在对应工厂中引入附加的变量来表示运输量，该模型也可以顺便实现这一点。假设只是想考虑从工厂 1 到工厂 2 的运输，这将通过约束

$$x_1 - x_2 = 0 \tag{4.1}$$

来实现，其中 x_1 是从工厂 1 运输到工厂 2 的数量，x_2 是从工厂 2 运输到工厂 1 的数量。

除了约束（4.1），x_1 只涉及与工厂 1 的子模型相关的约束。同样，x_2 只涉及与工厂 2 相关的约束。x_1（或 x_2，但不是两者共同）可能是代表单位运输成本的目标函数中给出的成本系数。约束（4.1）清楚地给出了另一个常见的行约束。

如果一个块角型结构的问题没有共同的约束，那么优化它应该很明显只需用总目标的适当部分来优化每个子问题。对于简单的数值示例而言，如果没有原材料限制，可以分别求解每个工厂的模型并得到整体公司最优值。事实上，就公司而言，将每个工厂都视为独立是完全可以接受的。然而，一旦引入了共同的约束，情况可能就变了，正如上面简单示例所示。共同约束越多，独立工厂间的相互联系肯定就越多。本书 4.2 节中，还将探讨如何通过子问题最优解来求整个问题的最优解。这在计算上可能非常重要，因为如果将此类结构化问题视为一个大型模型，体量通常会非常大，且求解需要较长时间。根据常识，最好能用公共行的数量来确定整个问题的最优解决方案与子问题的最优解决方案的总和有多接近。对于只有几个公共行的问题，考虑子问题的最优解效果确实很理想。

图 4.2 中所示块角型结构不仅仅出现在多工厂模型中。混料问题中类似多产品模型的现象很常见，例如，若 1.2 节中提出的混料问题仅代表一家公司生产的诸多产品（品牌）中的一种，如果不同产品使用一些相同的成分且加工能力一样，那么就可以通过结构化模型来研究其有限的供应。1.2 节中介绍的各项混合的模型无法帮助在产品之间合理分配稀缺的共享资源。例如，在图 4.2 中，$B_1, B_2, \cdots$ 表示每种产品各自的混合约束。这些子问题将包含一些变量，如 x_{ij} 表示产品 j 中成分 i 的数量。如果成分 i 的供应有限，就可施加一个共同的约束：

$$\sum_j x_{ij} \leqslant 成分 i 的供应量 \tag{4.2}$$

如果成分 i 在混合产品 j 时应用 α_{ij} 个单位的特定加工能力，则有共同的约束：

$$\sum_j \alpha_{ij} x_{ij} \leqslant 可用于成分 i 的总加工能力 \tag{4.3}$$

与多工厂模型一样，多产品模型基本都是通过组合现有子模型来建立的。子模型可用于在一些具体操作事宜上做出决策。将这些子模型组合，可在线性规划模型中加入更多决策变量。

图 4.2 所示的块角型结构也会出现在多周期模型中。假设在 1.2 节介绍的混料问题中，不仅要确定如何在特定月份进行混料，还要确定每月如何购买，并储存以备后用。然后有必要区分购买多少、使用多少和存储多少，每种成分将有三个相应的变量。通过以下关系相连：

$(t-1)$ 期末的库存量 $+t$ 期间的购买量 $=t$ 期间的使用量 $+t$ 期末的库存量　（4.4）

Note

这些关系生成了等式约束。图 4.2 所示的块角型结构是通过这些等式约束产生的，提供了连接连续时间段的公共行。每个子问题 B_1 由仅涉及"使用"变量的原混合约束组成，这种多期模型源于第二部分 12.1 节"食品加工"问题。该问题是 1.2 节的混料问题，涉及 6 个月内不同月份的各种粗制油价格，第三部分给出了该问题的详细表述。

在上述类型的多期模型中，每期持续时间不必相同。某些期可能是一个月，而后面的几个月可能会合在一起（资源的相应增加情况由右端项表示）。但图 4.2 中的 $B_1, B_2, \cdots$ 很可能是相同的子矩阵，表示每期相同的混合约束，当然，这些矩阵的相应行和列会用不同的名称来区分。

多期模型的使用方式很重要。这种模型通常搭配与目前相关的第一个时间段和与未来相关的后续时间段，因此，当前仅使用模型建议的本月运营决策，未来数月的运营决策可能只是临时性的，再过一个月（或适当时间段）后，将使用更新的数据重新运行该模型，并将第一个时间段应用于新的当前时间段。因此，多期模型一直被用作当前的运营工具及未来的临时规划工具。

多期模型中最后一期结束时发生的情况也很重要。如果在约束（4.4）中出现的最后一期期末库存被简单地作为变量包括在内，则最优解几乎总会认定其应该为零。从模型的角度来看这是明智的，因为这将是"成本"最小化或"利润"最大化的解，但在实际情况下该模型是不切实际的，因为几乎可以肯定，最后一期结束之后运营还会继续下去，而且库存也不会立即清空。或许可以将最终库存设为代表合理最终水平的恒定值。可以说，最后一期运营计划注定是临时性的，而误差再怎么大都不会太严重。这是针对第二部分的多期"工厂规划"和"食品加工"问题而提出的建议。有时也可以用某种方式"估计"最终库存，即在最大化模型中给出相应变量——正"利润"或最小化模型中给出负"成本"。实际上，如果采用此类估值，最优解决方案会建议生产最终库存以在貌似有利的情况下出售。尽管公司可能永远不会考虑廉价出清最终库存，但给出真实估值这一事实将使其出现在合理的区间内。

Williams 和 Redwood（1974）介绍了一种高度结构化模型，可以是多时期、多产品和多工厂形式。

阶梯结构也是多期模型中经常出现的一种结构类型，如图 4.3 所示。

事实上，此类阶梯结构可以转换成块角型结构。如果将诸如 (A_0, B_1)，(A_2, B_3) 之类的替代"阶梯"视为子问题约束，而将中间"阶梯"视为公共行，则将得到一个块角型结构。上面描述的块角型结构多期模型也可以轻松重新排列成阶梯结构。

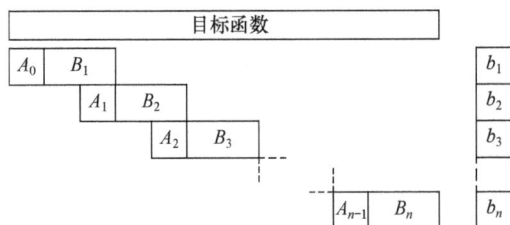

图 4.3　带有阶梯结构的多期模型形式

图 4.4 所示的结构有时也会出现，但比块角型结构和阶梯结构要少见。

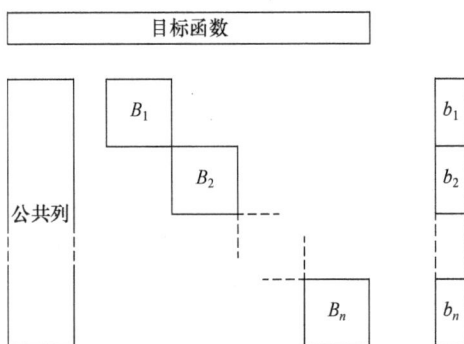

图 4.4　带有另一种特定结构的模型形式

在此类型模型中，子问题通过公共的列连接，而不是行，这种结构与块角型结构为对偶关系（对偶将在 6.2 节中定义）。

Benders（1962）的方法适用于求解这类模型（即使不是整数规划）。4.2 节将介绍这种结构是怎样出现的。

4.2　随机规划

随机规划是一类特殊的线性规划模型，尽管有时会使用"Stochastic Programming"这个名称，但不要误认为这是另一种方法，随机规划是一种线性规划，它以特定方式对不确定性进行建模。随机规划也是鲁棒优化的一个特例。在许多实际应用中，生成的线性规划模型中的数据是不确定的，而背后可能有多种原因：一是无法获得完全准确的数据；二是模型可能是按时间分段的（在 4.1 节中探讨过），其中某些需要建模的事件尚未发生。鲁棒优化包括这两种情况，即便无法量化不确定性或相关风险，它关注的是如何在存在不确定时仍能得到合理、稳

048 | 数学规划建模方法（第 5 版）

定的解，无论其能否可以量化。通过使用本书 6.3 节中探讨的灵敏度分析可以了解一个解如何随着数据中的不确定性而变化，但这是一个相当有限的分析，在某些情况下可能会造成误导［参见 Kall 和 Wallace（1994）的研究］。一个完全规避风险的方法可能是去寻求一个最大最小值（见 3.2 节），以使可能出现的最坏结果（无论可能性多小）尽可能不那么糟糕。但这种极端的方法通常过于"保守"。Greenberg 和 Morrison（2008）对鲁棒优化展开了深入探讨。

本节仅关注哪些情况下不确定性可以被量化。3.3 节中探讨的机会约束是对此类情况进行建模的一种方法，其中建模的对象仅限于必须在获得其他信息之前做出某些决定（第一阶段）的情况。第一阶段决策的结果及后续附加信息是做出第二阶段决策的前提。遗憾的是，第一阶段决策的优点取决于这种不确定信息和第二阶段决策。例如，可能有必要在知晓需求（不确定的）之前做出生产决策（第一阶段）。然后作为生产决策和后续实际需求的结果，第二阶段的决策必须要做，即以较低的价格出售任何多余的产品或以更高的成本附加生产来弥补不足。

如果现实中可将不确定信息视为具有已知概率（如离散概率分布列）的少量有限数值（少量）的可能值之一，则可以引入一组不同的第二阶段变量，以匹配每个不确定值，目标可设为最小化预期成本之一，模型会变成一个线性规划。

例如，假设生产决策由第一阶段变量 $x_1, x_2, \cdots, x_n$ 表示。生产过剩或短缺由第二阶段变量 $y_1, y_2, \cdots, y_n, z_1, z_2, \cdots, z_n$ 表示。根据每个可能的需求水平 $d_j^{(1)}, d_j^{(2)}, \cdots, d_j^{(m)}$，这些第二阶段变量将被复制 m 次。从而得到以下形式的模型：

$$\min \quad \sum_j c_j x_j + \sum_r p_r \left(\sum_j e_j y_j^{(r)} + \sum_j f_j z_j^{(r)} \right)$$

s.t. 　针对所有生产约束，$\sum_j \alpha_{ij} x_j \leqslant b_i$

针对所有 j 和 r，
$$x_j - y_j^{(r)} + z_j^{(r)} = d_j^{(r)}$$
$$x_j, y_j^{(r)}, z_j^{(r)} \geqslant 0$$

式中，p_r 是给定概率，c_j、e_j 和 f_j 分别表示生产成本、超额生产成本和差额成本。

了解如何使用此类模型很重要，首次决策将作为第一阶段变量的结果，最终只会使用第二阶段变量的值，且对应于不确定信息的后续值。

此外，了解此类模型中包含的附加信息也很重要。虽然"传统"模型可能包含以单"点"估计形式出现的未来数据，但随机模型通过一系列估计来表述此类数据，并按概率加权。以此得到的"解"在最优目标方面"不及"传统模型，但可能更符合实际、更容易实现，也可以降低风险。"（在做最后决定前）保留选择余地"也是看待此类模型的一个角度，即不要"把所有的鸡蛋都放在一个

Note

篮子里"。

上面 x_j 变量的系数构成了该线性规划模型的公共列，而变量 $y_j^{(r)}$ 和 $z_j^{(r)}$ 仅各自出现在模型的第 r 个块中。有时该结构与块角型结构结合可构成如图 4.5 所示的模型形式。

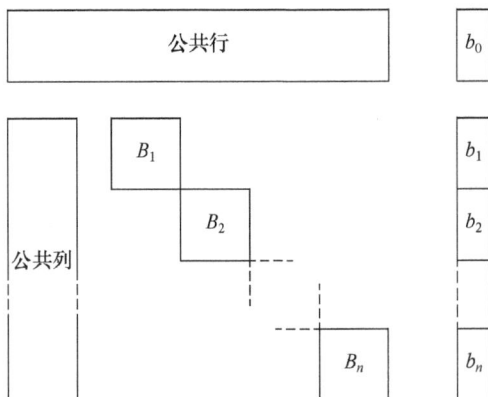

图 4.5　带有"公共列"结构与块角型结构的模型形式

"收益管理"（如销售机票）是随机规划的一个示例，参见 12.24 节、13.24 节和 14.24 节。

随机规划的参考文献包括 Dempster(1980)、Kall 和 Wallace(1994)及 Greenberg 和 Morrison（2008）等的文章。随机规划的体量可能会非常大，因为在连续多个时间段内会产生多种情景，也就是说，从第二阶段的每个情景开始，都会有许多情景进入第三阶段，依此类推。以此生成的未来情景树规模会迅速扩大。Gondzio 和 Grothey（2006）创建的随机规划是有史以来构建和解决的最大规模线性规划（此为作者观点），包含 3.53 亿个约束和 10.1 亿个变量。

4.3　大型模型的分解

通常情况下，根据常识可知，结构化模型的最优解应该与其子模型的最优解有某种关系。因此，可以通过设计计算过程来利用这一点，特别是对于许多规模较大的结构化模型时，这种方法更适用。模型分解方法主要针对通过求解子问题来求解结构化模型的问题。有时人们会错误地认为分解就是指真的将模型拆分为子模型（尽管已有相应的计算程序），但分解还涉及对结构化模型的求解过程，而这是建模者通常已知的。

除了计算方面的优势，分解方法对于经济领域也很重要。分解过程适用于结构化实际应用的数学模型，如果结构化模型是通过结构化组织（如多工厂模型）产生的，则分解过程便体现出一种"去中心化计划"的思路。正是出于此原因，有一本关于建模的书籍也探讨了分解方法。当然，最好能通过"去中心化计划"来进行类比以研究该主题。

再次回到 4.1 节的示例，有以下多工厂模型：

$$\begin{array}{lll} \max & \text{利润} & 10x_1 + 15x_2 + 10x_3 + 15x_4 \\ \text{s.t.} & \text{原材料} & 4x_1 + 4x_2 + 4x_3 + 4x_4 \leqslant 120 \\ & \text{研磨甲} & 4x_1 + 2x_2 \leqslant 80 \\ & \text{抛光甲} & 2x_1 + 5x_2 \leqslant 60 \\ & \text{研磨乙} & 5x_3 + 3x_4 \leqslant 60 \\ & \text{抛光乙} & 5x_3 + 6x_4 \leqslant 75 \\ & & x_1, x_2, x_3, x_4 \geqslant 0 \end{array}$$

可以看出，按 75：45 的比例在甲乙之间分配 120 千克的原料，整体而言并非最优解，而最优解表明该比例应为 70：50。遗憾的是，必须完成整个模型的求解才能得出该最佳分配比例。如果能有一种方法来预先确定最佳分配比例，那么就能够分别对甲、乙两家工厂的单个模型进行求解，并结合这些解来为总体模型求出最优解。对于一般的块角型模型，如图 4.2 所示，需要在 b_0 的所有右端项中找到公共行的最佳分配比例。确实存在基于该原理分解块角型结构的算法，被称为分配分解法。Rosen（1964）采用的方法就是这样一种算法。

另一种方法是通过定价分解。在块角型结构中，如上面的小型例子，公共行表示对原材料可用性的约束，可以尝试为有限的原材料找到估值。这些估值可用作向子模型收取的内部价格。如果可以获得准确的估值，就可以用整个模型的整体效益来优化每个子模型。Dantzig-沃尔夫（Dantzig-Wolfe）分解算法就是这样一种算法。Dantzig（1963）详细地对该算法进行了说明。此处描述不太严谨，要注意与经济领域中"去中心化计划"的区分。

为了阐明该方法，再看一下上述两家工厂的例子。如果不是因为原材料供应有限，针对甲、乙两家工厂将有以下子模型：

$$\begin{array}{lll} \max & \text{利润甲} & 10x_1 + 15x_2 \\ \text{s.t.} & \text{研磨甲} & 4x_1 + 2x_2 \leqslant 80 \\ & \text{抛光甲} & 2x_1 + 5x_2 \leqslant 60 \\ & & x_1, x_2 \geqslant 0 \end{array}$$

$$\begin{aligned}
\max \quad &\text{利润乙} \quad && 10x_3 + 15x_4 \\
\text{s.t.} \quad &\text{研磨乙} \quad && 5x_3 + 3x_4 \leqslant 60 \\
&\text{抛光乙} \quad && 5x_3 + 6x_4 \leqslant 75 \\
&&& x_3, x_4 \geqslant 0
\end{aligned}$$

注意，不要将这些子模型与 4.1 节中针对相同问题的子模型相混淆。两个子模型中都涉及原材料供应量的约束，且二者之间的原材料也得到了适当分配。此处不包括此类约束。相反，本书会尝试为原材料找到合适的"内部价格"并将其纳入子模型。假设原材料内部定价为每千克 p 英镑，则上述子模型的目标函数将变为

$$\text{利润甲} \quad (10-4p)\,x_1 + (15-4p)\,x_2 \tag{4.5}$$

以及

$$\text{利润乙} \quad (10-4p)\,x_3 + (15-4p)\,x_4 \tag{4.6}$$

实际上，本书采用了 p 倍的原材料可用性的约束并将其从目标中减去。如果 p 设得太低，可能会发现子模型的组合解使用的原材料比可用的要多，在这种情况下，应该增加 p 值。例如，如果 p 设为零（原材料没有内部价），则得到以下最优解。

> 甲厂原材料价值为 0 的最优解：
> 生产 17.5 件标准款产品和 5 件豪华款产品可获得 250 英镑的利润。
> 乙厂原材料价值为 0 的最优解：
> 生产 12.5 件豪华款产品可获得 187.5 英镑的利润。

这些解对于整个公司来说显然是不可接受的，因为其需要 140 千克的原料，而可用量只有 120 千克。因此，希望找到某种方法来为内部价格 p 估计一个更切合实际的值。无论 p 值是多少，甲、乙二厂都将得到最优解，即上述子模型顶点的解。由于这些模型各自只涉及两个变量，因此可以用图形表示，如图 4.6 和图 4.7 所示。

由于 p 值为零，可以轻易验证为甲、乙二厂所求的最优解（如上所述），如图 4.6 中的 $(17.5, 5)$ 和图 4.7 中的 $(0, 12.5)$ 所示。

对整个问题的任何可行解必须对于两个子问题（以及附加符合原材料可用性限制要求）都明确可行。因此，总问题的任何可行解中的 x_1 和 x_2 的值必须是图 4.6 所示可行域顶点的凸线性组合，即

$$\begin{pmatrix} x_1 \\ x_2 \end{pmatrix} = \lambda_{11} \begin{pmatrix} 0 \\ 0 \end{pmatrix} + \lambda_{12} \begin{pmatrix} 20 \\ 0 \end{pmatrix} + \lambda_{13} \begin{pmatrix} 17.5 \\ 5 \end{pmatrix} + \lambda_{14} \begin{pmatrix} 0 \\ 12 \end{pmatrix} \qquad (4.7)$$

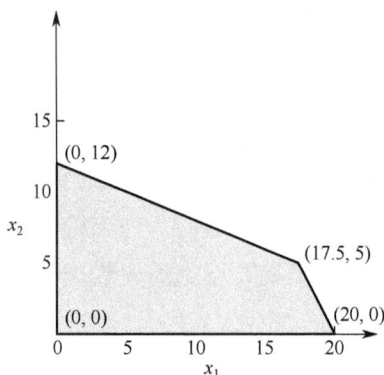

图 4.6　甲工厂模型的最优解图示　　　　图 4.7　乙工厂模型的最优解图示

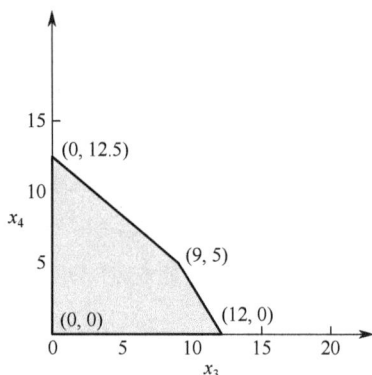

λ_{11}、λ_{12}、λ_{13} 和 λ_{14} 是附加到顶点的"权重"，必须为非负并且满足"凸"的条件：

$$\lambda_{11} + \lambda_{12} + \lambda_{13} + \lambda_{14} = 1 \qquad (4.8)$$

向量方程式（4.7）是一种通过以下两个方程将 x_1 和 x_2 与一组新变量 λ_{ij} 相关联的方法

$$x_1 = 0\lambda_{11} + 20\lambda_{12} + 17.5\lambda_{13} + 0\lambda_{14} \qquad (4.9)$$

$$x_2 = 0\lambda_{11} + 0\lambda_{12} + 5\lambda_{13} + 12\lambda_{14} \qquad (4.10)$$

类似的论点可以应用于图 4.7 中显示的第二个子问题。这允许 x_3 和 x_4 通过以下方程与更多变量 λ_{21}、λ_{22}、λ_{23} 和 λ_{24} 相关：

$$x_3 = 0\lambda_{21} + 12\lambda_{22} + 9\lambda_{23} + 0\lambda_{24} \qquad (4.11)$$

$$x_4 = 0\lambda_{21} + 0\lambda_{22} + 5\lambda_{23} + 12.5\lambda_{24} \qquad (4.12)$$

$$\lambda_{21} + \lambda_{22} + \lambda_{23} + \lambda_{24} = 1 \qquad (4.13)$$

式中，λ_{2j} 是第二个子问题中顶点的"权重"，λ_{2j} 是第一个子问题中的"权重"。

值得指出的是，真正要做的是为每个子问题提供模型化表述，如 3.4 节所述。

如果某些子模型的可行区域是"开放的"，则会出现略微复杂的情况，如图 4.8 所示的情况。Dantzig（1963）用很简单的办法应对了这种复杂性，并给出了充分解释。

可以使用式（4.9）～式（4.12）来代替整个模型的目标和唯一公共约束中的原料 x_1、x_2、x_3 和 x_4。只要 λ_{ij} 是非负的并且满足凸性约束——式（4.8）和式（4.13），即可满足两个子问题的研磨和抛光约束。这样，多工厂模型可以重新表示为

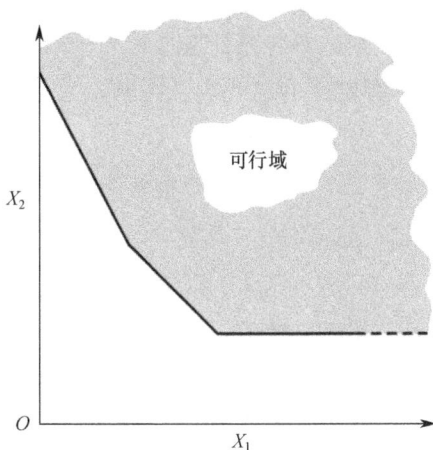

图 4.8　线性规划模型的可行域

利润最大化	$200\lambda_{12} + 250\lambda_{13} + 180\lambda_{14} + 120\lambda_{22} + 165\lambda_{23} + 187.5\lambda_{24}$
原材料条件	$80\lambda_{12} + 90\lambda_{13} + 48\lambda_{14} + 48\lambda_{22} + 56\lambda_{23} + 50\lambda_{24} \leqslant 120$
凸性约束 1	$\lambda_{11} + \lambda_{12} + \lambda_{13} + \lambda_{14} = 1$
凸性约束 2	$\lambda_{21} + \lambda_{22} + \lambda_{23} + \lambda_{24} = 1$

　　上述模型称为主模型，可以解释为为找到每个子模型顶点解的"最佳组合"而构建的模型。对于任何向甲、乙两家工厂收取的内部价格 p，都将各自生成顶点解。考虑到原材料临时内部价 p，这些顶点解会产生所谓的建议，因为它们代表来自子模型的"建议"解，而这些建议是主模型中对应于子模型的特定顶点的系数列。例如，来自第一个子问题的第三个顶点的建议是列

$$\begin{pmatrix} 250 \\ 90 \\ 1 \\ 0 \end{pmatrix}$$

该建议在主模型中的权重为 λ_{13}。主模型的作用是选择所有已有建议的最佳组合。

　　比起原模型，主模型约束通常更少。公共行数量与整体模型相同，但每个子模型都将被压缩为单个凸性约束，如上面示例中的凸性约束 1。遗憾的是，节省的约束通常会被变量数量大增所抵消。每个子模型的每个顶点都有一个变量 λ_{ij}。在现实问题中，这可能是一个天文数字。在实际应用中，与这些变量对应的绝大多数"建议"在最优解中将为零。对于约束数量相对较少但变量数量非常多的主模型来说，绝大多数变量永远不会进入解。因此，本书采用一种在数学规划中广泛应用的做法：列在优化过程中生成（称为列生成）。一列（建议）只有看起来值得时才会添加到主模型中。9.6 节中探讨的示例会阐明列是如何生成的，因此这里只

处理可能"建议"的一个子集。这种截断模型称为受限主模型。在优化过程中，受限主模型会考虑这些"建议"（有时也会从中删除），但一般来说，只有极少数的"建议"会生成并添加到受限主问题中。

为了更好地说明如何运算，这里考虑小型多工厂模型。幸运的是，仍能够在这么小规模的例子中从几何层面得到主模型，但下面关注受限主问题。首先，将仅采用与子模型甲中的 λ_{11} 和 λ_{13}，以及子模型乙中的 λ_{21} 和 λ_{24} 相对应的建议，而这种选择在很大程度上是随机的。此处，不会探讨究竟是如何选的，因为这并不重要。在实际应用中，每个子模型中的一些"好"建议将用于构建受限主模型的第一版，从而构建具有某些实质内容和更加合理、现实的模型。 因此，第一个受限主模型是

利润最大化	$250\lambda_{13} + 187.5\lambda_{24}$
原材料条件	$90\lambda_{13} + 50\lambda_{24} \leqslant 120$
凸性约束 1	$\lambda_{11} + \lambda_{13} = 1$
凸性约束 2	$\lambda_{21} + \lambda_{24} = 1$

当优化该模型时，可以得到原材料的"估值"，即最优解中与原料约束相关的临界值。此类约束的临界值有时被称为影子价格。这将在 6.2 节详细探讨，并给出其经济解释。事实上，与诸如原料等约束相关的临界值正是右端项轻微（"边际"）增加时最佳利润增加的比率。而对于本研究来说，只需要说明此种对约束估值的可能性即可。对于任何软件，这些估值（影子价格）都将得到最优解。

如果第一个受限主模型得到优化，所得原料约束的影子价格将为 2.78 英镑，可以被视为 p 值并用作内部价格，甲、乙二厂对其想要使用的原材料按每千克得到报价。当甲得到报价时，该内部价格的目标函数将针对新费用而调整。新的目标函数来自表达式（4.5），其中 p 为 2.78 英镑。由此得到目标函数为

$$\text{利润 } A: -1.12x_1 + 3.18x_2 \tag{4.14}$$

如果目标配合针对甲厂子模型的约束，可得解

$$x_1 = 0, \quad x_2 = 12$$

这明显对应图 4.6 中的顶点（0, 12）。与此相对应的建议是 λ_{14} 的列。 这很容易计算，可得

$$\begin{pmatrix} 180 \\ 48 \\ 1 \\ 0 \end{pmatrix}$$

因此，在具有这一列系数的受限主问题中添加一个新变量（用 λ_{14} 表示），这

一新建议代表了甲厂鉴于新的原材料内部价格而新制订的临时生产计划。

现在关注一下乙厂。当其收到原材料报价为每千克 2.78 英镑时，式（4.15）给出了目标函数

$$利润 B： -1.12x_3 + 3.18x_4 \qquad (4.15)$$

如果目标按照针对乙厂子模型的约束优化，可得解

$$x_3 = 0, \qquad x_4 = 12.5$$

这明显对应图 4.7 中的顶点 (0, 12.5)。与此相对应的建议是 λ_{24} 列，该建议已包含在第一个受限主模型中，因此得出的结论是，即使乙厂得到的原材料报价为每千克 2.78 英镑的建议价，他们也不会提出新的建议（更改临时生产计划）。

仅将对应于 λ_{14} 的建议添加到受限主模型中，因此变为

利润最大化　　$250\lambda_{13} + 180\lambda_{14} + 187.5\lambda_{24}$

原材料条件　　$90\lambda_{13} + 48\lambda_{14} + 50\lambda_{24} \leqslant 120$

凸性约束 1　　$\lambda_{11} + \lambda_{13} + \lambda_{14} = 1$

凸性约束 2　　$\lambda_{21} + \lambda_{24} = 1$

优化此模型后，原材料的影子价格为 1.67 英镑。可以发现之前 2.78 英镑的估值似乎估高了。

现在重复这一循环，每家工厂每千克原材料的内部报价为 1.67 英镑。这为甲、乙二厂提供了以下新目标：

$$利润甲 A： 3.32x_1 + 8.32x_2 \qquad (4.16)$$

$$利润乙 B： 3.32x_3 + 8.32x_4 \qquad (4.17)$$

当式（4.16）与甲厂的子模型约束配合时，得到的最优解为

$$x_1 = 17.5, \qquad x_2 = 5$$

也就是图 4.6 中的顶点 (17.5, 5)，与此相对应的建议是 λ_{13} 列。由于该建议已被纳入受限主模型，甲厂没有新的建议，因为修改后的内部报价为每千克 1.67 英镑。

乙厂根据其子模型的约束优化目标式（4.17），可得解：

$$x_3 = 0, \qquad x_4 = 12.5$$

也就是图 4.7 的顶点 (0, 12.5)，产生了对应 λ_{24} 列的建议。由于该建议已存在于受限主模型中，乙厂也没有针对修改后的原材料价格有更多有效建议。

因此，得出结论，甲乙二厂已经提交了所能想出的所有有效建议。最新版的受限主模型的最优解给出了使用这些建议的比例。对于该示例而言，此受限主模型的最优解是

$$\lambda_{13} = 0.52, \qquad \lambda_{14} = 0.48, \qquad \lambda_{24} = 1$$

从而能够参考对应 λ_{13}、λ_{14} 及 λ_{24} 的子模型的顶点解来计算 x_1、x_2、x_3 和 x_4 的最优值。可以得到

$$\begin{pmatrix} x_1 \\ x_2 \end{pmatrix} = 0.52 \begin{pmatrix} 17.5 \\ 5 \end{pmatrix} + 0.48 \begin{pmatrix} 0 \\ 12 \end{pmatrix}$$

$$\begin{pmatrix} x_3 \\ x_4 \end{pmatrix} = 1 \begin{pmatrix} 0 \\ 12.5 \end{pmatrix}$$

由此给出整体模型的最优解

$$x_1 = 9.17, \qquad x_2 = 8.33, \qquad x_4 = 12.5$$

目标值是 404.15 英镑。

请注意，整个模型的最优解是在没有直接求解的情况下获得的，相反地，这里通过处理规模通常小得多的模型来完成求解。这里使用的两种模型是子模型和受限主模型。本书接下来将进一步探讨这些模型的重要性。

4.3.1 子模型

子模型包含与各个子问题相关的详细信息，以示例中使用的多工厂模型为例，其约束中的系数仅涉及特定工厂，即每家工厂的研磨、抛光时间及产能等内容。

4.3.2 受限主模型

受限主模型是整个组织的总体模型，但与整体模型不同，其并不包含与单个子问题相关的任何技术细节，这些技术细节由子模型表述。相反，每个子问题的约束都由一个简单的凸性约束来解释。在示例中，本书将甲乙二厂的约束分别精简至凸性约束 1 和凸性约束 2。另外，受限主模型确实包含了完整的公共行，因为其主要目的是为这些公共行所代表的资源确定合适的估值。

通过子模型和受限主模型之间的相互作用，最终有可能获得整体模型的最优解（通常规模大得多），而无须直接建模求解。图 4.9 以图解的方式描述了子模型和受限主模型间相互作用的过程。

由于这种方案不需要构建、解决和维护庞大的整体模型，同时其往往来自大型的结构化组织，因此备受青睐。在有多家工厂的企业中，各工厂可能在地理位置上彼此相隔，这就促使人们需要避免将所有技术细节都包含在一个中心模型里。每家工厂都可以在其内部构建和维护自己的模型，并在各自的计算机上进行求解。总部则可以在另一台计算机上运行一个受限主模型，同时连接到各工厂的计算机，

然后每个模型独立运行，但可以向其他模型提供建议和内部价格等重要信息。这样就可自动使用系统来为企业获得整体最优解。

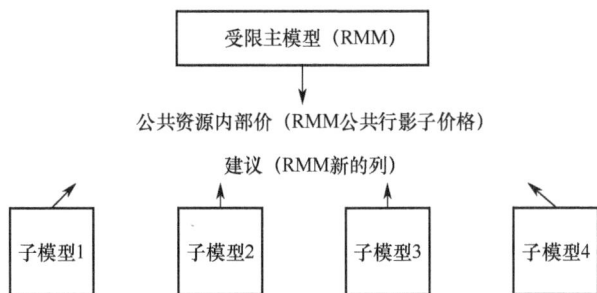

```
        ┌──────────────────────┐
        │  受限主模型（RMM）    │
        └──────────┬───────────┘
                   │
                   ▼
公共资源内部价（RMM公共行影子价格）

建议（RMM新的列）

┌────────┐  ┌────────┐  ┌────────┐  ┌────────┐
│ 子模型1│  │ 子模型2│  │ 子模型3│  │ 子模型4│
└────────┘  └────────┘  └────────┘  └────────┘
```

图 4.9　以图解的方式描述子模型和受限主模型间相互作用的过程

经济学家往往对分解很感兴趣，因为可以清楚地说明一套去中心化的计划体系。Dantzig–沃尔夫算法等分解算法的存在表明，人们可以设计一种去中心化计划的方法来为一个组织在整体上求得最优解，而途径是通过允许子组织在中央控制有限的情况下决定自己的最优策略。在 Dantzig–沃尔夫算法中，控制可通过内部价格的形式实现。对于其他方法，也可能采取分配的形式，许多机构都会采用这种程序的非正式版本。Atkins（1974）研究了大量分解算法及其与现实生活中去中心化计划的关系。

分解算法也在很大程度上与计算相关，因为如果模型是结构化的，那就可以节省求解大型模型所消耗的大量时间。遗憾的是，分解在计算方面的成功较为有限，Dantzig–沃尔夫算法的使用是最广泛的，且适用于块角型结构模型。然而，在许多情况下，求解整体模型比使用分解更为有效。不建议结构化模型建模人员在没有相关经验的基础上进行分解，随着经验和知识的积累，分解会变得更为可靠，但目前这种方法的计算体验令人失望。如果要很频繁地使用一个模型，那么尝试分解可能是值得的；模型规模越大及公共行的占比越小（对于块角型结构），分解可能越有价值。有时可以利用结构的其他特点来发挥优势，Williams 和 Redwood（1974）在这方面给出了具体的例子。Beale（1965）和 Lute（1981）等人分享了使用 Dantzig–沃尔夫分解的计算体验。Lasdon（1970）对分解在计算层面进行了非常完整的描述。最后，鉴于去中心化规划的好处，如果仅从组织层面考虑，分解也是有好处的。

如果用通信网络将计算机连接在一起，借助分解算法就可以在不同计算机之间拆分模型，如总部的主模型和各工厂的子模型，根据已知信息，目前尚无人尝试过该想法（作者的观点）。

第5章

数学规划模型的应用及
特殊类型

5.1 典型应用

本节的目的是帮助读者了解线性规划的适用领域。要对哪些行业和问题能够或不能够应用线性规划做出完全的分类是不可能的,因为有一些问题是明显适用于线性规划模型的,而对于另一些问题,线性规划模型可能无法提供完全令人满意的解决方案,但如果没有其他更好的方法时,线性规划也不失为一个可接受的方案。决定使用或不使用线性规划,以及何时使用,通常带有主观性,往往取决于个人的经验。

本节旨在让读者对线性规划的适用领域有一个"感性"的认识。为此,本书列出了已经应用的行业和领域,当然,此列表绝不是详尽无遗的,这里旨在囊括大多数主要对象。此外,本节参考了一些已发表的案例,简要探讨了各领域所应用的线性规划模型的不同类型。鉴于线性规划的应用十分广泛,获取所有相关资料并不现实,而让读者面对海量参考意义不大的文献也并不可取。本书的目的是为读者提供足够的参考资料,而读者也可以根据本书提供的参考资料,进一步了解已发表的成果。如读者认为有必要，也可以查找其他参考资料。本书第二部分中的问题解释了大多数的实际应用。

尽管本章的主要目的是研究线性规划的应用，但生成的模型通常可以很自然地通过整数规划（integer programming）或非线性规划（non-linear programming）模型进行拓展，由此基本可以针对更复杂或更贴近现实的情况进行建模。第 7～第 10 章更全面地介绍了这些主题及其应用。

线性规划的主题没有明确的界限，而其他主题与线性规划相辅相成。本章将进一步研究在一定程度上独立于线性规划研究的两类模型。其一是经济模型，有时也被称为投入–产出模型或里昂惕夫（Leontief）模型，该模型将在 5.2 节中阐述。此类模型通常被视为一类特殊的线性规划模型。其二是运筹学中常见的网络模型，这将在 5.3 节介绍。同样，此类模型也通常被视为特殊的线性规划模型。博弈论（theory of games）也是与线性规划相关的一大领域，但鉴于目前这一理论的实际应用有限，本书暂不考虑。博弈论模型有时也可以转换为线性规划模型，反之亦然。

下面列出的线性规划应用实例证实了其适用性非常广泛，对经济也颇具影响。本书提供的参考文献只是所有文献中的极小部分，而给出这些参考文献的目的是为文献研究提供一条"线索"，以抛砖引玉。

5.1.1 石油行业

石油行业是迄今为止线性规划应用最多的行业，业内已构建了涉及成千上万个约束条件的超大规模模型。这些模型可以协助决策过程，首先包括购买原油的地点和方式、如何运输，以及应该用原油生产哪些产品。相关的"企业模式"包含配送、资源分配、混料及营销（可能涉及）等要素。第二部分的炼油优化问题就是该行业应用此模型的一个典型案例。Manne（1956）、Catchpole（1962）和McColl（1969）阐述了线性规划在石油行业中的应用案例。

5.1.2 化工行业

线性规划在化工行业领域的应用与石油行业非常相似，尽管所使用的模型规模通常要小于石油行业的模型，但通常也涉及混料问题或资源分配。Royce（1970）提供了一则相关应用实例。

5.1.3　制造行业

线性规划在制造行业领域经常被用于资源分配。1.2 节中所述的"产品组合"就是此类应用的一个示例。分配的资源通常包括加工能力、原材料和人力。第二部分所述的工厂规划问题就是此类型的多周期问题，与工程行业相关联。线性规划在制造业中的常见应用也包括混料和高炉配料（钢铁行业）。Lawrence 和 Flowerdew（1963）、Fabian（1967）及 Sutton 和 Coates（1981）的 3 篇参考文献均研究了线性规划在该领域的应用。

5.1.4　运输与配送行业

指派问题通常可以用线性规划模型来表述。运输（transportation）和转运（transshipment）问题就是两个经典案例，因为涉及网络（networks），所以相关内容在 5.3 节中进行研究。第二部分介绍了此类简单指派问题。该问题的扩展形式"指派问题 2"，也涉及仓库位置，并且需要使用整数规划方法。调度问题（如卡车、飞机、油轮、火车和巴士）通常可以通过整数规划方法来解决，包括第二部分中给出的牛奶收集问题。运输中出现的指派问题（火车到矿山和发电站）也可以通过数学规划求解。克里斯蒂安森（Christiansen，2007）等人全方位说明了数学规划在货运中的应用。Eilon（1971）和 Markland 等人（1975）大体上论述了数学规划在配送中的应用。

5.1.5　金融行业

数学规划很早就被应用于资产组合选择中，这要归功于 Markowitz（1959）的研究。其研究的问题是，如何在股票投资组合中使用一笔给定的资金，目标是保持一定的投资预期回报率，并尽可能降低该回报的差异，该问题对应一个二次规划模型。

Agarwala 和 Goodson（1970）提出，政府可以使用线性规划设计最优的税收方案，以实现一些特定的目标（特别是改善国际收支）。

线性规划在会计领域的应用也与日俱增。线性规划模型解决方案中提供的经济信息，可以在很大程度上帮助会计人员更好地计算成本，在 6.2 节中详细描述了此类信息。Salkin 和 Kornbluth（1973）论述了线性规划在会计领域的应用。

Spath（1975）等人论述了一家邮购公司如何通过线性规划模型来最大限度地

降低所有信贷的总利息成本。

Jack（1985）论述的金融模型扩展形式是一个有趣的模型，用户可以通过交互方式设定目标，并在约束条件允许的情况下自由地变化。

收益（收入）管理是线性规划的非常重要的潜在应用领域，具体涉及制定不同时间对应的商品价格，以达到收入最大化的目的。它特别适用于酒店、餐饮、航空、铁路等行业。第二部分中的收益管理问题就是该应用的一个案例。

5.1.6　农业

在农业领域，线性规划已应用于农场管理。在该领域中，规划模型可用于决定种植的品种和地点、轮作方式、如何扩大生产及投资等问题，第二部分中的农场规划问题就是一个例子。Swart 等人（1975）应用了一个多期线性规划模型，来决定如何扩建一个大型奶牛场。其他参考文献包括 Balm（1980）、Fokkens 和 Puylaert（1981）等的文章。

混料模型通常适用于农业问题，目的通常是以最低成本混合牲畜饲料或肥料。Glen（1980）介绍了一个肉牛饲料配方的模型。

该领域经常涉及指派问题，如农产品分配，特别是牛奶的分配，可以通过 5.3 节所述网络类型的线性规划模型来检验。

Glen（1980，1988，1995，1996，1997）介绍了规划多种农产品生长和收割的模型。

在荷兰，二次规划可应用于确定牛奶的最佳售价。具体可参见 Louwes 等人（1963）的研究，本书第二部分中的农产品定价问题就来自该项研究。此外，Rose（1973）介绍了一个发展中国家灌溉的混合整数规划模型。

5.1.7　医疗健康行业

数学规划在医疗健康领域典型地应用于解决资源指派问题。例如，如何最有效地利用医生、护士、医院等稀缺资源？在此类问题中，数据的有效性显然存在很大疑问，例如，某类特定的治疗究竟需要一名护士花费多长时间？尽管此类问题中的大部分数据存疑，但还是可以使用数学规划模型来提出合理的策略。McDonald 等人（1974）介绍了一种非线性规划模型，用于在英国卫生服务系统中分配资源。Revelle 等人（1969）介绍了如何使用非线性规划模型在某欠发达国家控制结核病。

Warner 和 Prawda（1972）介绍了一种用于安排护士工作时间的数学规划模型。Redpath 和 Wright（1981）介绍了如何使用线性规划来确定癌症治疗过程中激光的强度和方向。

5.1.8　采矿行业

数学规划在采矿行业有很多有趣的应用。最直接的应用体现在资源配置方面，即如何调配人力和机器才能使其发挥最大的作用？

当需要混合矿石以使产品质量达到一定要求时，也涉及混料问题。

第二部分给出了两个关于采矿问题的例子。其中，采矿问题涉及公司在连续几年应该经营怎样的矿场组合，而解决露天采矿问题的目的是确定一个露天矿的边界。Young 等人（1963）、Meyer（1969）和 Boland 等人（2009）介绍了数学规划方法在采矿行业中的应用。

5.1.9　人力规划行业

在不同类型的工作之间，人力资源可能出现的调动，以及通过招聘、晋升、再培训等方式对人力资源进行管理，这些问题均可以通过线性规划进行分析，第二部分给出了一个人力规划相关的例子。Price 和 Piskor（1972）、Davies（1973）、Vajda（1975）、Charnes（1975）等人，以及 Lilien 和 Rao（1975）介绍了数学规划在人力规划行业中的应用。

5.1.10　食品行业

线性规划在食品行业中的应用十分广泛。典型应用为食品混料问题（如香肠、肉馅饼、人造黄油、冰激凌等产品的生产）。构建的模型通常规模不大，易于求解。

该行业也会遇到指派问题，也就有了 5.3 节所述的网络模型。

与其他制造业类似，食品行业也会遇到资源配置问题，可通过线性规划来应对。

第二部分的食品加工问题，就是食品行业中多时期混料问题的一个例子。Williams 和 Redwood（1974）给出了该问题一个更为复杂的版本。Jones 和 Rope（1964）介绍了食品行业中的另一种线性规划模型。

5.1.11　能源行业

电力和燃气供应行业都会运用数学规划来处理资源配置的问题。第二部分的电价（发电）问题涉及调度发电机，以满足一天中不同时段的负载需求，这类似于 Garver（1963）论述的问题。该问题可扩展到另一个重要的应用领域，即水力模型。Archibald 等人（1999）介绍了如何通过随机动态规划来应对类似的问题。

此外，线性规划也可以应用于涉及供应网络设计和使用的指派问题。

Babayer（1975）、Fanshel 和 Lynes（1964）、Muckstadt 和 Koenig（1977）及 Khodaverdian（1986）等人也介绍了数学规划在这些领域的应用。

5.1.12　造纸行业

造纸过程中的资源指派问题也可生成线性规划模型，这类模型经常涉及混料问题。此外，还可以通过线性规划研究回收废纸的可能性，如 Glassey 和 Gupta（1974）所述。

裁切问题是造纸业（和玻璃行业）特有的特殊问题，具体涉及为不同宽度的纸卷安排订单，以最大限度减少浪费，这也可以通过线性（或整数）规划来解决。Eisemann（1957）探讨了这一问题，Gilmore 和 Gomory（1961，1963）也研究了这一问题，9.6 节将用其演示列生成（column generation）。

5.1.13　广告行业

如何将广告预算分配到可能的广告渠道（如电视广告、报纸广告等），也可以通过数学规划解决。这些问题被称为媒体排期问题。

本书作者对数学规划在解决此类问题中的效果意见不一致。选定的参考文献包括 Engel 和 Warshaw（1964）、Bass 和 Lonsdale（1966）及 Charnes 等人（1968）的文献。

5.1.14　国防领域

由于存在资源指派问题，线性规划在军事领域也有应用，相关研究可参见 Beard 和 McIndoe（1970）的文章。

Note

Miercort 和 Soland（1971）论述了导弹基地的选址。

5.1.15 供应链行业

根据上述对应用场景的探讨可知，一个组织的许多方面都可以使用数学规划来建模，制造业尤其如此，当然也包括金融和电信等行业。当只针对组织的某个方面或某个部门进行优化时，往往难以做到"全盘考虑"。此外，有时对组织的某一部分进行优化也会对另一部分产生负面影响。例如，在制定策略时若只关注生产最大化，从分配或营销的角度来看并不可行。此时，就需要一个能统筹考虑各个方面的综合模型。当然，如果使用方式不当，此类模型的效果可能很差，甚至根本无法使用（如英国国家卫生服务局所规划的庞大 IT 系统未能实现为我们敲响了警钟）。这些主要因素实际上更多与信息系统相关，超出了本书的范畴。通常情况下，这种综合模型是从现有小型模型（具备专业功能）演变而来的，第 4 章中也有相应探讨。随着信息技术的进步，如通信软件、数据库技术和"用户友好"界面的出现，建立和使用此类模型变得越来越容易。

虽然该模型也可以应用于其他领域，但在这里我们主要关注制造业，集中讨论供应链建模问题。具体来说，优化的对象包括以下方面。

采购：例如，确定最佳供应商和在正确的时间购买原材料的数量。

内部配送：例如，决定租用哪些车辆、车辆容量及如何安排这些车辆。

库存计划：例如，决定储存多少进口材料和半成品或成品。

财务规划：例如，决定是否通过贷款为某些活动提供资金，以及债务选择。

生产：例如，使用的生产/人力类别，以及是否会带来附加产能，每种产品的生产数量等。

营销：例如，营销渠道的选择及营销业务的安排。

此外，其他非数学编程模型，如预测模型和会计模型，也可能与之相关。

一般的供应链模型集成了上述所有或部分功能的模型。在这些功能中，有些作为输出项，将其他部分功能作为输入项，并进行整体优化，如使总利润最大化。

5.1.16 其他领域的应用

数学规划还被用于许多其他场景。此处列举一些不太常见、易被忽视的应用场景。

Heroux 和 Wallace（1973）介绍了一个关于土地开发的多期线性规划模型。

Note

Souder（1973）探讨了许多用于研究和开发的数学规划模型的有效性。Feigenbaum 和 Weiss（1973）展示了如何使用背包问题的整数规划模型来设计考试的选择题。Kalvaitis 和 Posgay（1974）将整数规划应用于选择最受期待类邮寄名单。

Wardle（1965）将线性规划应用于林业管理领域。

数学规划也可用于解决污染控制问题，Loucks（1968）等人介绍了相关应用。

Kraft 和 Hill（1973）介绍了一个 0-1 整数规划模型，用于大学图书馆期刊选择。

Jünger 等人（1989）和 Ferreira 等人（1993）介绍了计算机设计中应用的整数规划模型。

Bollapragada 等人（2001）将整数规划应用于土木工程中的桁架设计问题，即构建桁架的最佳结构以支撑给定重量，同时对桁架的逻辑依赖关系建模。

Trick 已将整数规划广泛应用于体育调度［参见如 Nemhauser 与 Trick（1998）的研究］。

Chang 和 Sahinidis 等人（2011）将整数规划应用于 DNA 测序。这与考古年代测定中的序列问题有相似之处，而后者往往更为简单。Laborde（1976）和 Wilkinson（1971）已经研究过该问题，他们将其表述为旅行推销员问题（见第 9 章）。

在许多机构（尤其是公共部门）中，常通过一种称为数据包络分析（data envelopment analysis）的模型来评估绩效，其基于线性规划，且已经成为一种重要的方法，这一点在本书第二部分的效率分析问题中有相关论述。相关文献包括 Charnes 等人（1978）、Farrell（1957）、Land（1991）和 Thanassoulis 等人（1987）的研究。

Riley 和 Gass（1958）针对数学规划的应用编制了一份更完整的论文列表。《数学规划研究》第 9 期（1975）和第 20 期（1982）的特刊专门探讨了相关应用。

5.2　经济模型

这是一种表示一个国家经济各领域之间相互关系的投入-产出模型（input-output model），是一种广泛使用的国民经济模型，通常被称为里昂惕夫模型（Leontief models），这是一种来自美国的经济模型，以其创始人名字命名。Leontief（1951）本人描述过这个模型。这种投入-产出模型通常被视为一类特殊的线性规划模型。

5.2.1 静态模型

特定行业或经济领域的产出通常服务于两大目的：①用于直接消费，如出售给国内消费者的煤炭；②作为对其他行业或经济部门的投入，如为钢铁行业提供电力的煤炭。由于许多行业的产出可以通过这种方式在消费（外源）和相同行业内部（内源）投入之间进行分配，因而存在一系列复杂的相互关系。这种"投入-产出"模型提供了表示这些关系的最简单方法。行业间关系存在许多简化的假设，其中两大主要假设如下：

（1）每个行业的产出与其投入成正比，例如，若一个行业的所有投入翻倍，那么其产出就会翻倍。

（2）特定行业的投入都有固定比例，如果不能通过增加另一项投入来弥补某一项投入的减少，且这些固定比例是由生产流程的技术决定的。换句话说，投入是不可替代的。

为了演示此类模型，下面来看一个非常简单的示例。

例 5.1："三行业"经济体

假设某经济体仅由三个行业组成：煤炭、钢铁和运输。这些行业的部分产出需要作为其他产业的投入，如生产钢铁的高炉需要煤炭，开采煤炭的机械需要钢铁等。表 5.1 中的投入-产出矩阵给出了每个行业的投入产出比例。

表 5.1 投出-产出矩阵

投入	产出		
	煤炭	钢铁	运输
煤炭	0.1	0.5	0.4
钢铁	0.1	0.1	0.2
运输成本	0.2	0.1	0.2
人力成本	0.6	0.3	0.2

在此类表格中，通常所有生产单位以货币计量。可以看到，生产价值 1 英镑的煤炭需要 0.1 英镑的煤（用于提供必要的电力），需要 0.1 英镑的钢铁（机器"磨损"所"消耗"的钢铁）和 0.2 英镑的运输成本（用于将煤炭从矿井中运出），此外，还需要 0.6 英镑的人力成本。同样，表 5.1 的其他列给出了以每英镑为单位的钢铁和每镑运输（如卡车、汽车、火车等）所需的投入。

请注意，每单位产出量与其投入量的总和完全匹配。

将上述三个行业的部分产出用于外源消费的层面而言，这种经济体被假定为"开放"的。假设这些外部需求如表 5.2 所示。

表 5.2　三个行业对应的外部需求

外部需求	数量（百万英镑）
煤炭	20
钢铁	5
运输	25

此类外部需求统称为货物清单（bill of goods）。

关于该经济体会有一些问题，可以用数学模型来解决：

（1）为了满足特定的货物清单，每个行业总生产量应该是多少？

（2）需要多少人力投入？

（3）每件产品的价格应该是多少？

如果用变量 x_c、x_s 和 x_t 分别表示一年生产的煤炭、钢铁和运输的总量，可得到以下关系式：

$$x_c = 20 + 0.1x_c + 0.5x_s + 0.4x_t \tag{5.1}$$

$$x_s = 5 + 0.1x_c + 0.1x_s + 0.2x_t \tag{5.2}$$

$$x_t = 25 + 0.2x_c + 0.1x_s + 0.2x_t \tag{5.3}$$

例如，式（5.1）表明，必须生产足够的煤炭以满足外部需求量（20 百万英镑）、煤炭自身的投入量（$0.1x_c$）、钢铁的投入量（$0.5x_s$）和运输的投入量（$0.4x_t$）。

为方便起见，式（5.1）～式（5.3）可改写为

$$0.9x_c - 0.5x_s - 0.4x_t = 20 \tag{5.4}$$

$$-0.1x_c + 0.9x_s - 0.2x_t = 5 \tag{5.5}$$

$$-0.2x_c - 0.1x_s + 0.8x_t = 25 \tag{5.6}$$

这样一组未知数相同的方程组一般可得唯一解。在这种情况下，将求得解

$$x_c = 56.1, \quad x_s = 22.4, \quad x_t = 48.1$$

据此很容易算出总人力需求

$$0.6 \times 56.1 + 0.3 \times 22.4 + 0.2 \times 48.1 = 50$$

显然，式（5.4）～式（5.6）可视为线性规划模型的约束。在此可以构建一个目标函数，根据约束将其最大化或最小化。但就模型而言，这样做并没有什么意义，因为通常只有一个可行解。因此，有无目标函数对求解没有影响。

然而，这种非常简单的投入-产出模型一旦进行扩展，可以很容易建立一个真

正的线性规划模型。

上述模型在许多方面是不符合现实情况的，且式（5.4）～式（5.6）没有真正对经济体（"生产性"的）的生产能力作出限制。很容易证明的是，只要可以生产出特定的、大于零的货物清单，那么这些等式关系就可以保证生产任何体量的货物清单，而这显然是不现实的。首先，我们要知道，生产能力的某些限制因素会使得每个行业在给定时间段内无法实现超过一定数量的产出。其次，一个行业的产出往往只有在经过一定时间后才能有效地作为另一个行业的投入。后者衍生出动态投入-产出模型，这将在后文中探讨。但在此之前，我们首先关注在静态模型下有限产能的建模问题。

在该示例中，假设一旦确定了满足特定货物清单的每个行业产量的最低要求，就可以计算出所需的人力。如果人力短缺，则可能限制生产能力。接下来，需要了解在特定时间段内哪些货物可以生产或哪些不可以生产。具体来看，如果将人力费用限制在 4 千万英镑/年，就无法按照之前的货物清单进行生产。那么，可以完成怎样的清单呢？我们可以通过线性规划来寻找该问题的答案。现在，变量为货物清单，如表 5.3 所示。

表 5.3　三类行业对应的变量

需求	变量
煤炭	y_c
钢铁	y_s
运输	y_t

约束条件由式（5.7）～式（5.9）给出

$$0.9x_c - 0.5x_s - 0.4x_t - y_c = 0 \qquad (5.7)$$

$$-0.1x_c + 0.9x_s - 0.2x_t - y_s = 0 \qquad (5.8)$$

$$-0.2x_c - 0.1x_s + 0.8x_t - y_t = 0 \qquad (5.9)$$

人力限制方面的约束为

$$0.6x_c + 0.3x_s + 0.2x_t \leqslant 40 \qquad (5.10)$$

可实现的货物清单将由式（5.7）～式（5.10）的可行解中的 y_c、y_s 和 y_t 的值表示。通过引入目标函数可以求得具体的解。例如，可能希望最大化总产出

$$x_c + x_s + x_t \qquad (5.11)$$

或者可以通过赋予 x_c、x_s 和 x_t 不同的目标系数，为某些产出赋予更大的权重。有些情况下，我们可能只希望最大化某一特定领域的生产，如钢铁，即只是最大化 x_s。这明显是 3.2 节中所述的情况，在这种情况下，应尝试多种不同的目标函数，

而不是简单地专注于一个目标，模型才有意义。

　　这里只将人力视为产能的限制因素，但在实际应用中，很可能存在其他资源限制，如加工能力、原材料等。当然，这些限制因素可以通过附加的约束纳入模型中。这类有限资源有时被称为初级产品（primary goods），初级产品只为经济体提供输入，它们并非像产出那样被生产出来。将此类模型视为线性规划模型的一大优点是：通过求解此类模型还可以获得大量辅助经济信息。此类信息在 6.2 节中有非常全面的说明。特别是，可以得到模型约束项的估值，也就是影子价格（shadow prices）。就此处研究的模型类型而言，将得到对初级产品有意义的估值，可以通过这种方式将定价机制引入模型中，这将为所有行业的产出给出合适的价格。

　　尽管在投入–产出模型的线性规划表达形式中可以考虑任意数量的初级产品，但通常只考虑人力资源。在实际应用中，特别是在发展中国家相对简单的经济体中，将人力资源视为总体限制条件或许是可行的。如果是这样，此类模型的适用性方面还有另一个不太明显的优势。前面已经指出，投入–产出模型假设投入具有不可替代性（non-substitutability），也就是说，无法改变投入在行业产出过程中的相对比例。在实际应用中，这很可能与现实的假设相去甚远。例如，在计算每单位煤炭生产时，很可能会过多计算电力的使用（消耗更多的煤炭）并减少机器（使用更少的钢铁）的使用。模拟这种情况需要改变投入–产出矩阵的系数。本书发现，如果只有一种初级产品（通常是人力资源），那么专注于一个生产过程就是值得的，而这是萨缪尔森替代定理（Samuelson substitution theorem）的结果，对此我们不会加以证明。Dorfman（1958）等人更全面地论述了该理论结果和投入–产出模型。Shapiro（1979）的研究也是很好的参考资料。该结果的重要性在于，对于只有一个初级产品的情况，就不必担心不可替代性所带来的限制。每个行业将有且只有一组最优的投入（生产过程）。无论按怎样的货物清单进行生产，相应的生产流程将始终是最优的。当然，每个行业都面临生产流程的选择问题。但一旦该完成工作，无论货物清单是什么，只需将这一生产流程（投入–产出矩阵的列）合并到所有未来的模型中即可。事实上，每个行业都可以通过线性规划模型找到最佳生产流程。

　　为了说明如何做到这一点及强调萨缪尔森替代定理的重要性，可以扩展该例子。表 5.4 给出了三个行业中生产 1 个单位产品可能的投入产出量。

表 5.4 投入–产出矩阵

投入	产出					
	煤炭		钢铁		运力	
煤炭	0.1	0.2	0.5	0.6	0.4	0.6
钢铁	0.1	—	0.1	0.1	0.2	0.2
运输成本	0.2	0.1	0.1	—	0.2	0.05
人力成本	0.6	0.7	0.3	0.3	0.2	0.15

在实际应用中，每个行业的生产流程可能多于两种（可能无穷大）。

从表面上看，生产煤炭的最优方法是对这两种流程加以组合。第一种流程在煤炭方面性价比更高，但会使用一些钢材，而第二种流程则不使用钢材。同样，两种钢铁生产流程和两种运输流程相结合似乎也是一种可取的方式。此外，流程的选择似乎也取决于特定的货物清单。

但还是要重申，直觉往往是错的。每个行业都会有一种最佳安排，不管货物清单如何，都会用到这种安排。这里替换掉原始模型中的变量 x_c、x_s 和 x_t，引入变量 x_{c1}、x_{c2}、x_{s1}、x_{s2}、x_{t1} 和 x_{t2} 来表示每种工艺生产的煤炭、钢铁和运力的总量。采用与以前相同的货物清单，而不是约束（5.1）～约束（5.3），可得

$$x_{c1} + x_{c2} = 20 + 0.1x_{c1} + 0.2x_{c2} + 0.5x_{s1} + 0.6x_{s2} + 0.4x_{t1} + 0.6x_{t2} \tag{5.12}$$

$$x_{s1} + x_{s2} = 5 + 0.1x_{c1} + 0.0x_{c2} + 0.1x_{s1} + 0.1x_{s2} + 0.2x_{t1} + 0.2x_{t2} \tag{5.13}$$

$$x_{t1} + x_{t2} = 25 + 0.2x_{c1} + 0.1x_{c2} + 0.1x_{s1} + 0.0x_{s2} + 0.2x_{t1} + 0.05x_{t2} \tag{5.14}$$

这些方程可以表达为

$$0.9x_{c1} + 0.8x_{c2} - 0.5x_{s1} - 0.6x_{s2} - 0.4x_{t1} - 0.6x_{t2} = 20 \tag{5.15}$$

$$-0.1x_{c1} - 0.0x_{c2} + 0.9x_{s1} + 0.9x_{s2} - 0.2x_{t1} - 0.2x_{t2} = 5 \tag{5.16}$$

$$-0.2x_{c1} - 0.1x_{c2} - 0.1x_{s1} - 0.0x_{s2} + 0.8x_{t1} + 0.95x_{t2} = 25 \tag{5.17}$$

我们将人力成本视为唯一的初级产品，并限制在 6 千万英镑，可得约束

$$0.6x_{c1} + 0.7x_{c2} + 0.3x_{s1} + 0.3x_{s2} + 0.2x_{t1} + 0.15x_{t2} \leqslant 60 \tag{5.18}$$

此类方程组通常会有不止一种解。为了找到"最优解"，需要设定一个目标函数。当然，忽略约束（5.18）并将左侧代表人力成本的表达式最小化，这也是一种可能的目标函数。或者，也可以指定另一个目标函数。在此例中，本书将只关注总产出最大化：

$$x_{c1} + x_{c2} + x_{s1} + x_{s2} + x_{t1} + x_{t2} \tag{5.19}$$

可得最优解为

$$x_{c1} = 64.6$$
$$x_{c2} = 0$$
$$x_{s1} = 22.6$$
$$x_{s2} = 0$$
$$x_{t1} = 0$$
$$x_{t2} = 44.6$$

　　请注意，萨缪尔森替代定理在此情况下成立。每个行业都会有一个最佳流程，无论货物清单如何，该流程都是最优的。此外，可以证明，无论约束（5.15）～约束（5.18）中的右端项是什么，最优解将仅由变量 x_{c1}、x_{s1} 和 x_{t2} 组成。因此，可以聚焦在这种流程，直接忽略其他种类的流程。但要注意的是，这些"最佳"安排只是因为选择了目标函数式（5.19）而成为最佳。如果选择另外的目标函数，而不是关注产出最大化，那么在某些情况下，另一种流程可能会成为最优解。我们不建议将流程"混合"使用。不过，一旦考虑不止一种初级产品，则"混合"流程也可能是可行的。

5.2.2　动态模型

　　前面已经指出，静态模型假设可以忽略实现产出与用作另一（或同一）行业的投入之间的时间间隔，而动态模型可以不采用这种不切实际的假设。4.1 节已经表明，线性规划模型通常可以扩展为多期模型，而静态类投入-产出模型可以做同样的事情。在实际应用中，一个经济体的一些产出将立即被消费（如私家车），而一些产出将用于提高产能（如工厂机械）。产出用途的多样化将导致经济体出现不同的增长模式，也就是说，我们可能因为当前情况良好而忽视为未来投资，或者可以牺牲当前的消费来换取未来的财富或产能。第二部分就此给出了一个简单例子，建立了一个动态的投入-产出模型，即"经济规划"。这里暂不讨论动态投入-产出模型，本书第三部分将探讨对该问题的表述，Wagner（1957）介绍了此类动态投入-产出模型。

5.2.3　聚合模型

　　要想在投入-产出矩阵的一列中总结出整个行业或经济领域的特征，显然需要对实际情况进行大量简化。即有必要将许多产业整合为一体，为了使问题的规模不至于过大，这种聚合（aggregation）是需要的操作，而大多数投入-产出模型会

Note

集成到总数不超过 1000 个行业中。聚合问题显然是建模者最关心的问题之一，但遗憾的是，很少有理论研究在数学层面上明确说明聚合是否合理。根据常识，聚合行业所依据的三个标准是生产流程的可替代性、互补性和相似性。Stone（1960）较为全面地探讨了这类问题。

就复杂性和效率而言，商业数学规划系统可以有效地求解投入-产出模型。即使是上述最简单的模型，其只需要解一组联立方程，此类系统也是有用的。几乎所有的软件系统都包含一个求逆模块（inversion routine），对于大型矩阵（联立方程组）的求逆来说，这是非常有效的。但要指出的是，投入-产出模型的系数通常非常密集，在这方面不同于一般的线性规划模型。如 2.1 节所述，在具有 1000 个约束的模型中，预计只有大约 1%的系数是非零的。对于投入-产出模型，该数字很可能高达 50%。因此，投入-产出模型在计算机上求解可能需要很长时间，并且会在数值方面遇到困难。有时建议利用投入-产出线性规划模型的特殊结构，并使用特殊算法。Dantzig（1955）论述了如何应用单纯形算法达到此目的。

5.3　网络模型

在运筹学中，涉及网络的模型应用十分普遍。涉及分布、分配和规划［关键路径分析和计划评审技术（PERT）］等问题时经常需要用到网络分析。许多由此产生的问题可以被视为特殊类型的线性规划问题，而使用特殊算法通常比使用改进单纯形算法更有效。建模者在处理特殊类型的线性规划模型时，务必要意识到这一点。对于建模者来说，为了求解模型，可以考虑调整单纯形算法以适应特殊结构，有时甚至需要忽略特殊结构并使用通用软件包。由于此类程序通常效率较高且设计精良，比起设计欠佳但更专业的程序来说，前者的速度更占优。

关于本话题，我们不会做全面的描述，而主要是展示网络模型和线性规划模型之间的联系。

5.3.1　运输问题

运输问题非常有名，最早由 Hitchcock（1941）提出，可以通过运输问题得到特殊类型网络的最小费用流。

Note

　　假设多家供应商（$S_1, S_2, \cdots, S_m$）向多个客户（$T_1, T_2, \cdots, T_n$）供应一种商品。运输问题关注的是如何以最低成本满足所有客户的要求，同时又不超出任何供应商的能力。从每个 S_i 到每个 T_j 供应 1 单位商品的成本是已知的，但在某些情况下，可能无法由特定供应商 S_i 向特定客户 T_j 供应商品。在这种情况下，建议将这些成本视为无穷大。在指派问题中，这些成本通常与 S_i 和 T_j 之间的距离有关。假设每家供应商的能力（某个时期内，如一年）是已知的，并且每个客户 T_j 的需求也是已知的。为了进一步说明该问题，下面来看一个小型的数值化案例。

例 5.2：运输问题示例

　　三家供应商（S_1, S_2, S_3）在一年内向四个客户（T_1, T_2, T_3, T_4）根据其需求供应某特定商品。供应商的年产能和客户需求如表 5.5 所示。

表 5.5　供应商的年产能和客户需求

供应商	S_1	S_2	S_3	
产能（每年）	135	56	93	
客户	T_1	T_2	T_3	T_4
需求（每年）	62	83	39	91

　　表 5.6 给出了每家供应商向每个客户供应商品的单位成本。

表 5.6　供应商向客户供应商品的单位成本（单位：英镑）

供应商	客户			
	T_1	T_2	T_3	T_4
S_1	132	—	97	103
S_2	85	91	—	—
S_3	106	89	100	98

注："—"表示某些供应商无法向某些仓库或客户供货。

　　通过引入变量 x_{ij} 表示从 S_i 发送到 T_j 的商品数量，可以用常见的线性规划模型表达该问题。

$$\min \quad 132x_{11} + Mx_{12} + 97x_{13} + 103x_{14} + 85x_{21} + 91x_{22} + Mx_{23} + Mx_{24} +$$
$$106x_{31} + 89x_{32} + 100x_{33} + 98x_{34} \tag{5.20}$$

s.t.

$$x_{11} + x_{12} + x_{13} + x_{14} \leqslant 135 \tag{5.21}$$
$$x_{21} + x_{22} + x_{23} + x_{24} \leqslant 56 \tag{5.22}$$
$$x_{31} + x_{32} + x_{33} + x_{34} \leqslant 93 \tag{5.23}$$
$$x_{11} + x_{21} + x_{31} = 62 \tag{5.24}$$

$$x_{12} \qquad + x_{22} \qquad + x_{32} \qquad = 83 \qquad (5.25)$$
$$x_{13} \qquad + x_{23} \qquad + x_{33} \qquad = 39 \qquad (5.26)$$
$$x_{14} \qquad + x_{24} \qquad + x_{34} = 91 \qquad (5.27)$$
$$x_{ij} \geqslant 0, \ \forall i, j$$

显然，该模型结构具有特殊性，这一点稍后详述。请注意，模型中存在不可行的变量，其目标函数系数为 M（非常大的数字，实际为无穷大），而如此做只是为了保持模型样式的一致性。在实际应用中，如果要按此形式求解该模型，这些变量将直接被排除在外。

约束（5.21）～约束（5.23）被称为可用性约束（availability constraints）。三家供应商中每家都有一个此类约束，确保供应商的总供应数量（一年）不超过其供应能力。约束（5.24）～约束（5.27）被称为需求约束，这些约束可以确保每个客户都能满足自己的需求。在运输问题的某些表达形式中，约束（5.21）～约束（5.23）被视为"="，而不是"≤"。如果可用性的总和与需求的总和完全匹配，那么这种处理方式是可行的，因为显然所有产能都必须被充分利用。但在该数值化案例中并非如此，总产能（284）超过了总需求（275），这可以通过引入一个需求超过 9 的虚拟客户 T_5 来解决此问题。如果每家供应商 S_i 满足 T_5 需求的成本为零，应将总产能与总需求等同起来，改进后的模型会很准确，然后可以将约束（5.21）～约束（5.23）设为"="。当使用特殊算法解决运输问题时，有时需要使用诸如此类的方法，但对于该问题的传统线性规划表达形式，就没有这个必要。对于 m 家供应商（$S_1, S_2, \cdots, S_m$）和 n 个客户（$T_1, T_2, \cdots, T_n$）的一般运输问题，将有 m 个可用性约束和 n 个需求约束，总共有 $m + n$ 个约束。如果每家供应商都可以为每个客户供应商品，那么该线性规划模型中将有 mn 个变量。显然，对于涉及大量供应商和客户的实际应用，该线性规划模型规模可能非常大，这也是使用特殊算法的原因之一。

上述问题也可以采用图解的方式，如图 5.1 所示。

图 5.1 所示的网络包含三个供应商 S_1、S_2 和 S_3，以及五个客户 T_1、T_2、T_3、T_4 和 T_5（包括虚拟客户）。S_i 和 T_j 构成了附加有（正）产能或（负）需求的网络节点。S_i 到 T_j 的可能供应关系对应网络中的各弧段，也说明了单位供应成本。现在，该问题可以更抽象地理解为希望通过该网络获得最小费用流的问题。S_i 节点是进入系统流的"源"（sources），而 T_j 节点是流离开系统的"汇"（sinks）。必须确保每个节点的供应流是连续的（总流入等于总流出），而这些条件引出了 3.3 节中探讨的物料均衡约束。

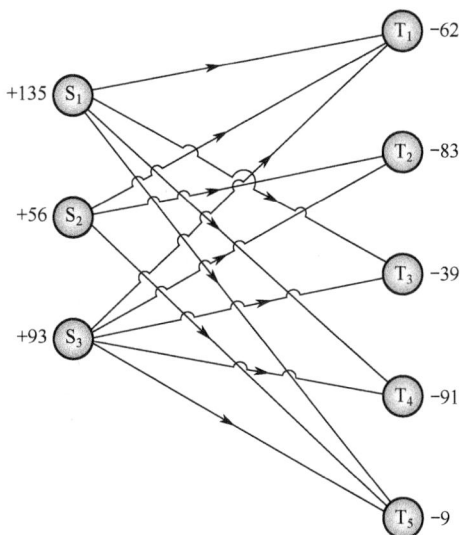

图 5.1　运输网络示意

如果 x_{ij} 表示弧 i 到 j 的流值，可得以下约束：

$$-x_{11} - x_{12} - x_{13} - x_{14} - x_{15} = -135 \quad (5.28)$$
$$-x_{21} - x_{22} - x_{25} = -56 \quad (5.29)$$
$$-x_{31} - x_{32} - x_{33} - x_{34} - x_{35} = -93 \quad (5.30)$$
$$x_{11} + x_{21} + x_{31} = 62 \quad (5.31)$$
$$x_{12} + x_{22} + x_{32} = 83 \quad (5.32)$$
$$x_{13} + x_{33} = 39 \quad (5.33)$$
$$x_{14} + x_{34} = 91 \quad (5.34)$$
$$x_{15} + x_{25} + x_{35} = 9 \quad (5.35)$$

约束（5.28）～约束（5.35）显然等价于约束（5.21）～约束（5.27）。不过，由于增加了虚拟客户 T_5，导致出现附加的变量 x_{15}、x_{25} 和 x_{35}，以及一个附加的约束（5.35），但也因此可以一致地处理带有 "=" 的约束。此外，这里还修改了约束条件两侧的符号。对于更具一般性的最小费用流问题，可以设定流出一个节点的负系数和流入一个节点的正系数，稍后会研究这一问题。这里按照惯例使用了该条件。

与配送问题相比，运输问题也会出现在一些看起来不像 "运输" 的场景中。下面给出一个生产计划问题的数值示例。

例 5.3：生产计划

一家公司采用两班制（正常班和加班）生产一种商品，以满足当前和未来的已知需求。在接下来的四个月中，公司的生产计划如表 5.7 所示。

表 5.7　公司的生产计划（单位：千件）

	1 月	2 月	3 月	4 月
正常	100	150	140	160
加班	50	75	70	80
需求	80	200	300	200

正常工作时，每个单位的生产成本为 1 英镑，如果加班生产，则为 1.50 英镑。生产的单位商品可以在交付前以每单位每月 0.30 英镑的成本储存。

问题是每月生产多少商品才能满足当前和未来的需求。

我们在表 5.8 中总结了成本情况。

表 5.8　工厂生产的相应成本（单位：英镑）

生产时间与方式		需求月份			
		1 月	2 月	3 月	4 月
1 月	正常	1	1.3	1.6	1.9
	加班	1.5	1.8	2.1	2.4
2 月	正常	—	1	1.3	1.6
	加班	—	1.5	1.8	2.1
3 月	正常	—	—	1	1.3
	加班	—	—	1.5	1.8
4 月	正常	—	—	—	1
	加班	—	—	—	1.5

显然，不可能为前一个月的需求进行生产，这由指定位置中的"—"（视为无限单位成本）表示。其他单位成本由生产成本和仓储成本组合产生，例如，1 月加班生产、3 月交货的单位成本为 1.50 英镑（生产成本）+0.60 英镑（仓储成本）=2.10 英镑。该成本矩阵与表 5.6 中给出的运输问题形式相同，虽然该问题不是指派问题，但仍可将其视为运输问题。在这种情况下，有 8 个源和 5 个汇，包括 45 个单位的"过剩"需求。

运输问题显然可以以更紧凑的形式表示，如表 5.6 和表 5.8 所示的形式，而不是线性规划的矩阵形式，这是使用特殊算法的一个优势。Dantzig（1951）使用的正是单纯形算法，采用的就是此种紧凑形式，其特殊结构也导致该算法可以采用更为简单的形式。Ford 和 Fulkerson（1956）提出了运输问题的另一种算法，被认为是通过网络寻找最小费用流的通用算法的一个特例。此类问题将在下面探讨，

Ford 和 Fulkerson（1962）也有相应说明。

与其他同等规模的线性规划问题相比，由于其具有特殊结构，所以运输问题十分容易求解。它们还具有（连同其他一些网络流问题）一个非常重要的属性，即只要源和汇的使用量和需求量是整数，最优解中的变量值也将是整数。例如，只要例 5.2 中线性规划问题的约束（5.21）～约束（5.27）右端项是整数，则最优解中的变量值也将是整数。运输问题这一相当独特的属性在许多情形下对计算非常重要，因为它省去了必须使用整数规划模型来确保变量取整数值的麻烦。正如在第 8 章、第 9 章和第 10 章要探讨的，整数规划模型模型通常比线性规划模型更难求解。

10.1 节探讨了用网络流问题表达模型的充分条件。找出这些条件很重要，因为可以使用专门的高效算法，且无须使用计算量庞大的整数规划模型。

有时，运输问题的另一个限制是从源到汇的可能流动量存在局限，这就产生了限量运输问题（capacitated transportation problem），而每个弧的流量可能有下界和上界。对于运输问题的线性规划表达形式（如例 5.2 中的示例）而言，可以通过给变量设置简单的界限来应对这些限制，即

$$0 \leqslant l_{ij} \leqslant x_{ij} \leqslant u_{ij}$$

通常 l_{ij} 为 0。与普通运输问题一样，限量运输问题也可以通过对上述专用算法的直接扩展来解决。

Stanley 等人（1954）介绍了运输问题的另一种形式，其描述了政府签订合同时如何优化的案例。

5.3.2　指派问题

指派问题关注的是给 n 个工作岗位分配 n 名人员，以最大限度地提高整体能力水平。例如，人员 i 可能需要平均时间 t_{ij} 来完成工作 j。为了将每个人分配到一个工作岗位，并为每个岗位匹配合适的人员，以最大限度地减少所有任务的总时间，问题可表述为

$$\min \sum_{i,j} t_{ij} x_{ij}$$

$$\text{s.t. 对于任意} j,\ \sum_j x_{ij} = 1 \tag{5.36}$$

$$\text{对于任意} i,\ \sum_j x_{ij} = 1 \tag{5.37}$$

其中，

$$x_{ij} = \begin{cases} 1, & \text{如果人员}\,i\,\text{分配至岗位}\,j \\ 0, & \text{其他情况} \end{cases}$$

这可看成运输问题的一个特例，可以将其视为一个有 n 个源和 n 个汇的问题。每个源有 1 个单位的可用量，每个汇有 1 个单位的需求。约束（5.36）规定了每个工作岗位都有人员的条件，而约束（5.37）规定了每个人都被分配一份工作的条件。

该问题看似需要整数规划模型来确保 x_{ij} 只能取值 0 或 1。但幸运的是，因为该问题是运输问题的一个特例，所以上述提到的完整性属性成立。如果用通常的线性规划模型解决指派问题，可以确定最优解将为 x_{ij}（0 或 1）赋予整数值。如果将婚姻视为此类指派问题，Dantzig 表示从完整性的角度来看，一夫一妻制在整体上是最令人幸福的婚姻制度！

可以看到，指派问题可以采用线性规划模型来求解，尽管所得的模型规模可能非常大。例如，将 100 人分配到 100 个工作岗位将导致模型具有 10000 个变量。使用专门的算法效率更高，显然也可以使用一种专门用于运输问题的算法。已知最有效的方法与福特和富尔克森算法相关，但更专业，称做匈牙利解法，具体可参见 Kuhn（1955）的描述。

5.3.3　转运问题

转运问题是 Orden（1956）对运输问题的延伸，可以通过中间源和中间汇，以及从源到汇来分配商品。在例 5.2 中，可以允许供应商 S_1、S_2 和 S_3 之间，以及客户 T_1、T_2、T_3 和 T_4 之间进行流动（以一定的成本）。有时将商品从一家供应商发给另一家供应商，然后再将其发给客户可能更加有利，转运问题允许这些可能性存在。

如果扩展例 5.2 来使用某些中间源和汇，图形将以图 5.2 的形式表述。

图 5.2 中已将成本数据放到了源之间和汇之间的弧上。请注意，有时可以在源（或汇）之间采用任何一种方式，但成本不一定相同。

转运问题也可以转化为运输问题。为此，首先将源和汇视为所有源，然后将其视为所有汇。当被视为汇时，源没有可用（输入）量，并且当被视为源时，汇没有需求，而商品不允许从汇流向源。针对图 5.2 中例 5.2 的转运扩展，可以绘制表 5.9 的单位成本数组。"源" T_1、T_2、T_3、T_4 和 T_5 的可用量为零，"汇" S_1、S_2 和 S_3 的需求为零。

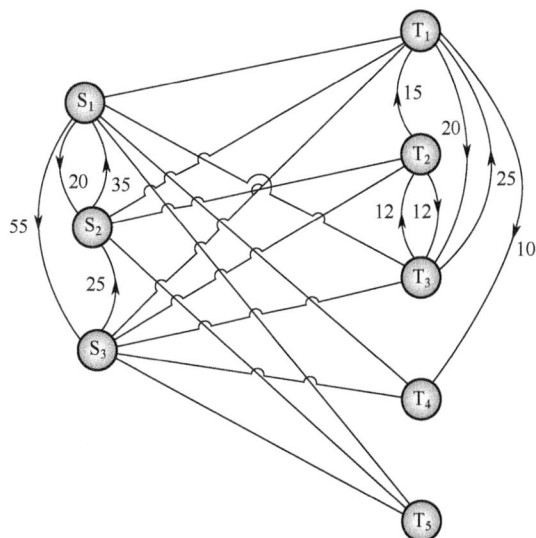

图 5.2 有转运的运输网络示意

表 5.9 有转运运输网络的单位成本

源	汇							
	S_1	S_2	S_3	T_1	T_2	T_3	T_4	(T_5)
S_1	—	20	55	132	—	97	103	0
S_2	35	—	—	85	91	—	—	0
S_3	—	25	—	106	89	100	98	0
T_1	—	—	—	—	—	20	10	—
T_2	—	—	—	15	—	12	—	—
T_3	—	—	—	25	12	—	—	—
T_4	—	—	—	—	—	—	—	—
(T_5)	—	—	—	—	—	—	—	—

显然，转运问题可以像运输问题一样用线性规划模型表述。同样，通常也建议使用如 Dantzig（1951）或 Ford 和 Fulkerson（1962）介绍的专门算法。

与运输问题一样，转运问题可以扩展为限量转运问题，此时弧具有容量上界和下界。转运问题也有专门的算法来解决。

Srinivason（1974）论述了转运问题在配送领域之外的应用场景。

5.3.4 最小费用流问题

运输、转运和指派问题都是最小费用流问题的特例。此类问题可能具有与案例中弧相关的容量上界和下界。此处只考虑无限量的情况。

例 5.4：最小费用流

图 5.3 中的网络有两个源，分别为 0 和 1，可用量分别为 10 和 15；有三个汇，分别为 5、6 和 7，需求分别为 9、10 和 6。每条弧都有一个与之相关的单位流量成本。

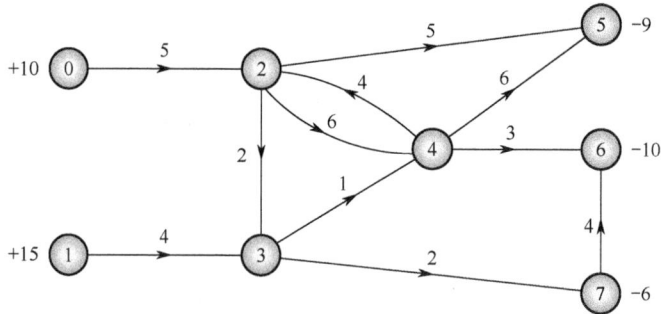

图 5.3　最小费用流网络示意

弧是"有向的"，即只允许沿箭头所指方向流动。如果在相反方向上也允许流动，则由另一条相反方向的弧线表示，前提是在节点 2 和节点 4 之间存在两条弧线。

问题是以最低总成本从源头流经网络来满足汇点的要求，在这种情形下，总可用量正好等于总需求。如有必要，也可以通过使用虚拟汇来实现，参见例 5.2 中的运输问题。

例 5.4 的线性规划表达形式为

$$\min \quad 5x_{02} + 4x_{13} + 2x_{23} + 6x_{24} + 5x_{25} + x_{34} + 2x_{37} + 4x_{42} + 6x_{45} + 3x_{46} + 4x_{76}$$

s.t.

$$
\begin{aligned}
-x_{02} &= -10 & (5.38)\\
-x_{13} &= -15 & (5.49)\\
x_{02} - x_{23} - x_{24} - x_{25} + x_{42} &= 0 & (5.40)\\
x_{13} + x_{23} - x_{34} - x_{37} &= 0 & (5.41)\\
x_{24} + x_{34} - x_{42} - x_{45} - x_{46} &= 0 & (5.42)\\
x_{25} + x_{45} &= 9 & (5.43)\\
x_{46} + x_{76} &= 10 & (5.44)\\
x_{37} - x_{76} &= 6 & (5.45)
\end{aligned}
$$

为了使该表达形式更具系统性，简单的做法是将每个约束视为源在每个节点处的物料均衡需求。例如，在节点 2 处，必须确保总流入量（$x_{02} + x_{42}$）与总流出量（$x_{23} + x_{24} + x_{25}$）相等。这是通过约束（5.40）实现的。在作为汇的节点 7 处，总流入量（x_{37}）必须再次与总流出量（$x_{76} + 6$）相等，由此可得约束（5.45）。

上述模型的约束（5.38）～约束（5.45）中的系数矩阵称为关联矩阵，如图 5.3

中的网络所示。其结构非常特殊，这一点很容易看出。10.1 节会进一步探讨这种结构，因为与运输问题一样，只要可用量、需求和弧容量是整数值，就可以保证最小费用流问题（无论是否限量）能得到一个最优整数解。

与本节探讨的其他模型一样，使用专门的算法通常更有效。Dantzig（1951）、Ford 和 Fulkerson（1962）的算法也适用于这些模型。

Bradley（1975）对最小费用流问题的应用进行了全面调查。Glover 和 Klingman（1977）及 Jensen 和 Barnes（1980）的研究也很有参考价值。

有时，可以将线性规划模型调整为可立即转换为网络模型的形式，5.4 节有相关具体实施操作过程，或证明无法转换的过程。

如果弧的容量有下界或上界（或两者都有），那么（与运输问题的特殊情况类似）可以通过调整特殊算法来解决这一问题。然而，需要指出的是，此类模型可以转换为不限量的情况。对于无法处理此类界限的程序，有必要进行这种转换。

假设从节点 i 到节点 j 的流下界为 l（以及成本 c_{ij}），那么可以为附加节点 i' 配上一个从 i 到 i' 的新弧。如果有外部流量 l 从 i 流出并流入 i'（见图 5.4），就有了必要的限制。类似地，图 5.5 演示了如何为弧 i-j 中的流施加 u 的上界。

图 5.4　外部流量从一个节点流出并流入另一个节点

图 5.5　施加上界的流入-输出关系

明确定义最小费用流问题很重要。例如，单位流量成本通常是非负的。如果允许成本为负，务必确保成本不能无限最小化（导致无界问题）。例如，如果弧 2-4 的单位成本为-6 而不是 6，则可能会发生成本无限小的情况，计算时将无限循环，导致成本不断减小。

第二部分研究了最小费用流问题中的指派问题。

通过网络找出单个商品最小费用流的问题，可以扩展为通过网络将多商品流成本最小化的问题，这是最小成本多商品网络流问题。个别商品通过某些弧线的流动将受到容量限制，并且所有商品通过个别弧线的总流量同样受限。例如，在图 5.3 所示的网络中，第一种商品可能在源 0 和汇 5 之间流动，而第二种商品可能在源 1 和汇 6、汇 7 之间流动。这类问题可以再次用线性规划模型表述。生成的模型具有 4.1 节所述类型的块角型结构，该结构使得 4.2 节中所述的 Dantzig-沃尔夫分解过程可以在此适用。事实上，这为该问题带来了另一种线性规划的表达方法。Tomlin（1966）就此方面对最小成本多商品网络流问题进行了探讨。

除分解法外，没有适用于一般最小成本多商品网络流问题的特殊算法。由此类问题产生的线性规划模型（通常规模较大）最好通过采用软件包程序的标准修订版单纯形算法来解决。

Charnes 和 Cooper（1961a）用最小成本多商品网络流模型刻画了一个交通流问题。

这种将单一商品网络流线性规划模型扩展到一种以上商品的做法，破坏了保证整数最优解的性质。即使所有容量、可用量和需求都是整数，流量的分数值也可能出现在线性规划模型的最优解中。如果问题的性质需要最佳整数解，则可以采用整数规划。

广义网络流模型是最小费用流模型的另一重要扩展形式，有时也称作具有增益模型的网络流。在此扩展形式下，弧中的流可能会在两个节点之间改变，然后将乘数与每条弧相关联，可以得出改变流量的因素。例如，蒸发、浪费或利率的应用等情况就需要做出这种修正。实际应用可参见 Glover 和 Klingman（1977）的研究。如果流量数值必须是整数值，线性规划解将无法保证这一点，此时有必要使用整数规划方法。但也可以利用这种简单的结构来改进所用算法，也会得到不错的效果，Glover 等人（1978）介绍了这种方法。事实上，任何 0-1 整数规划问题都可以转换为此类广义网络模型，其中流量数值必须是整数值，Glover 和 Mulvey（1980）证明了这一点。

5.3.5　最短路问题

该问题关注的是通过网络找到两个节点之间的最短路。实际上，出人意料的是，该问题也可以看成最小费用流问题的一个特例。

例 5.5：寻找网络最短路

在图 5.6 所示的网络中，希望找到节点 0 和节点 8 之间的最短路，已标出每条弧的长度。

可以通过为节点 0 提供 1 个单位（源）的可用量，并为节点 8 提供 1 个单位（汇）的需求，将问题简化为通过网络找到最小费用流。由于最小费用流（如运输、转运和分配）问题可以保证整数最佳流量，当作为线性规划模型求解时，可以确定通过图 5.6 中每个弧的最小费用流为 0 或 1。因此，恰好从节点 0 出来的一条弧线的流量为 1，而恰好进入节点 8 的一条弧线的流量为 1。同样，流程上的中间节点将恰好有一条弧线流入，一条弧线流出。最佳流量方案的"成本"将给出 0 到 8 之间的最短路。

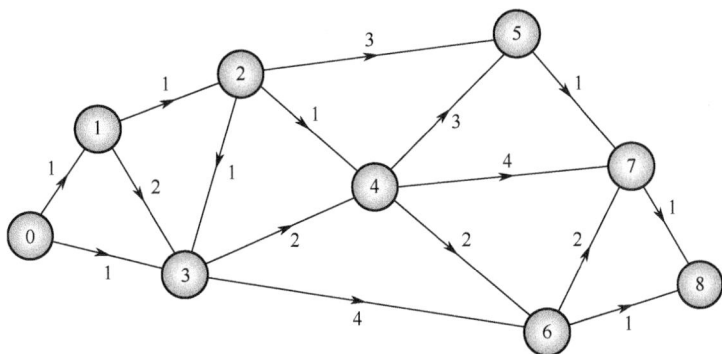

图 5.6　最短路网络示意

尽管可以使用通常的线性规划来解决最短路问题，但使用专门的算法会更有效。Dijkstra（1959）提出了一种有效的算法。

5.3.6　最大网络流

当网络对通过弧线的流量有容量限制时，人们通常会想要算出源和汇之间某些商品的最大流量。再次回到例 5.4 的网络，但现在的目标是将流入源和流出汇的流量最大化且每条弧线都有了一个上界容量，如图 5.7 所示。

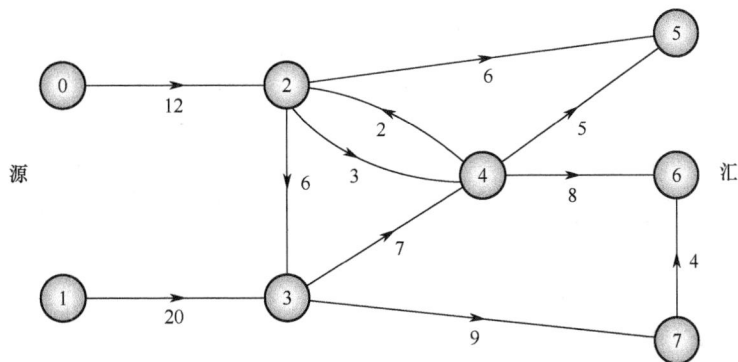

图 5.7　最大流网络示意

例 5.6：将通过某网络的流量最大化

该问题可以再次用线性规划模型表述。变量和约束将与例 5.4 中的相同，只是引入了五个新变量 x_{S0}、x_{S1}、x_{5T}、x_{6T} 和 x_{7T} 来表示进入源 0 和 1，以及离开汇 5、汇 6、汇 7 的流量。由此生成的模型为

$$\max x_{S0} + x_{S1}$$

$$x_{S0} - x_{02} = 0 \tag{5.46}$$

$$x_{S1} - x_{13} = 0 \tag{5.47}$$

$$x_{02} - x_{23} - x_{24} - x_{25} + x_{42} = 0 \tag{5.48}$$

$$x_{13} + x_{23} - x_{34} - x_{37} = 0 \tag{5.49}$$

$$x_{24} + x_{34} - x_{42} - x_{45} - x_{46} = 0 \tag{5.50}$$

$$x_{25} + x_{45} - x_{5T} = 0 \tag{5.51}$$

$$x_{46} + x_{76} - x_{6T} = 0 \tag{5.52}$$

$$x_{37} - x_{76} - x_{7T} = 0 \tag{5.53}$$

$$x_{02} \leqslant 12, x_{13} \leqslant 20, x_{23} \leqslant 6, x_{24} \leqslant 3, x_{25} \leqslant 6, x_{34} \leqslant 7, x_{37} \leqslant 9, x_{42} \leqslant 2, x_{45} \leqslant 5, x_{46} \leqslant 8, x_{76} \leqslant 4$$

同样，这类模型的一个特性是：只要容量是整数，最优解就会给出整数流量。

对于此类问题，使用专门的算法更有效。Ford 和 Fulkerson（1962）介绍了这种算法。

5.3.7　关键路径分析

关键路径分析（通常用于建筑行业）方法可以用网络表示。网络各条弧线表示占用一段时间的活动，如建造房屋的墙壁，节点用于指示活动的终止和开始。若某项目由该网络模型表示，就可以分析其网络来回答许多问题，例如：

> （1）完成项目需要多长时间？
> （2）如果有必要，哪些活动可以推迟，以及在不推迟项目整体进程的情况下，该活动可以推迟多长时间？

这种网络的数学分析称为关键路径分析。对于网络中那些在不影响项目整体完成时间前提下无法推迟的活动，其弧线可以显示在一条路径上。这条关键路径实际上是网络中的最长路径，而寻找关键路径的问题是一个特殊的线性规划问题，针对特殊结构的问题则需要专门的算法。

例 5.7：寻找网络中的关键路径

图 5.8 所示的网络代表了一个房屋建造项目，每条弧线代表项目组成部分的各项活动，而相应的弧线上标出了活动的持续时间（天）。用虚线标记的弧线 4-2 是

没有持续时间的虚拟活动，其主要目的是防止活动 2-5 在活动 3-4 完成之前开始。

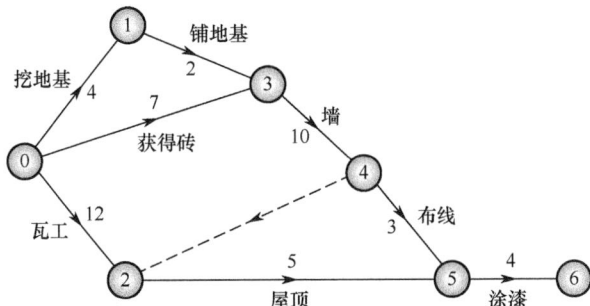

图 5.8 寻找关键路径的网络示意

为了用线性规划模型表达该问题，可以引入以下变量，如表 5.10 所示。

表 5.10 不同活动的时间

t_0 活动 0-1、0-3 和 0-2 的开始时间
t_1 活动 1-3 的开始时间
t_2 活动 2-5 的开始时间
t_3 活动 3-4 的开始时间
t_4 活动 4-2 和 4-5 的开始时间
t_5 活动 5-6 的开始时间
z 项目的完成时间

然后可得模型

$$\max \quad z$$
$$\text{s.t.} \quad -t_0 + t_1 \geq 4 \tag{5.54}$$
$$-t_0 + t_2 \geq 12 \tag{5.55}$$
$$-t_0 + t_3 \geq 7 \tag{5.56}$$
$$-t_1 + t_3 \leq 2 \tag{5.57}$$
$$-t_3 + t_4 \geq 10 \tag{5.58}$$
$$t_2 - t_4 \geq 0 \tag{5.59}$$
$$-t_2 + t_5 \geq 5 \tag{5.60}$$
$$-t_4 + t_5 \geq 3 \tag{5.61}$$
$$-t_5 + z \geq 4 \tag{5.62}$$

每个约束代表某些活动之间的顺序关系。例如，活动 3-4 不能在活动 1-3 完成之前开始，这就有了 $t_3 \leq t_1 + 2$，产生了约束（5.57）。最后，由于在活动 5-6 完成之前项目无法完成，可得约束（5.62）。

在求解该模型时，得到以下结果：

项目完成时间（z）= 26 天

$$t_0 = 0$$
$$t_1 = 4$$
$$t_2 = 17$$
$$t_3 = 7$$
$$t_4 = 17$$
$$t_5 = 22$$

关键路径显然是 0-3-4-2-5-6。

通过传统方法求解上述线性规划模型来寻找关键路径的效率并不高。实际上有特殊算法，也有广泛应用的软件来实施关键路径分析。以此方式安排项目计划的问题有许多扩展形式可供考虑，但超出了本书范畴。Lockyer（1967）针对此话题开展了全面的探讨。

为项目网络中分配活动资源（allocating resources to the activities）是该问题的一个非常实际的扩展形式。例如，在图 5.8 所示的网络中，活动 4-5（布线）和活动 2-5（屋顶）都可能需要人员（尽管在该示例中，人员可能具备不同的技能）。如果活动 4-5 需要 3 人，而活动 2-5 需要 6 人，但只有 8 人可用，那么上述给出的最优排序便无法实现，其中一项活动将不得不推迟。问题就变成了如何重新安排以实现某些目标，例如，目标可能是尽可能少地推迟整体项目的完成时间，或者是希望随着时间推移"顺利"使用这些资源和其他资源。该问题的扩展形式将在9.5 节中再次提到，因为其引出了对上述线性规划问题的整数规划扩展形式。

然而，整数规划模型在计算时间上的成本通常太高，难以证明以这种方式解决此类问题的可行性。车间作业调度（在机器上调度作业）问题可衍生出一个非常简单的网络，这一问题可以看作为某网络中的活动分配资源的问题，其涉及的具体活动来自作业车间中的操作（如机械加工）。

这些操作之间的排序关系衍生出一个（简单的）网络结构，要分配的资源是有限的机器。本节所述的所有问题（除了最小成本的多商品网络流问题）最好能通过专门的算法来解决，而非商业软件包程序中可用的改进单纯形算法。本书之所以描述这些问题并论证在必要时如何建模为线性规划问题，是因为许多实际应用的部分问题是网络问题。然而，此类问题通常涉及其他复杂因素，因此无法单纯使用网络模型，所以传统线性规划的表达形式就变得非常重要。许多实用的线性规划模型中包含的网络规模庞大，这一特性通常使超大型模型很容易用软件来求解。一些软件具有特殊功能，可以利用模型中的某些网络结构。这方面的一个典型例子是广义上界（GUB）约束（在 3.3 节中提到过）。在例 5.2 的运输问题线性规划表达形式中，约束（5.21）～约束（5.23）可以被视为广义上界约束。如果使用具有此功能的程序包，则不会明确显示为约束，或者因为其数量通常更多，约束（5.24）～约束（5.27）也可以表达为广义上界约束。广义上界工具的应用使得用线性规划方法可以很容易解决许多网络流问题（或网络流组件的问题）。

在线性规划模型中识别出具有网络流组特征的部分，还有一个很大的优点，可使许多变量在最优解中以整数值出现。之前已经指出，只要右端项是整数，本节所述的大多数网络流问题中的所有变量都会出现这种情况。如果模型"不完全"属于网络流类型，那么在其线性规划最优解中，绝大多数变量就可能仍会采用整数值。不同于整数规划模型强行为所有这些变量赋予整数值，网络模型的计算难度将大大降低。第 10 章将更全面地探讨这一话题。

对问题重新建模以将其转化为网络流模型大有好处，因为可以使用特殊算法。Veinott 和 Wagner（1962）给出了一个解决实际应用的例子。Dantzig（1969）论证了如何对住院日程安排问题重新建模，构建具备大型网络流组分的线性规划模型，之后通过 GUB 软件来求解。Daniel（1973）、Wilson 和 Willis（1983）及 Cheshire 等人（1984）给出了重新表达网络流模型的其他示例。

5.4 节给出了一种自动将线性规划模型转换为网络流模型，或者论证无法转换的方法。将模型识别或转换为网络结构，无须使用计算成本更高的整数规划方法。

6.2 节介绍了线性规划模型的对偶概念。每个线性规划模型都有一个对应的模型，称为对偶模型，其最优解与原模型的最优解密切相关。事实上，任何一个模型的最优解都可以轻松地由另一个模型的最优解推导出来。事实证明，许多实际应用衍生出的线性规划模型都是网络流模型的对偶，此时针对网络流模型使用专门的算法效果会更好。此外，本节提到的任何一种网络流模型的对偶（除了最小成本的多商品网络流模型）还可以保证有最优整数解（只要原模型的目标系数是整数），因此，这类模型的识别依然具有重要的实际意义。10.1 节和 10.2 节将进一步探讨该话题。

第二部分的"露天采矿"问题可用网络流问题的对偶来表述，而第三部分探讨了该表述形式。第二部分的"采矿"问题可以表述为一个整数规划模型，其中很大一部分是网络流模型的对偶。Williams（1982）给出了此类模型的一些示例。

旅行推销员问题是本节未谈及的一个著名网络问题，关注的是找到遍历一批给定城市的最小距离（成本）路径，通常其不能通过线性规划模型求解该问题，尽管其与指派问题看起来非常相似，不过可按指派问题的整数规划扩展形式对其建模，9.5 节对此进行了全面的探讨。

5.4 将线性规划转换为网络模型

将线性规划转换为最小费用流模型（如果可行的话）的优点已经在 5.3 节中探讨过，且还将在 10.1 节中进一步探讨。由于最小费用网络流模型具有整数最优解（需要外部流入量和流出量均为整数值），意味着无须使用求解成本高昂的整数规划了。

本节概述了 Baston 等人（1991）介绍的一种方法，用于将线性规划转换为网络模型。Bixby 和 Cunningham（1980）介绍了另一种办法，其采用了更为抽象的拟阵理论语言来表达。

为了阐明该方法，下面将举一个数值化的案例。

$$\begin{aligned}
\min \quad & c_1x_1 + c_2x_2 + c_3x_3 + c_4x_4 \\
\text{s.t.} \quad & 2x_1 + x_5 = b_1 \\
& 6x_1 + 9x_3 + x_6 = b_2 \\
& -8x_1 + 4x_2 - 8x_4 + x_7 = b_3 \\
& x_2 + 3x_2 - 2x_4 + x_8 = b_4 \\
& x_2 + 3x_3 + x_9 = b_5 \\
& x_1, x_2, x_3, x_4, x_5, x_6, x_7, x_8, x_9 \geq 0
\end{aligned}$$

由于转换并不依赖于目标函数系数或右端项，本节只采用一般形式。在该案例中，假设所有的原始约束都是"≤"形式，并已添加了松弛变量，而对于"≥"约束，将减去剩余变量。如果任何原始约束是等式，则加入人工变量（取零值的约束变量）。这些逻辑（松弛、剩余或人工变量）变量将代表所创建网络中的弧，而针对人工变量，相应的弧最终将被删除。

下面进行以下变换：

（1）缩放行和列，使约束系数尽可能为 0 或 ±1。也许这无法做到，如果不可能，则无法转换为网络流模型。在大多数值得尝试转换的实际应用（如 5.3 节中提到的）中，这些系数已经是 0 或 ±1。

在该例中，所得比例系数如表 5.11 所示。

表 5.11　比例系数

6	7	8	9	1	2	3	4	5	
$\frac{1}{2}c_1$	c_2	$\frac{1}{3}c_3$	$\frac{1}{2}c_4$						
1				1					$=b_1$
1		1			1				$=\frac{1}{3}b_2$
−1	1		−1			1			$=\frac{1}{4}b_3$
	1	1	−1				1		$=b_4$
	1	1						1	$=b_5$

给变量进行编号也很方便。逻辑变量编号为 1～5，原始变量编号为 6～9。

（2）在这一步骤中，忽略非零系数的"±"符号。逻辑变量对应的弧线以网络生成树（spanning tree）的形式排列，该生成树必须在以下层面与模型的原始变量兼容：每个原始变量都与生成树的某些弧构成一个多边形。图 5.9 阐释了如何通过示例实现这一点，而对应于变量 6 的弧线与对应于变量 1、变量 2 和变量 3 的弧线构成一个多边形，因为变量 6 在第 1、2 和 3 行中有非零项。同理，由于变量 7 在第 3、4 和 5 行有非零项，弧线 7 与弧线 3、4 和 5 构成一个多边形，弧线 8 和弧线 9 与生成树兼容。

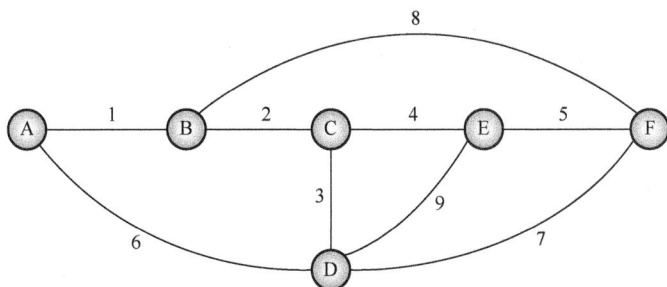

图 5.9　生成树的示例

然而，并非总能以生成树的形式找到逻辑弧的排列，若以上述方式与部分弧线不能兼容，则无法进行网络转换。Baston 等人（1991）介绍了一种系统的方法来调查是否可以构建此类生成树，或者论证其构建的不可能性。

（3）对于"树"中每条弧，我们都可给出一条与现有弧相反方向的弧，如果该弧线对应列中的项为+1，则可以沿着弧线前进，而如果对应列中的项为−1，则弧线有着相反的方向（否则不能沿着弧线前进）。对于本例，弧线的方向如图 5.10 所示。例如，绕行由弧线 1、2、3 和 6 形成的多边形时，弧线 6 的方向与弧线 1 和 2 相反（变量 6 在第 1 行和第 2 行系数为+1），并且与弧线 3 方向相同（变量 6 在第 3 行中系数为−1）。其他弧线的方向都遵循此规则，而弧线无法以任何方式与系数相兼容，此时无法构建（有向）网络。

（4）网络中（非树中）弧上的单位成本设定为相应变量的比例目标系数。

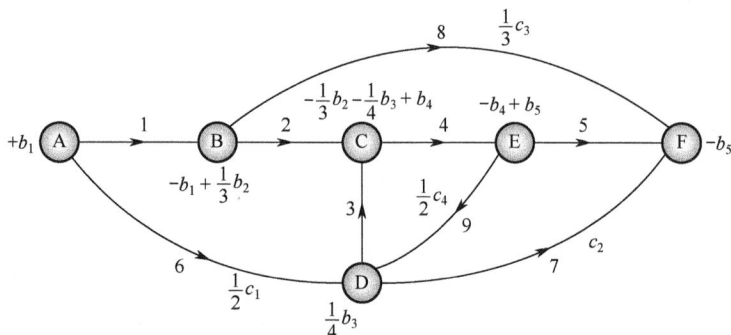

图 5.10 树上弧的方向示意

（5）每个节点都有一个外部流，其值等于离开节点"弧"对应的约束条件右端项数值总和（按比例调整后），小于所有进入节点"弧"对应的约束条件右端项的数值总和（按比例调整后）。

在该示例中，图 5.10 中的节点 C 有弧 4 离开（第 4 行与右侧 b_4 成比例），弧 2 和弧 3 进入 [第 2 行和第 3 行分别与右侧 $(1/3) b_2$ 和 $(1/4) b_3$ 成比例]。因此，节点 C 的外部流量为 $[b_4 − (1/3) b_2 − (1/4) b_3]$（当然，负的外部流量将被视为正流出），其他节点的外部流量以类似方式计算。

由此产生的有向网络及其外部流构成了所需最小费用网络流模型，该模型与原始线性规划等价。求解时，弧线中的流值可能必须根据实际的比例因子进行缩放。

第6章

线性规划模型解的解释与使用

6.1 模型的验证

构建线性规划模型之后，我们仍应当保持谨慎态度，不能盲目地完全相信其所得出的答案。一旦构建好模型并将其转换为计算机程序所需的形式后，我们会尝试求解模型。假设没有明显的录入错误（通常会被软件检测到），则可能出现三种结果：①模型不可行解（infeasible）；②模型无界（unbounded）；③模型可解（solvable）。

6.1.1 不可行的模型

如果约束是自相矛盾的，则线性规划模型不可行。

例如，包含以下两个约束的模型是不可行的：

$$x_1 + x_2 \leqslant 1 \tag{6.1}$$

$$x_1 + x_2 \geqslant 2 \tag{6.2}$$

在实际应用中，这种不可行性可能更为隐蔽（除非由简单的输入错误引起）。程序可能会在某种程度上尝试对模型求解，直到检测到其不可行性为止。大多数软件会在程序放弃时输出不可行的解。

在大多数情况下，不可行的模型表明问题的数学表达形式存在错误。当然，也可能表明决策者正在尝试制定一些在技术上无法实现的计划，但通常我们构建是存在可行解的模型。检测模型不可行原因的难度可能很大，如果得到的是程序放弃时的不可行解，可以看到该解中哪些约束未满足或哪些变量值为负，由此可以轻松找出不可行的原因，但也很有可能没有帮助。要知道，不可行的原因可能相当隐蔽。例如，以下三个约束条件在均存在时无法同时满足：

$$x_1 - x_2 \geqslant 1 \tag{6.3}$$

$$x_2 - x_3 \geqslant 1 \tag{6.4}$$

$$-x_1 + x_3 \geqslant 1 \tag{6.5}$$

然而，将约束（6.3）～约束（6.5）中的任何一个单独列为不可行约束，可能也不正确，这里出错的原因是这三个约束相互不兼容。

假设正在对已知可实现的情形进行建模，那么应该可以为该情形求一个可行解（但可能不是最优解）。例如，在 1.2 节介绍的产品组合模型中，可以采用前一周的产品组合（假设此后产能没有减少）。如果模型已经正确地反映了实际情况，那么将所得的解代入所有约束后都会满足。而如果模型没有可行解，说明必须重新考虑要替换掉模型中的某些约束，因为这些约束过于严格，在建模时被不当引入。

6.1.2　无界模型

如果某线性规划模型的目标函数可以无限大（或无限小）取值，则称该**模型为无界模型**。也就是说，对于最大化问题，目标函数值可以任意增大；对于最小化问题，目标函数值可以任意缩小。例如，下面的普通线性规划问题是无界的，因为 $x_1 + x_2$ 可以在不违反约束的情况下任意增大：

$$\max \quad x_1 + x_2 \tag{6.6}$$

$$\text{s.t.} \quad 2x_1 + x_2 \leqslant 1 \tag{6.7}$$

尽管在试图达到无法实现的目标时，的确可能构建出一个正确的不可行的模型，但要正确构建无界模型几乎是不可能。

与不可行模型类似，鉴于模型是无界的，大多数软件在优化结束前会输出一个无界模型的解，而此解有助于检测模型存在的问题。另外，检测无界性可能与检测不可行同样困难，不可行模型约束限制过度，而无界模型的关键在于约束未表示或限制不足。通常，某些物理约束没有被建模，这些约束也可能因为不太明显而被忽略。物料均衡约束（material balance constraint）就是一个常见的例子，如

3.3 节所述的约束，会很容易被忽视。如果无意中忽略了该约束，则软件在最终放弃求解前会对其进行检测。通过对该解的常识测验可能会发现不"合理"的情况，如可能会发现生产某些产品时并没有使用任何原材料。

在 6.2 节中，每个模型均定义了一个与之关联的另一个线性规划模型，称为对偶模型，其可以做出重要的经济解释。如果一个模型是无界的，则相应的对偶模型是不可行的。因此，可以想象，一个无界的模型可能会作为另一个不可行模型的对偶模型出现，可利用该模型来测试某个行动方案是否可行。不过，如果一个模型不可行，不应该假设它的对偶模型必然是无界的，因为该对偶模型也可能不可行。

6.1.3　可解模型

如果某线性规划模型既非不可行，也非无界，则将其称为可解模型。当获得这种模型的最优解后，我们就想知道答案是否合理，而如果答案不合理，则意味着模型一定有问题。第一种判断方法是简单地应用常识检查最优解，如果其揭示的内容明显没有意义，便可用于检测和纠正建模过程中的错误。

如果最优解看起来合理，则可以将最佳目标值与实践中可能期望的值进行比较。如果在最大化问题中，该值低于预期，则表明模型限制太多，即某些约束条件过于苛刻。如果最优目标值高于预期，则表明模型限制不足，即某些约束条件太弱或被遗漏了。对于最小化问题，这些结论显然会被推翻。举例来说，在某产品组合的应用实例（如在 1.2 节中研究的内容）中，在求解模型时，将求得最大的利润贡献。假设该利润贡献低于已知可以达到的水平，例如，它低于前一周达到的水平（假设后续不存在产能削减情况），此时会考虑模型限制过多。为了找出过度苛刻的约束，可以将已知的更优解替换为模型的约束，而这样做会违反其中一些约束，因此建模一定是错误的。此外，也可能出现实际中人力使用了某些产能但我们不知情的情况。在这些情况下，虽然模型不一定完全正确，但可以帮助发现未知因素，足以证明其有一定的价值。

回到产品组合模型，假设出现了相反的情况，即最佳目标价值大于已知可能实现的任何目标，此时应考虑模型限制不足的问题，可以对模型提出的最优解进行认真、深入的检查。该解可以作为非技术性的运营建议提出，可以要求相关管理人员解释其为何是不可能的，然后使用此信息来修改约束或增加新的约束。

在上述情况下，我们正在对现有的情况进行建模。现有操作模式所提供的"可行解"有明显优势，而这些解可用于测试和修改模型。若使用线性规划（或任何其他类型的模型）来处理新情况时，如决定在哪里建新工厂，可能不会出现明显的"可行解"。因此，测试模型时可能会更加困难，此时，可尝试通过经验法则得出有效的解，这仍不失为一种好方法。这些解很可能会揭示模型中存在的错误，并提示如何纠正这些错误。

在关于线性规划模型验证的讨论中，优化目标的价值应该是显而易见的，而通过优化某些数量，有望最大限度地使用某些资源（加工能力、原材料、人力等）。根据模型建议得到的最优解将很可能违反某些被忽略的物理约束（也可能因建模不正确），从而凸显这些约束。为了尽可能全面地测试各种约束，通常需要针对不同（可能是人为）的目标多次求解模型。在验证和修改模型时，在没有现实生活目标的情况下优化目标（并因此使用数学编程）颇具价值。

从前面的探讨可知，模型的建立和验证应该是一个双向过程，最终是为了更加准确地表述建模对象的情况。遗憾的是，这一过程经常被忽视。实际上，它非常有价值，有助于更清楚地了解正在建模的内容。在许多情况下，这种更深入的理解可能比（已验证的）模型的最优解更具价值。

模型通常可以在考虑错误检测的情况下建立，如假设希望定义以下约束：

$$\sum_j a_j x_j \leq b \tag{6.8}$$

如果存在约束过于苛刻并导致模型可能不可行，且问题为最大化问题，可以将其重写为

$$\sum_j a_j x_j - u \leq b \tag{6.9}$$

并在目标函数中赋予 u 一个负系数，以允许在较高成本下违反该约束。对于最小化问题，u 将被赋予一个正（利润）系数。通过这种方式，约束不再会导致模型不可行，违反原始约束（6.8）的情况将由解中出现的 u 指代。比如对于某些应用场景，有人可能认为，如果确实需要以一定成本允许"购买"更多资源，而不是绝对限制，那么式（6.9）绝对是对约束更为正确的表述。3.3 节对该话题进行了更详细的探讨。

也可以使用另一种手段来避免模型出现无界的情况，即在表达形式中赋予每个变量一个有限的简单上界（可能非常大），确保没有变量可以超过其上界，但任何接近界限的变量都可能存在疑问，这可能会更快地导致模型无界。

最后，这里应该再次强调使用矩阵生成器的可取性。通过自动生成模型，可以大大降低出错的可能性。验证过程本身也会大大简化，因为比起线性编程系统，矩阵生成器的输入在表述形式上通常更具物理意义。

6.2　经济解释

建议将本节探讨的内容与特定类型的模型联系起来，而不是抽象地表述材料。为此将使用 1.2 节中产品组合的小型示例进行说明，该模型为

$$\max \quad 550x_1 + 600x_2 + 350x_3 + 400x_4 + 200x_5$$

$$\text{s.t.} \quad 研磨 \quad 12x_1 + 8x_2 + 25x_4 + 15x_5 \leqslant 288$$

$$钻孔 \quad 10x_1 + 8x_2 + 16x_3 \leqslant 192$$

$$人力 \quad 20x_1 + 20x_2 + 20x_3 + 20x_4 + 20x_5 \leqslant 384$$

$$x_1, x_2, x_3, x_4, x_5 \geqslant 0$$

该问题要算出生产 5 款产品（PROD 1、PROD 2、…、PROD 5）所需要的费用，这些产品受到两项加工能力（研磨和钻孔）和人力限制。当然，实际应用通常规模更大、更复杂，但该示例很好地解释了问题的解，并说明了如何推导附加的"经济"信息。当然，其他类型的应用（如混料问题）将导致对该信息产生的不同解释，但在探讨上述小型示例后，应该可以将此信息与任何现实生活中的应用场景相对应。第二部分中提及的实际做法就可以有效地将这些信息与现实生活联系起来。

该模型的解为

$$x_1 = 12 ， \quad x_2 = 7.2 ， \quad x_3 = x_4 = x_5 = 0$$

即最优目标值是 10920 英镑，也就是说，应该生产 12 个 PROD 1，7.2 个 PROD 2，且不生产其他产品，这使得总利润贡献（超过一周）达到 10920 英镑。

我们会发现研磨能力和人力已被完全耗尽，但钻孔能力存在剩余，这很容易验证。当使用软件时，此信息通常与解的其他部分一起给出。

此外，很容易证明（尽管超出了本书范围），在具有 m 个线性约束（可能包括简单上界）和 1 个线性目标的模型中，基本上不会期望 m 个以上变量在最优解中为非零值。因此，在上例中，可以确定不需要生产超过 3 种产品。

在上类问题中，有大量附加的"经济"信息，这就比较有趣了。例如，可以求得以下问题的答案。

（1）据推测，与产品 1 和产品 2 相比，产品 3～产品 5 的价格被低估了，那么应该定价为多少时才值得生产？

（2）附加 1 小时的研磨、钻孔作业或人力投入，其价值是多少？严格来说，这些产能中每一项临界值都很重要，即产能极小的增加或减少所产生的影响。

当使用软件求解时，这些附加信息通常会在一般的解中提供。这些变量具有被称为可减少成本的相关量，（在本应用场景中）可以解释为必要的涨价。每个约束都与一个称作影子价格的量相关联，这可以解释为产能增加（或减少）所带来的边际效应。

应该强调的是，当使用单纯形算法（或其变体之一）来求解模型时，求解成本会降低，同时影子价格会从最优解中产生，并且大多数软件都会输出此信息，但还有另一种非常具体的方法来获取此类"经济"信息，从而有助于阐明其真正含义。我们可以通过另一个相关线性规划模型（对偶模型）来实现这一点，对其具体说明如下。

6.2.1 对偶模型

下面将再次通过上述产品组合问题进行论证。

假设一位会计人员试图以某种方式对该问题涉及的每种资源（研磨、钻孔和人力）进行估价，以便对实施与最佳生产计划的工厂进行最小总体估价。假设每项产能每小时的估价分别是 y_1、y_2 和 y_3（以英镑为单位），其目标是

$$\min \quad 288y_1 + 192y_2 + 384y_3 \tag{6.10}$$

相关会计人员希望得到 y_1、y_2 和 y_3 的值，从而充分解释最佳生产方式。这样可以将所生产的每款产品的毛利归因于对这 3 种资源的使用情况。必须确保每款产品每个单位的毛利完全被其应记价值所"涵盖"。例如，每单位 PROD 1 的毛利为 550 英镑，这必须完全按生产该产品所使用的 12 小时研磨能力、10 小时钻孔能力和 20 小时人力资源的"价值"来计算。由于这些产能每小时的价值分别为 y_1、y_2 和 y_3（以英镑为单位），因此可得

$$12y_1 + 10y_2 + 20y_3 \geqslant 550 \tag{6.11}$$

在上述约束中使用"$\geqslant$"而不是"$=$"的原因，开始并不清晰，但后续分析会揭示这一原因。

类似的论点会将每小时价值 y_1、y_2 和 y_3 与其他每款产品的单位毛利联系起来，可得约束（6.12）～约束（6.15），即

$$20y_1 + 8y_2 + 20y_3 \geqslant 600 \tag{6.12}$$

$$12y_2 + 20y_3 \geqslant 350 \tag{6.13}$$

$$12y_1 + 20y_3 \geqslant 400 \tag{6.14}$$
$$15y_1 + y_3 \geqslant 200 \tag{6.15}$$

目标（6.10）与约束（6.11）～约束（6.15）共同构成了另一种线性规划模型，与大多数线性规划模型一样，可假设变量 y_1、y_2 和 y_3 只能为非负值。这种新的线性规划模型被称为原始产品组合模型的对偶模型，而最初的模型通常被称为原始模型。

该模型的推导起初可能看起来有些刻意，但一旦检验其解，就会发现其合理性。

通过合适的算法求解该对偶模型，可得最优解

$$y_1 = 6.25, \quad y_2 = 0, \quad y_3 = 23.75$$

也就是说，每小时的研磨能力应估价为 6.25 英镑，每小时的钻孔能力估价为零，每小时的人力资源估价为 23.75 英镑，而该工厂的总估值为 10920 英镑。

此时，可以立即看出该结果与原始产品组合模型的最佳生产计划之间存在的一些联系。

（1）工厂总估值（以一周以上时长计）与原始模型最优目标值相同，这似乎是合理的。工厂的总"价值"等同于其最佳生产计划下的总产值，而根据线性规划的对偶定理，该结果总是成立的。

（2）原始模型的最优解没有完全利用钻孔能力，由此可看到它的估值为零，但这是合理的。由于没有充分利用拥有的所有产能，因此不太可能重视它，这是线性规划对偶定理的另一个结论。如果约束在最优原始解中不是"紧"的，则对应的对偶变量在对偶模型的最优解中取值为 0。经济学家将钻孔能力称为"免费物品"，也就是说，从某种意义上说它价值为 0。

下面进一步研究对偶问题的最优解，看看可能对会计人员就工厂应该遵循的生产策略提供哪些建议。

每单位 PROD 1 贡献 550 英镑的利润，但耗费了 12 小时的研磨能力（价值为 6.25 英镑/小时）、10 小时的钻孔能力（价值为 0）和 20 小时的人力资源（价值为 23.75 英镑/小时）。因此，赋予每个 PROD 1 单位的总价值为

$$12 \times 6.25 + 10 \times 0 + 20 \times 23.75 = 550 \text{（英镑）}$$

也就是说，每单位 PROD 1 贡献的 550 英镑利润完全可以通过其使用的资源投入所带来的应记价值来解释。如果将对偶变量 y_1、y_2 和 y_3 视为"成本"，即对 PROD 1 使用稀缺资源收取费用，那么将得出 PROD 1 产生零利润的结论。从会计人员的角度而言，这无关紧要，因为这些"成本"纯粹只是内部计算方式而已。

同样，可以发现每单位 PROD 2 也存在一个应记价值（或附加的"成本"），即

$$20 \times 6.25 + 8 \times 0 + 20 \times 23.75 = 600（英镑）$$

表明这 600 英镑对利润的贡献是准确的。

对于每单位 PROD 3，可得到一个应记价值（或附加的"成本"），即

$$0 \times 6.25 + 16 \times 0 + 20 \times 23.75 = 475（英镑）$$

该"成本"比其利润贡献值（350 英镑）高出了 125 英镑。会计人员会得出结论，PROD 3 的"成本"（就稀缺资源的使用而言）将超过其对利润的贡献，因此，会计人员会建议不生产 PROD 3，也可使用最初的原始模型得出相同的结论。

可以轻松验证，PROD4 和 PROD5 的"成本"分别超过其单位利润贡献 231.25 英镑和 368.75 英镑，因此不应生产。

现在可以看到为什么对偶模型中的"≥"约束是可以接受的，而不是"="。如果对偶模型中约束左侧的总活跃程度（"成本"）严格超过右端项（利润贡献），则不生产相应产品就不会产生这种超额成本，这揭示了对偶模型和原始模型最优解之间的第三种关系。

> （3）如果某产品在减去其应记"成本"后产生负的"利润"，那么就不应生产该产品，这是线性规划中对偶定理的结果。如果对偶模型中的约束在对偶模型的最优解中没有"约束力"，则相应变量在原始模型的最优解中为零。约束与估值之间的对称性应该是显而易见的，该结果有时也被称作**平衡定理**。从经济角度来讲，它只意味着非紧约束的估值为零。

回到会计人员利用对偶模型所得估值对问题的分析，可得出以下结论：

> （1）生产 PROD 1 和 PROD 2（其"内部利润"为零）的数量应最多。
> （2）钻孔能力并非紧约束（估值为零）。

严格来说，由从（1）无法推导出（2），而非紧约束意味着估值为零，这一点当然是正确的。反之，由得出（1）的结论不必然，其复杂性将在后续提到。

因此，会计人员可以从原始问题中排除 x_3、x_4 和 x_5，忽略第二个（钻孔）约束，并将剩余的两个约束视为方程，由此可得

$$12x_1 + 20x_2 = 288 \tag{6.16}$$

$$20x_1 + 20x_2 = 384 \tag{6.17}$$

对该组联立方程求解可得

$$x_1 = 12 \text{ 且 } x_2 = 7.2$$

也就是说，会计人员应运用自己对 3 种资源的估值来推断生产计划，就如同

在原始线性规划模型中所做的那样。在实际应用中，通过本节建议的方法（建立和求解对偶模型）来推导这些估值（对偶变量的值），可能与建立和求解原始模型一样困难，甚至更困难。但本书的目的是解释一个有用的概念。在实际应用中，人们通常不会建立或求解对偶模型（尽管在某些情况下，此模型更易于计算求解，因此也可能会被使用）。

前面产品组合模型是将所有约束"≤"最大化的问题，出于通用的考虑将所有问题都视为最大化问题来处理会很方便。为了解决最小化问题，可将目标函数取反，写为最大化的形成，也可以将所有约束都转换为"≤"。若要保持原始模型接近其原型，也可以不这样操作。对应于"≤"约束的对偶变量通常是非负线性规划变量，可以通过仅允许对偶变量为非正数来处理"≥"约束，而对于"="约束，可以允许对偶变量在符号上不受限制，此类变量有时也被称为自由变量。

尽管对偶理论的主要关注点在纯数学层面上，但本节仍会提及对偶模型的对称性，可通过对偶模型的对偶得出原始模型。

6.2.2 影子价格

通过上述"迂回"方式得到的估值（对偶变量值），实际上就是本节前文提到的影子价格。如果使用单纯形算法，它们作为辅助信息自然产生于原始模型的最优解中。实际上，通常可以运用类似于上述会计论点来论证，从变量的最优解中推断出影子价格，但本书不再探讨影子价格的推导过程，因为大多数软件会在最优解的输出中会给出这些值。

不难看出，对偶变量（影子价格）的值代表了右端项微小变化的影响，也就是说这些值代表着边际估值（marginal valuations）。例如，假如将研磨能力少量增加 Δ，则总利润会因此而增加（在重新安排最优生产计划之后）$6.25 \times \Delta$ 英镑。类似地，降低研磨能力会导致总利润减少 $6.25 \times \Delta$ 英镑，而 Δ 的取值通常会有限制，这些限制（范围）将在 6.3 节中探讨（严格来说，这些限制中的一两个可能为零，这一复杂的难题将在后面探讨）。也许只能将影子价格解释为某一右端项发生微小变化时的影响，也就是说，不能同时对两个右端项进行微调，因此得出结论，对总利润的影响即影子价格的总和。

影子价格在做出投资决策时可能具有较大价值。例如，工厂每增加 1 小时的研磨能力价值便增加 6.25 英镑，前提是允许将研磨能力增加到足够的量，这种说法就仍然有效。在 6.3 节中，我们将发现该项能力可以提升至每周 384 小时（其上界)，每增加一个单位，每周就可附加增加 6.25 英镑的利润，而产能增加至超过这个上界将导致每增加单位的附加利润更小（尽管这不是立刻就能预测的）。由于可以将研磨能力提高到每周 384 小时，从而能够附加赚取 600 英镑的利润，据此可以判定是否值得投资（或租用）更多磨床。可以将其与每增加 1 小时的人力（在允许范围内）所产生的 23.75 英镑成本进行比较，并决定将有限的资金投资于何处方能达到最佳效果。

非紧约束（如代表钻孔能力的约束）的影子价格为零。一般来说，提高相应能力没有任何价值，即没必要再增加已经多余的资源。

影子价格是"机会成本"的一种体现，而这一概念在会计领域中越来越受欢迎。例如，研磨能力的提高会增加获得更多利润的机会，反之，研磨能力的下降也会导致失去一些获利的机会，而影子价格代表着失去机会的成本。不同于会计人员使用的一些其他成本（如平均成本），机会成本是一个相当复杂的概念，它源于仔细权衡每种产品对稀缺资源的需求，进而分析其对利润做出的贡献。因此，机会成本考虑了资源可能的替代用途及其比较价值，人们显然会期望此类成本比简单成本更有价值。因此，会计人员对线性规划越来越感兴趣。萨尔金（Salkin）和科恩布鲁斯（Kornbluth）（1973）充分论述了线性规划在会计行业中的应用。

本节对影子价格的解释仅限于产品组合应用，而对于其他应用场景，可以通过将右端项的微调与模型实际情况相关联来推断出正确解释。为更好地解释此类问题，下面给出可能附加于 3.3 节所述各类约束的含义。

6.2.3 产能约束

这些约束在前文已探讨过，其中产能可能代表有限的加工能力或人力，前文已充分探讨了此类约束对影子价格的影响。

6.2.4 原材料可用性

假设通过约束对原材料的可用性进行了描述。模型建议，最大限度使用的那些原材料应由（通常但不总是）具有非零影子价格的约束来表示。该影子价格将确定获得更多原材料的价值（在允许的范围内），同时也代表着削减原材料的成本。该影子价格在决定是否（以一定成本）购买更多原材料方面可能效果显著。

Note

6.2.5　市场需求与限制

此处对影子价格解读的角度为，看其对改变市场需求或限制对目标价值的影响，如促使工厂生产更多或更少产品，或扩大或缩小最大市场规模等情况。相应的数值通常会与实现更大规模的附加销售工作所需的成本相比较。如 3.3 节所述，此类约束通常采用简单上界的形式呈现。如果在模型中如此处理简单上界，它们将不会作为约束出现，由此没有影子价格，但还是可以从有界变量成本减少中得到期望的解释，具体情况说明如下。

6.2.6　物料均衡（持续性）约束

针对此类约束，影子价格很可能没有什么有效的解读方式。例如，1.2 节中的小型混料问题（例 1.2）中有一个物料均衡约束，以确保最终产品的质量等于原料的总质量，其右侧值为零。影子价格虽可预测改变该零值会有何效果，但当前并没有发现更多对此有用的解释。在某些情况下，物料均衡约束的影子价格可能会引起人们的兴趣。例如，可使初始（或最终）余量等价于某些涉及模型变量的表达式，此时影子价格表明，改变这些余量会对最优目标价值产生影响。第二部分的"食品加工"模型就是一个典型示例。

6.2.7　质量规定

任何包含混料要素的模型，通常都会涉及质量方面的规定，如维生素的比例不得低于某个值或汽油的辛烷值不得低于某个值。例如，1.2 节中的混料问题有两个质量约束，其表明对"硬度"的限制。这些约束对应的影子价格可以用来预测放松或收紧这些硬性规定对总收入的影响，而在一些模型中，右端项本身就是质量参数，解释起来很简单。对于本节给出的小型示例，右侧值为零，硬度上界约束为

$$8.8x_1 + 6.1x_2 + 2x_3 + 4.2x_4 + 5x_6 - 6y \leqslant 0 \tag{6.18}$$

假设该右端项不是 0，而是 Δ，则该约束可重写为

$$8.8x_1 + 6.1x_2 + 2x_3 + 4.2x_4 + 5x_6 - \left(6 + \frac{\Delta}{y}\right)y \leqslant 0 \tag{6.19}$$

为了解释放松或收紧硬度 6 上界所带来的效果，必须考虑最优解中的 y 值。硬度 6 每增加或减少一个单位都将导致右端项的 y 相应地增加或减少，并且必须

Note

相应地调整影子价格的解释。由于 y 值也可能会改变，因此很难通过这种解释来推导可有效改变硬度参数的范围。

为确定右端项的微小变化是否会导致最优目标值的增加或减少，应该判定这种变化是否会使问题更为放松（relaxation）或更为收紧（tightening）。如果稍微放松一个问题的限制条件，如增加 "$\leqslant$" 约束的右端项或减少 "$\geqslant$" 约束的右端项，可预计更坏的情况是对最优目标值没有影响，也就是说存在改进空间。因此，最大化问题中的最优目标值可能会增大，而最小化问题中的最优目标值可能会减小，也就是说，希望限制成本的情况下目标值情况不会恶化。对于约束收紧，如在 "$\leqslant$" 约束中减少右端项并在 "$\geqslant$" 约束中增加右端项，相应结果会变差，也就是说，可能会降低最优目标值。就 "=" 约束而言，右端项的微小变化所带来的改善或恶化可能会明显地体现出模型的意义。

相比制定数学规则来解释是否应该为相应右端项中的每个单位变化，在目标中对应增减影子价格，遵循上述方法可能效果更好，这是因为各种软件在其关于影子价格的符号约定方面存在差异。

在第三部分建议的电价（发电）问题中，将电力销售所需的费率作为需求约束，相应的影子价格问题还会出现。

6.2.8　可减少成本

在小型产品组合示例中，可以发现 PROD 1 和 PROD 2 的单位利润贡献，完全由来自每个约束对应的影子价格所形成的"估算成本"来解释。但对于 PROD 3、PROD 4 和 PROD 5，其估算成本超过了单位利润贡献，且在不同情况下超过单位利润贡献的金额值得关注。这些金额便是这些相应变量的可减少成本（reduced costs）。请注意，在最优解中，任何非零分量的可减少成本为零（如果变量存在简单上界，则此结果会进行调整；后面会处理此类调整情况）。

对于前述示例，之前得出的 PROD 3、PROD 4 和 PROD 5 所对应的可减少成本分别为

PROD 3　　125 英镑

PROD 4　　231.25 英镑

PROD 5　　368.75 英镑

如果想生产 PROD 3，必须将其单价提高 125 英镑，（只有这样）才值得生产[1]。

---

[1] 6.2.1 节中对可应记成本的讨论。——译者注

然后，该价格的上涨将使 PROD 3 的利润贡献能够平衡，这源于使用稀缺资源而记入其的"成本"。同样，PROD 4 和 PROD 5 的可减少成本表明，对这些产品的涨价是必要的。当使用软件时，可减少成本通常与变量的最优解一同输出，并且没有必要通过影子价格来计算。使用这种推导的目的是证明应该对可减少成本给出正确的解释，而对于不同的应用，对可减少成本的解释会有所不同。例如，在混料问题（见 1.2 节）中，可减少成本可能代表在产品值得购买并将某种成分加入混合物之前必要的降价。

上述对可减少成本的解释反过来看，假设坚持生产少量的 PROD 3，将使得其他产品的加工资源和人力资源减少，预计总利润会降低。对于每生产一单位 PROD 3，其利润下降量将取决于 PROD 3 的可减少成本（125 英镑）。实际上，该解释下，生产 PROD 3 的数量将受到限制，而此限制属于另一类范围（将在 6.3 节中探讨）。因此，可能会为非最佳决策（如生产 PROD 3）付出成本，而这种成本来自丧失生产其他更有利产品的机会，这便是机会成本。

对具有有限简单上界的变量，其可减少成本的解释有些小变化，如在 3.3 节中所述。在模型的最优解中，如果此类变量的值低于其简单上界，则没有困难。对于可减少成本的解释将与上述解释完全相同，但当假设变量的值等于其简单上界时，该简单上界很可能作为有效的约束条件。如果该简单上界被建模为常规约束，那么它将具有非零的影子价格，并将以常规的方式进行解释。该变量将处于非零水平，可减少成本为零。通过将此约束建模为简单上界，将失去影子价格，但它会作为变量的可减少成本出现。正确解释可减少成本时，实际上要看其对目标值的影响，具体来说，将使得变量低于其上界值（降低目标要求时）或增加上界值（提高目标要求时）。

上述内容展示了如何将影子价格（对偶变量的值）用作"会计人员成本"，以便在产品组合模型中得出最优生产计划。需要指出的是，此类方法并非总能奏效，由此也可了解一些线性规划模型的一个重要特征：会存在无穷多最优解。下面来看一个小型线性规划模型：

$$\max \quad 3x_1 + 1.5x_2 \tag{6.20}$$

$$\text{s.t.} \quad x_1 + x_2 \leqslant 4 \tag{6.21}$$

$$2x_1 + x_2 \leqslant 5 \tag{6.22}$$

$$-x_1 + 4x_2 \geqslant 2 \tag{6.23}$$

$$x_1, x_2 \geqslant 0$$

对偶模型用对应这一模型中 3 个约束的对偶变量 y_1、y_2 和 y_3 建立并求解，则可得以下结果：

$$y_1 = 0 , \quad y_2 = 1.5 , \quad y_3 = 0$$

然后，会计人员可以将 y_1、y_2 和 y_3 的值作为对这些约束的估值，由此可得出以下结论。

（1）每单位 x_2 的"会计成本"为 1.5，正好等于其目标系数。因此，应该允许 x_2 包含在最初（原始）模型的解中。

（2）第二个约束（6.22）有非零值，因此必须具有紧约束（可视为方程），但立即判定约束（6.21）和约束（6.23）为非紧约束是错误的（正如在产品组合示例中应用相同程序时的阐述），因为其具有零对偶变量（影子价格）。

假设当前确实忽略了约束（6.21）和约束（6.23），可以推断出 x_1 和 x_2 必须满足以下方程：

$$2x_1 + x_2 = 5 \tag{6.24}$$

显然，该方程不能确定出唯一的 x_1 和 x_2 取值。会计人员如果想由此入手，不是特别容易推进。实际上，因为最初（原始）模型不具有唯一解（在图 6.1 中，从几何角度看很明显），所以不可能从对偶模型的解中推导出上述模型的唯一解。

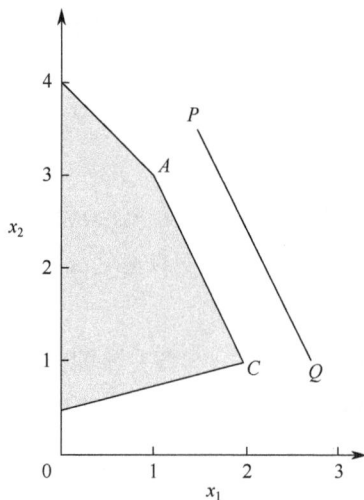

图 6.1　模型的解

目标函数式（6.20）的各项取值对应于平行于 PQ 的各条线。而 PQ 平行于由约束（6.22）创建的可行域边缘 AC，因此可看到，点 A 和点 C 之间（包括）的 AC 线段上的每个点都为模型提供最优解（目标值 $= 7.5$）。

根据会计信息，如果忽略约束（6.21）和约束（6.23），则有 $2x_1 + x_2 = 5$，也就是说，必须选择位于（或超出）线段 AC 上的点，但仍需要注意约束（6.21）和约束（6.23）。如果认定约束（6.21）为紧约束，则将得到点 A；而如果将约束（6.23）视为紧约束，则将得到点 C。如 2.2 节所述，单纯形法仅检验顶点解，因此会选择 A 处的解（$x_1 = 1$，$x_2 = 3$）或 C 处的解（$x_1 = 2$，$x_2 = 1$）。大多数软件会提示何时存在替代解。可通过以下两种最优解属性之一来识别此结果：

（1）影子价格为零的紧约束；

（2）可减少成本为零的零值变量。

在上述示例中，如果选择了 A 处的最优解，可发现约束（6.21）具有约束力，但其影子价格为零；而在 C 处，约束（6.23）与零值影子价格绑定。

在实际的线性规划模型中，似乎不太可能出现替代解，而事实上这一现象相当普遍。对于变量多于两个的问题，情况显然会更复杂。表征所有最优解（包括所有顶点最优解及其各种组合）通常非常困难，但最好能够识别这种现象，就像某个最优解由于某种原因而不被接受一样。从而在寻找其他解时可以更灵活一些，而不需要降低目标要求。

本处探讨的目的之一，是确定如何将估值（影子价格）应用于线性规划模型的约束中，有时，这对找到唯一解（运营计划）没有帮助，但情况也可能恰恰相反。例如，可以得出一个由不止一组估值确定的唯一解（运营计划）。以如下小规模问题为例：

$$\max \quad 3x_1 + 2x_2 \tag{6.25}$$

$$\text{s.t.} \quad x_1 + x_2 \leqslant 3 \tag{6.26}$$

$$2x_1 + x_2 \leqslant 4 \tag{6.27}$$

$$4x_1 + 3x_2 \leqslant 10 \tag{6.28}$$

$$x_1, x_2 \geqslant 0$$

将估值 y_1、y_2 和 y_3 附加到约束（6.26）～约束（6.28），有多组估值有助于找到最优解。例如，

（1）$y_1 = 1$，$y_2 = 1$，$y_3 = 0$；

（2）$y_1 = 0$，$y_2 = \dfrac{1}{2}$，$y_3 = \dfrac{1}{2}$。

这两组估值都有助于找到该问题的唯一最优解：

$$x_1 = 1, \quad x_2 = 2$$

得出的目标值为 7。

在实际应用中，常常会遇到这样的问题：应该如何为稀缺资源找到其影子价格？如将右端项的值从 3 增加到 4 有何价值？是 1 还是 0？该问题最好还是用图形来说明（见图 6.2）。

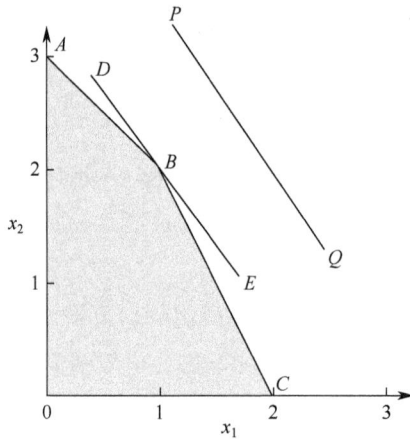

图 6.2　影子价格的图形示意

约束（6.26）～约束（6.28）分别产生了 AB、BC 和 DBE 线，而不同的目标值对应平行于 PQ 的直线，这表明 B 点为最优解。影子价格不明确的原因在于出现了 3 个约束同时通过同一点这一"意外"情况，而在二维平面中，通常只有两个约束通过 B 点。因此，可以将约束（6.26）或约束（6.28）中的任一个视为在另一个约束存在时不具有约束力（估值为零），这导致影子价格变得不明确。

在这种情况下，在约束（6.26）中增加右侧值 3 是完全错误的做法，该右侧值的上界（连同影子价格）将为 3，而目标系数已经处于其上界范围内，所以任何进一步增加都不会按估值建议的比率来改变目标值。

在这些情况下，影子价格通常被定义为目标函数值相对于右侧值的变化率。可以证明，影子价格上界（右侧值增加时）是所有可能估值中的最小值，而影子价格下界（右侧值减少时）是所有可能估值中的最大值。将 y_1、y_2 和 y_3 视为影子价格，即

影子价格上界：$y_1 = 0$，$y_2 = \dfrac{1}{2}$，$y_3 = 0$。

影子价格下界：$y_1 = 1$，$y_2 = 1$，$y_3 = \dfrac{1}{2}$。

当使用计算机程序包时，其输出的"影子价格"通常只是对应于某一个对偶解的对偶变量值。因此，如果按照上述定义将其解释为影子价格，就会造成误导。实际上，要评估所有可能的对偶解来获得真实的影子价格，其计算量通常极大，但可以评估所选任何特定对偶解相关估值的有效范围。例如，约束（6.26）的影子价格上界不是 1，如果采用述的对偶解，那么右边目标系数 3 的相关上界也是 3，这表明不存在可以增加该目标系数的范围，以反映目标中的变化率增加 1，6.3 节

在探讨范围时会再次研究该例子。Aucamp 和 Steinberg（1982）对该问题展开了深入的探讨。

需要指出的是，前文探讨的两个并存因素属于对偶的情况。第一种现象被称为替代解（alterative solutions）（在原始模型中），第二种现象被称为退化（degeneracy）（在原始模型中）。

6.3 灵敏度分析与模型稳定性

6.3.1 右端项数值范围

6.2 节介绍了如何利用影子价格预测右端项的微小变化对目标函数最优值的影响。但要注意，这种解释只在一定范围内有效，该范围被称为右端项数值范围。下面将再次通过 1.2 节的产品组合问题加以说明，给出以下模型：

$$\max \quad 550x_1 + 600x_2 + 350x_3 + 400x_4 + 200x_5 \tag{6.29}$$

$$\text{s.t.} \quad 12x_1 + 10x_2 + 25x_4 + 15x_5 \leqslant 288 \tag{6.30}$$

$$10x_1 + 8x_2 + 16x_3 \leqslant 192 \tag{6.31}$$

$$20x_1 + 20x_2 + 20x_3 + 20x_4 + 20x_5 \leqslant 384 \tag{6.32}$$

可以发现，最优解表明生产 12 个 PROD 1 和 7.2 个 PROD 2，但不生产 PROD 3、PROD 4 和 PROD 5，这使得利润达到 10920 英镑并耗尽了研磨能力［对应约束（6.30）］和人力资源［对应约束（6.32）］。

约束（6.30）～约束（6.32）下的影子价格结果分别为 6.25、0 和 23.75，因此，每周研磨能力提高 Δ 小时将使每周总利润增加 $6.25 \times \Delta$ 英镑。同理，每周研磨能力减少 Δ 小时将使每周总利润减少 $6.25 \times \Delta$ 英镑，重要的是，Δ 的变化可以在何种范围内适用于这种解释。对于此示例，上述范围如下：

下界 230.4

上界 384

也就是说，每周研磨能力最多可增加 96 小时，或者最多减少 57.6 小时，在此情况下，可以预计其对利润的影响。若变化超出这些范围，其影响是不可预测的，需要进一步分析，但在此获得的信息是有一定用处的（取决于是否存在限制）。例如，可知增加一台磨床将使每周利润提高 $96 \times 6.25 = 600$ 英镑。然而，无法预测减少研磨时间对总利润的影响，因为这会低于研磨能力的下界，尽管如此，如果 600

英镑（如果存在差异的话）对由此导致的利润减少来说被低估了，那也是正确的。

需要强调的是，此类对减少或增加右端项对目标影响的解释有一个前提，即在允许的范围内一次只改变一个系数。一旦更改多个系数，以及更改超出范围的影响，可以通过参数规划有效地检验，这将在 6.3.2 节中探讨。

右端项数值范围的计算超出了本书的范畴，而大多数计算机程序都提供了相应结果的输出。

出于完整性考虑，下面也将给出其他两种能力（钻孔和人力）的上界和下界。

得出每周 192 小时的钻孔能力范围相当简单。请记住，此处并没有使用所有钻孔能力，而事实上存在 14.4 小时的闲置能力，可以通过从现有能力中减去该数值来计算下界。由于没有使用所有的钻孔能力，因此无限增加不会影响解，由此可得出范围：

下界 177.6

上界 ∞（无穷大）

在这些范围内，目标（或最优解）不会发生变化，因为（非紧的）钻孔约束的影子价格为零。

原来每周 384 小时的人力资源的可变范围计算也是这样，结果如下：

下界 288

上界 406.1

在这一范围内，每单位资源量的改变导致目标的变化为 23.75 英镑。例如，附加增加一名工人（每周工作 48 小时）每周将提高利润 23.75×48=1140 英镑。与增加一台磨床每周只值 600 英镑的事实相比，这说明该资源更有价值。

右端项数值范围的含义可通过以下两个变量的例子在几何层面进行很好的说明。

$$\max \quad 3x_1 + 2x_2 \tag{6.33}$$

$$\text{s.t.} \quad x_1 + x_2 \leqslant 4 \tag{6.34}$$

$$2x_1 + x_2 \leqslant 5 \tag{6.35}$$

$$-x_1 + 4x_2 \geqslant 2 \tag{6.36}$$

$$x_1, x_2 \geqslant 0$$

从图形层面看，情况如图 6.3 所示：最优解由点 A 表示，目标值为 9，而约束（6.34）对应的影子价格为 1。

若通过将右端项从 4 增加到 4.5，来放宽约束（6.34），即将可行区域的边界 AB 移动至 $A'B'$，目标的最终增加值为 1×0.5=0.5。当可行域的边界收缩到点 D 时，可以继续将右端项增加到 5。进一步增加右端项显然不会对目标函数有任何影响，

因为点 D 仍将代表最优解，因此，约束（6.34）中右端项的上界为 5。

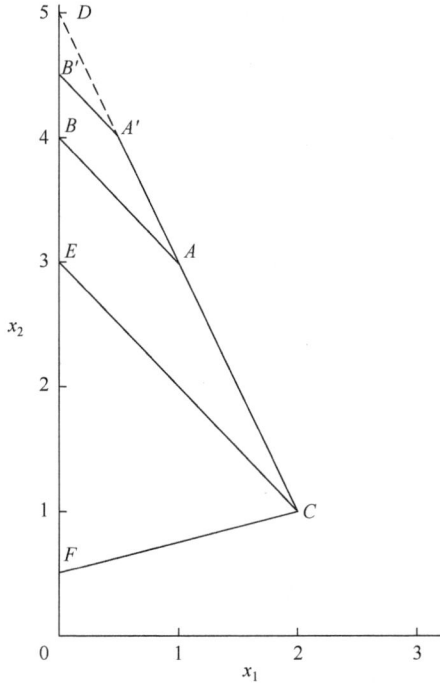

图 6.3　最优解在 A 点的几何示意

如果通过减小右端项来收紧约束（6.34），则可行区域的边界 AB 会逐渐下移，直到与 CE 重合。当右端项为 3 时，系数在 4 和 3 之间只要减小，每减小 1 个单位目标（影子价格）就会减小 1，值 3 为下界。若系数减小到低于 3，最佳目标值将以更大的比率减小。根据对 A 点处解的了解，无法立即预测目标值。若系数下降至 3，则最佳目标值由线 AC 上的点表示；若下降到 3 以下，则点会出现在线 CF 上。

目前，只建议使用右端项数值范围和影子价格来研究右端项的变化对最佳目标值的影响。此类研究有助于表达优化后的分析，而提供此类信息的另一个目的是研究模型对右侧数据的灵敏度，这也是本节主题为灵敏度分析的部分原因。

接下来，考虑将右端项数值范围信息与产品组合模型相关联这一新情况。假设对每周 288 小时的研磨能力［约束（6.30）］的准确性持怀疑态度，而在实际应用中，该数值很可能受到质疑，因为机器很可能在某些时段内停机维护或维修，而该时段难以完全预测。对于建议工厂应放弃生产 PROD 3、PROD 4 和 PROD 5，而只专注于 PROD 1 和 PROD 2，有多大把握？根据掌握的信息，可以马上说明：只要实际能力值不超出限制 230.4～384，该策略仍可能是最优策略。尽管策略（关于生产哪些产品和不生产哪些产品）在这些限制内没有改变，但 PROD 1 和 PROD 2 的生产水平（以及由此产生的利润）显然会改变，因此，这些信息虽用处有限，但有时很重要。显然，若对某能力数据存在疑问，可能会对其他能力数据产生疑问，且仅在只进行一项调整时才能严格应用相应范围的信息，然而，这些信息确实有助于了解? 对右端项数据的灵敏度。例如，如果约束（6.30）的右端项变化范围非常小，如 287～288.5，在应用所提议的解时必须非常谨慎，因为明显地，在很大程度上取决于研磨能力值的准确性。

需要指出的是，177.6 到∞（无穷大）这一范围（可轻易求得）可更好地解释非紧的钻孔能力约束的灵敏度。只要该能力在这些数值范围内，不仅最优解不会改变，而且最优解对应的决策变量取值也不会改变。

在允许的范围内更改紧约束的右端项，肯定会改变最优解中的变量值（以及目标值）。使用大多数软件都可以很容易得到变量值变化的比率，称为边际替代率（marginal rates of substitution），该概念将在后面探讨，但在此之前，本节将研究如何从线性规划模型中获得其他类型的取值范围信息。

6.3.2 目标函数系数的变化范围

了解目标函数系数的变化对最优解的影响通常很有意义。假设改变某个目标函数系数（如单位利润贡献或成本），将如何影响目标函数系数的值? 可以按照类似右端项数值范围的方式界定目标取值范围。如果单个目标函数系数在这些范围内发生变化时，尽管目标最优值可能改变，但变量的最优解不会改变。与解值可能发生变化的右端项数值范围相比，该结果的影响更大，且整体结果并非完全直观。事实上，只要保持在允许的范围内，解就不会改变，之前使用的双变量模型可以很好地说明这种情况:

$$\max \quad 3x_1 + 2x_2 \tag{6.37}$$

$$\text{s.t.} \quad x_1 + x_2 \leqslant 4 \tag{6.38}$$

$$2x_1 + x_2 \leqslant 5 \tag{6.39}$$

$$-x_1 + 4x_2 \geqslant 2 \tag{6.40}$$

$$x_1, x_2 \geqslant 0$$

通过以上模型可得到图 6.4 所示的最优解的几何示意图。最优解（$x_1 = 1$，$x_2 = 3$，目标值 = 9）由点 A 表示。直线 PQ 表示目标值为 9 的直线。

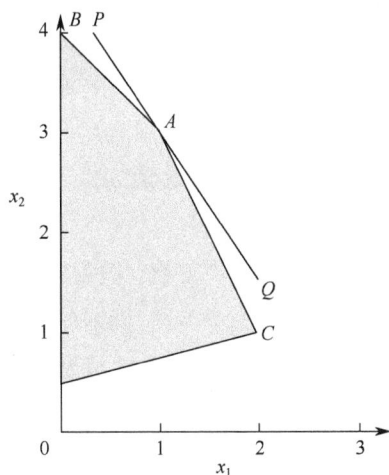

图 6.4　最优解的几何示意

假设变量 x_1 的目标函数系数从 3 开始增加，直线 PQ 的斜率会增加（在取负值的意义上），但只要 PQ 没有沿顺时针方向（围绕点 A）旋转超过方向 AC，点 A 就仍然代表最优解。当 x_1 的目标函数系数变为 4 时，目标线将与 AC 重合，由此可得知该目标函数系数的上界为 4。类似地，通过减小该目标函数系数直到目标线与 AB 重合，就可得知下界为 2。需要注意，只要 x_1 的目标函数系数保持在 2~4 范围内，变量的最优解始终，由点 A 表示，这就是之前提到的不直观的结果。如果在其范围内更改该目标函数系数，则最佳目标值随之改变。由于 x_1 在最优解中的值为 1，所以其目标系数每增加或减少一个单位，都会使目标值相应增加或减少 1。

可以用类似的方式确定 x_2 的目标函数系数 2 的取值范围。

现在回到产品组合示例并确定该问题中目标函数系数的取值范围，对于如何在无法用几何方式表述的问题中计算这些范围，不在本书探讨的范畴内，但大多数软件确实能够提供此类信息，本书重点关注的是正确的解释而不是推导过程。

对于产品 PROD 1，其目标函数系数的范围如下：

下界 500 英镑

上界 600 英镑

这意味着，如果在上述限值内改变 PROD 1 的目标函数系数，则最优解中的变量值将不会改变，仍应继续生产 12 个 PROD 1 和 7.2 个 PROD 2。如前所述，此类结果可能是难以令人接受，有人可能认为，若逐渐及持续倾向于生产更多的 PROD 1，生产成本就会不断升高。事实上，在 PROD 1 产生没有产生超过 600 英镑的单位利润贡献之前，生产计划不应该改变。当这种情况发生时，将有一个新的最佳生产计划（很可能涉及更多的 PROD 1），相应的研究也需要进一步深入。针对右端项数值范围的讨论，同样适用于对目标函数系数取值范围的解释。此时的解释仅在允许的范围内有效，并且仅针对目标函数系数进行了一次调整，这在一定程度上限制了这些信息的价值，而参数规划提供了一种有效的方法用于研究多个变化（可能超出范围）所产生的影响。

虽然变量的最优解在取值范围内没有变化，但目标值显然会发生改变。PROD 1 的价格每增加 1 英镑，目标值就会增加 12 英镑，因为最优解涉及生产 12 个 PROD 1。

同样，可以为产品 PROD 2 求得类似的目标函数系数取值范围如下：

下界为 550 英镑

上界为 683.3 英镑

在最优生产计划中，不建议生产 PROD 3、PROD 4 和 PROD 5，其对应的目标值范围的推导较为简单。可以看到，只有当 PROD 3 的价格提高 125 英镑（其可减少成本）才值得生产，这样可得目标函数系数上界。因为它本身价格已经很低，不值得进一步降价，这不会影响解，因此产品 PROD 3 的目标函数系数取值范围是

下界 ～ ∞

上界 475 英镑

对于产品 PROD 4，可得

下界 ～ ∞

上界 631.25 英镑

对于产品 PROD 5，可得

下界 ～ ∞

上界 568.75 英镑

目标函数系数取值范围的使用与在灵敏度分析中应用右端项数值范围类似。如果对 PROD 1 提供的 550 英镑的实际利润贡献存在疑问，只要该数值为 500～600 英镑，就可以确定生产计划。目标函数系数变化的范围有助于深入地了解对各变化的灵敏度。事实上，这种解释比右端项数值范围变化的解释更有说服力。如果目标函数系数在其允许范围内改变时，不仅最优生产策略不会发生改变，而且生产计划中决策数量的值也不会改变。

6.3.3　内部系数的变化范围

在线性规划模型中，也可以计算出其他系数的取值范围，有时它们可提供有价值的信息，就像右端项值和目标值范围一样。但一般而言，此类信息的用处要

小得多。在建模时，通常仅对目标函数系数和右端项（有时统称为模型边界）的数据进行更改，因此，许多软件并不容易获取除边界外的系数取值范围。当获得此类信息时，其解释和使用方式与其他取值范围变化的情况非常相似。

现在必须考虑 6.2 节所述的复杂情况，也就是当约束的估值（影子价格）存在歧义时，这种歧义也会反映在范围信息中。通过对应于唯一最优解的备选估值集合，可以得到备选的取值范围，下面看一个之前的简单示例：

$$\max \quad 3x_1 + 2x_2 \tag{6.41}$$

$$\text{s.t.} \quad x_1 + x_2 \leqslant 3 \tag{6.42}$$

$$2x_1 + x_2 \leqslant 4 \tag{6.43}$$

$$4x_1 + 3x_2 \leqslant 10 \tag{6.44}$$

$$x_1, x_2 \geqslant 0$$

对于产生最优解的约束有许多可能的估值，在此提出了两个估值，其中 y_1、y_2 和 y_3 分别是约束（6.42）～约束（6.44）的对偶值：

（1）$y_1 = 1$，$y_2 = 1$，$y_3 = 0$；

（2）$y_1 = 0$，$y_2 = \frac{1}{2}$，$y_3 = \frac{1}{2}$。

其中，（1）只会在将约束（6.42）和约束（6.43）视为具有约束作用时出现；（2）只会将约束（6.43）和约束（6.44）视为具有约束作用时出现。

表 6.1 所示为可用作影子价格的右端项数值范围。

表 6.1　可用作影子价格的右端项数值范围

约束	下界	上界
（6.42）	2	3
（6.43）	3	4
（6.44）	10	∞

每个取值范围仅在右端项的一侧进行扩展。例如，约束（6.42）的上界为 3，表明在此约束下用 1 作为影子价格来预测增加该右端项的影响是不正确的，但将其用作影子价格来预测减少则是正确的。类似论点也适用于其他两个约束，对于约束（6.44），可以无限大地增加右端项的数值，且不会影响最优解或目标值（影子价格为 0）。由图 6.2 可知，最后一个结果是显而易见的。

估值集合（2）及其相应的范围反映了右端项在其他方向上的变化情况。表 6.2 给出了这些范围，如增加右端项 3 对目标值没有影响（影子价格为 0），而减小该右端项则会产生影响（影子价格为 1）。同样，其他约束的第二组范围方向与之相反，表明第二组范围对应的是为影子价格。

表 6.2　右端项的变化

约束	下界	上界
（6.42）	3	∞
（6.43）	4	5
（6.44）	8	10

前文已阐述了通过减少或增加右端项，二值影子价格（two-valued shadow prices）与具有不同边际值的约束之间的对应关系。在使用软件求解实际模型时，使用者通常只会看到一组与其最优解相对应的"影子价格"，至于这是哪一组对偶值，取决于求解模型的方式。即使采用完全相同的数据求解相同的模型，也很可能会得出一组不同的对偶值。对这些影子价格进行有限（单方面）解释的线索在于右端项数值范围。如果某些范围仅位于其相应右端项的一侧，则影子价格仅解释一个方向的变化。为了研究相反方向变化的影响，应寻找备用对偶值集合及其相应的范围，或者采用 6.4 节中介绍的参数规划方法。

读者可能会认为本节和 6.4 节过度关注线性规划模型约束的替代估值（影子价格），认为这是琐碎的复杂因素。但前文已指出，这类复杂因素在实际的线性规划模型中非常普遍，而在线性规划的计算方面，它被普遍认为是一种退化现象（degeneracy）。本书始终关注对在经济学中的解释，而鉴于很多人对此理解存在困难，故应更加重视。

最后还须讨论的是，应该关注模型中信息变化的独特性。模型中包含或排除多余的约束显然不会影响最优解，但很可能会影响取值范围，图 6.3 及其相关模型说明了这一点。约束（6.36）给出可行区域的边缘 CF，而忽略约束（6.36）显然不会影响点 A 所代表的最优解。从该意义上说，约束（6.36）是多余的，如果其多余性很明显，则在实际情况中可能永远不会首先对其建模，但约束（6.36）的存在与否显然会影响约束（6.34）右下角的取值范围。在约束（6.36）存在的情况下，该下界为 3，如果移除约束（6.36），则该下界为 2.5。

6.3.4　边际替代率

前文已经介绍，在更改模型的右端项时存在一定的灵活性，只要保持在允许的范围内，其对目标价值的影响（对于每个变化单位）取决于约束的影子价格。目标值出现这种变化是因为最优解中的变量值发生了变化，而边际替代率则给出了其变化的相对比率。至于如何计算这些数值，已超出本书范畴，但可以从大多数软件输出的解中获得。下面通过一个简单的几何示例来说明这些数字应有的含义，所用示例与之前的相同：

$$\max \quad 3x_1 + 2x_2$$

$$\text{s.t.} \quad x_1 + x_2 \leqslant 4 \tag{6.45}$$

$$2x_1 + x_2 \leqslant 5 \tag{6.46}$$

$$-x_1 + 4x_2 \geqslant 2 \tag{6.47}$$

$$x_1, x_2 \geqslant 0$$

可行域如图 6.5 所示，最优解由点 A 表示（$x_1 = 1$，$x_2 = 3$，目标值 $= 9$）。

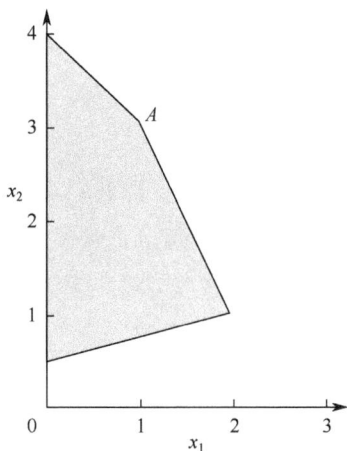

图 6.5　可行域

可以看到，约束（6.45）的右端项 4 可以在 3~5 范围内变化，导致每变化一个单位，目标值就会变化 1［见约束（6.45）下的影子价格］，且变量（x_1 和 x_2）的值也会明显改变。右端项每增加一个单位，其变化率如下：

x_1	-1
x_2	2

也就是说，约束（6.45）的右端项每增加一个单位，x_1 的值会减小 1，x_2 的值会增加 2，反之，减小右端项则会产生相反的效果。

这些数值在许多应用场景下可能非常有价值，如可以表明随着某种资源变得越来越稀缺或越来越丰富，生产计划该如何调整。在混料的应用场景中，可以提示，随着某种成分变得更加丰富，应以怎样的比率替代另一种成分。

适用于影子价格的限制条件同样适用于对边际替代率的解释。在允许的范围

Note

内，一次只能考虑一项调整。如果某变化只有一个方面，则只能将边际替代率用于该方向的变化，而对于相反方向的变化，则会存在一组不同的边际替代率（尽管需要更多计算才能得出）。

Greenberg（1993a, 1993b, 1993c, 1994）的论文完全涵盖了灵敏度分析和优化后分析的相关话题。

6.3.5　建立稳定的模型

前文已经清晰说明，相当多的有用信息可以表明线性规划模型的最优解对数据变化（或数据本身的不准确性）有多敏感。在许多实际情况下，稳定的解决方案比最优解决方案更有价值。在得到模型的最优解后，如果某些参数（如能力或成本）变化很小，可能导致经营计划的意愿极低，而在某种程度上，这种低意愿可以通过模型来表达。

假设特定资源即将耗尽（如加工能力、原材料和人力），而在实际应用中，人们很可能会以一定成本购买更多此类资源，直到成本高得令人望而却步。如 6.1 节所述，这种情况很容易建模，如假设以下约束表示某资源限制：

$$\sum_j a_j x_j \leqslant b \tag{6.48}$$

也可以表达为

$$\sum_j a_j x_j - u = b \tag{6.49}$$

如果在目标函数中设定了目标成本（$-c$ 的利润），那么可以按每单位 c 的成本增加资源的可用量，有时，式（6.49）被称为"软约束"，与"硬约束"（6.48）相反，因为式（6.49）没有设置式（6.48）所设的刚性上界。

6.4　模型应用的进一步探讨

前两节论述了线性规划模型中系数变化对最优解的影响，由此推导出了大量有用信息。但此类信息的价值受到以下事实的限制：①一次只能更改一个系数；②该系数只能在特定范围内更改。参数规划可以很便捷地研究更为剧烈的变化所产生的影响，但其工作原理超出了本书的范畴。不过，如果进行参数线性规划的研究，并编程提交给计算机程序计算是有价值的，程序的计算速度很快，因此能够以较低的成本确定最优解如何随着目标系数和右端项的变化而变化，建议通过数值化案例再次阐释该说明。下面将再次使用 1.2 节中介绍的产品组合模型，而 6.3 节给出了右端项在其允许范围内单独变化的情况。假设希望研究同时增加研磨能力和人力的可能性，只要系数以恒定的相对量增加（或减少），就可以通过对右端项进行参数规划来开展研究。例如，可以探讨为每台新购磨床配备额外工人的效果，因此，每周研磨能力每增加 96 小时，每周人力将增加 48 小时。如果购买了 θ 台新磨床，则系数的右侧向量将变为

$$\begin{pmatrix} 288 \\ 192 \\ 384 \end{pmatrix} + \theta \begin{pmatrix} 96 \\ 0 \\ 48 \end{pmatrix}$$

参数规划允许指定一个变更列，如

$$\begin{pmatrix} 96 \\ 0 \\ 48 \end{pmatrix}$$

以及 θ 可以变化的范围，然后，该过程将允许 θ 在相应范围内变化，并以不同的间隔计算目标函数的值，如参数 θ 可以在 0（原始能力）和 10（当新能力分别变为 1248、192 和 864 时）之间变化。

这些信息对于探讨扩张或收缩时不同资源可用性的变化非常有价值，其结果可以用图形生动地呈现，就如刚刚探讨的例子一样，如图 6.6 所示。

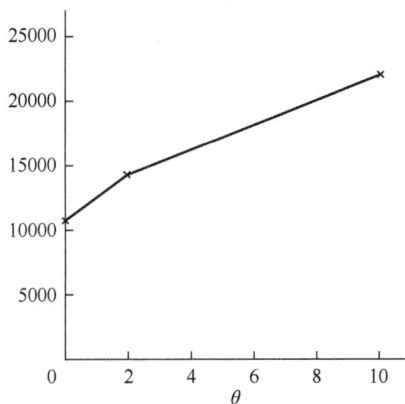

图 6.6 利润的相应变化（纵坐标为利润值）

目标函数的参数规划与右端项的参数规划类似。例如，在产品组合模型中，如果希望同时将所有产品的价格提高相同的数值，可指定一个变更行：

$$(1,1,1,1,1)$$

参数 θ 可以在指定范围内变化，如从该行到目标系数行，将其增加 θ 倍，其对最优目标函数的影响将再次被绘制出来。

6.5　解的表达

本章介绍了很多可从线性规划模型中得出的有用信息，但非专业人士在将此类信息与实际生活中的建模情境联系起来时可能会遇到困难，而这一点通常被忽视。若从线性规划模型导出的信息表达不清晰，可能导致该技术被完全摒弃。计算机输出的信息通常较为模糊，因为软件要对任何模型都能求解，和应用场景无关。因此，输出显然必须与模型的数学层面相关，而让中间人（可能是建模者）将计算机输出的信息转换为易于理解的书面报告是克服该困难的一种方法，但对于经常运行的模型，该过程可能烦琐且缓慢。许多机构的计算机程序可以从线性规划系统中读取解的输出信息，并将其转换为与应用场景相关的形式，而执行此操作的计算机程序被称为报表编写器（report writers）。显然，报表编写器程序必须与应用场景相关，因此此类程序通常是为特定类型的求解模型类型专门编写的。此类程序通常由使用模型的机构而非软件商编写，通常使用高级语言，而程序有必要从中读取求解方案输出。对于大多数软件包而言，通过让软件包将输出写入文件是较为简单的方法。许多从业者青睐这种专门设计的报表编写器，但确实存在这类编写器，且使用效果令人满意。

报表编写器通常与 3.5 节中讨论的矩阵生成器一起考虑。矩阵生成器会将线性规划模型的输入与实际应用相联系，而报表编写器则关联输出。

为彰显报表编写器的优势，信息将通过为应用场景专门编写的报表编写器进行表述，输出方面已经非常清晰，示例如下：

```
日期：1999 年 1 月 1 日
混料问题的最优解
总收入 17593 英镑
生产 450 吨产品
使用 159 吨 VEG1
使用 41 吨 VEG2
使用 250 吨 OIL2
```

Note

续表

产品硬度 6.0 个单位

****

购买前必要的降价

OIL1 12 英镑/吨

OIL3 8 英镑/吨

****

附加精炼能力的边际价值

植物油　30 英镑/吨

非植物油　47 英镑/吨

第7章

非线性规划模型

7.1 典型应用

我们已经指出，许多数学规划模型包含的变量表示着争夺有限资源的活动，而如果想用线性规划模型，则必须满足以下条件：

（1）规模收益不变。

（2）资源消耗量与活动水平成正比。

（3）资源的总消耗量等于各单项活动消耗量的总和。

这些条件在 1.2 节的产品组合示例中的应用非常清晰，结果就是给出的线性规划模型，其所有表达式都是线性形式。不能有如 x_1^2、x_1x_2 和 $\lg x_1$ 这类表达式，但假设上述条件中的第一条可能就不成立。假设单位利润贡献取决于 PROD 1 的生产数量，而不是生产每单位 PROD 1 所贡献的 550 英镑利润。当单位利润贡献随着生产数量的增加而增加时，规模报酬递增；当单位利润贡献随生产数量的增加而减少时，规模报酬递减。这两种情况和规模报酬不变的情况分别如图 7.1～图 7.3 所示。

在本产品组合模型中，生产每单位 PROD 1 贡献 550 英镑的利润，这在目标函数中对应着 $550x_1$ 项。整个目标函数由这些项的加和组成，称其为线性的。以规模报酬递增为例，假设单位利润贡献取决于 x_1，且为 $550 + 2x_1$，这将在目标函数中产生非线性项 $2x_1^2$，从而得到一个非线性模型。尽管约束仍然是线性表达式，但在实际应用中，非线性项可能并不明确，这可以简单地用图形呈现，如图 7.1 或图 7.2 所示。

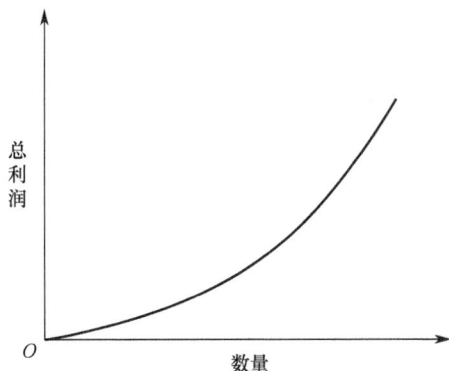

图 7.1 总利润的变化（情况一）

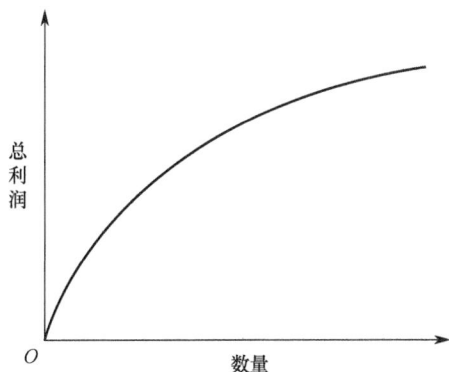

图 7.2 总利润的变化（情况二）

作为规模收益递减的一个示例，可以假设单位利润贡献为 $550/(1+x_1)$，这将在目标函数中产生非线性项 $550x_1/(1+x_1)$。

目标函数中的上述两种非线性情况，源于利润率受到单位成本增加或减少（由产量增加引起）的影响。同样，如果单位售价受产量影响，单位利润率也会变化。在实际应用中，经常发生的情况是，一款产品单价可能会随着图 7.3 对其的需求而增加，在此情况下，将单位售价视为由模型确定的变量可能会很方便。

例如，如果要生产的产品数量是 x，单位成本是 c，单位售价是 $p(x)$（取决于 x），得出

$$利润贡献 = (p(x) - c)x = p(x)x - cx$$

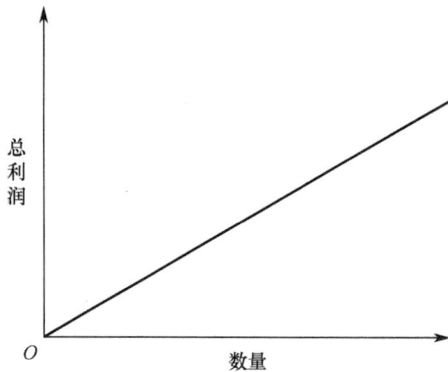

图 7.3　总利润的变化（情况三）

$p(x)$项将非线性引入目标函数，而将 $p(x)$ 作为 x 的线性函数是一种明显的近似处理方法。如此操作可将二次项引入目标函数，从而形成二次规划模型，第二部分的"农产品定价"问题就是该模型的一个例子。

有时，通过价格弹性反映 $p(x)$ 和 x 之间的关系会更加精确，而商品 x 的需求弹性定义如下：

$$E_x = \frac{x 需求量的百分比变化}{p(x) 的百分比变化}$$

就 x 和 $p(x)$ 的值域而言，可以将 E_x 视为常数，根据上面的定义，有

$$p(x) = \frac{k}{x^{1/E_x}}$$

其中，k 是需求减少到 1 个单位时的价格。

对于特定的生产量 x，$p(x)$ 给出了在该水平上能精确平衡需求的单价，目标函数所得非线性项为

$$p(x)x = kx^{1-(1/E_x)}$$

McDonald 等人（1974）介绍了一种方法，将价格弹性纳入了英国国家卫生服务局的某非线性规划模型。

到目前为止，本书已论述了如何创建具有非线性目标函数的数学规划模型，并且数学规划模型的约束中有时也会出现非线性项。

例如，在混料问题（1.2 节所述问题）中，某属性（如硬度）可能并不会线性地取决于成分比例，而对这些属性的限制将生成非线性约束。

几何规划类模型的约束条件也会是非线性的，目前该模型已受到一定关注，而本书中非线性表达式都是多项式。例如，存在以下约束：

$$x_1 x_2 x_3 + 2x_2^2 x_3 \leqslant 32$$

Note

此类模型在工程问题中确实较为常见，但在管理类应用场景中相当少见。Duffin 等人（1968）全面研究了这一话题。

非线性规划模型通常比相应大小的线性规划模型更难求解，但通常可以通过线性规划或称为可分离规划的线性规划扩展形式来求解模型的近似值，而具体哪种情况适用则取决于非线性模型是凸规划还是非凸规划，这是一项重要的区分，其区别将在 7.2 节中进行解释。

7.2　局部最优和全局最优

非线性规划可以分为凸规划和非凸规划，这样的区分价值很大。

定义

如果某空间区域中任意两点之间的线段部分也位于该区域中，则该区域称为凸区域。

例如，图 7.4 中的阴影区域是二维空间凸区域。另外，图 7.5 中的阴影区域是非凸区域，因为点 A 和点 B 都是该区域内的点，但二者之间的线段 AB 并不完全位于该区域内。

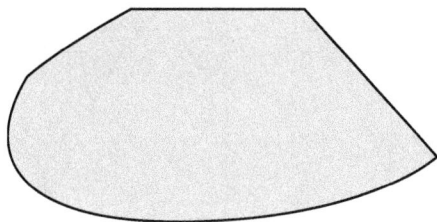

图 7.4　凸区域示意

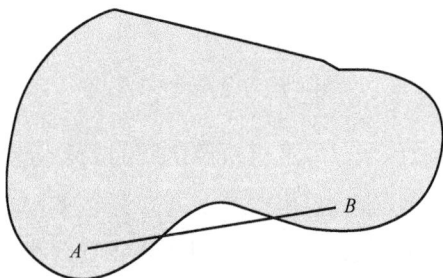

图 7.5　非凸区域示意

定义

如果 $y \geq f(x)$ 的点集 (x, y) 构成凸区域，则函数 $f(x)$ 被称为凸函数。

如图 7.6 所示，由于阴影区域是凸区域，所以函数 x^2 是凸函数。另外，函数 $2-x^2$ 是非凸函数，如图 7.7 所示。

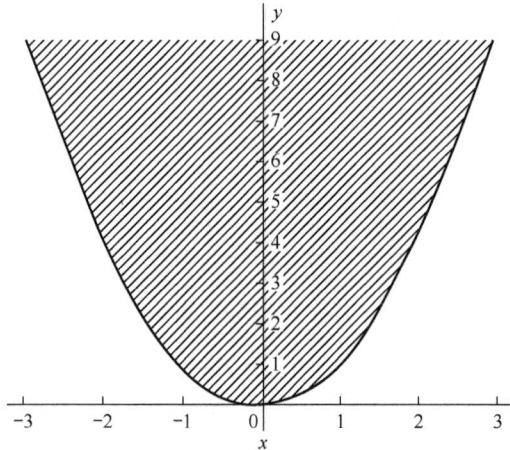

图 7.6　凸函数示意

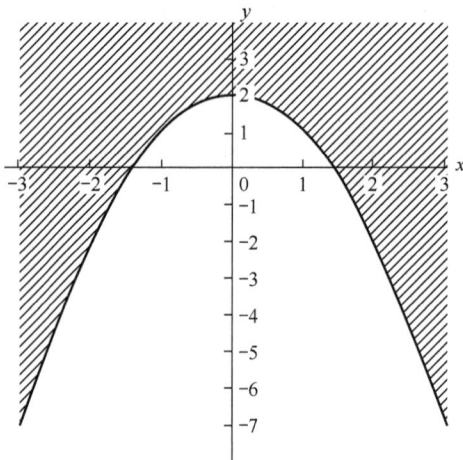

图 7.7　非凸函数示意

可以直观地看到，凸区域、非凸区域及函数的概念适用于所需的多个维度。

定义

如果某数学规划模型涉及凸函数在凸可行域上的最小化，则称该模型为凸规划模型。

显然，最小化一个凸函数，等价于最大化这个凸函数的相反数。因此，此类最大化问题也将是凸规划的。

例 7.1：凸规划模型

$$\min \quad x_1^2 - 4x_1 - 2x_2$$
$$\text{s.t.} \quad x_1 + x_2 \leqslant 4$$
$$2x_1 + x_2 \leqslant 5$$
$$-x_1 + 4x_2 \geqslant 2$$
$$x_1, x_2 \geqslant 0$$

图 7.8 所示为函数 $x_1^2 - 4x_1 - 2x_2$ 的图像，很明显它是凸函数。图 7.9 所示为目标函数取不同值时的图像。相应地，图 7.10 所示的函数 $-4x_1^3 + 3x_1 - 6x_2$ 明显是非凸的。

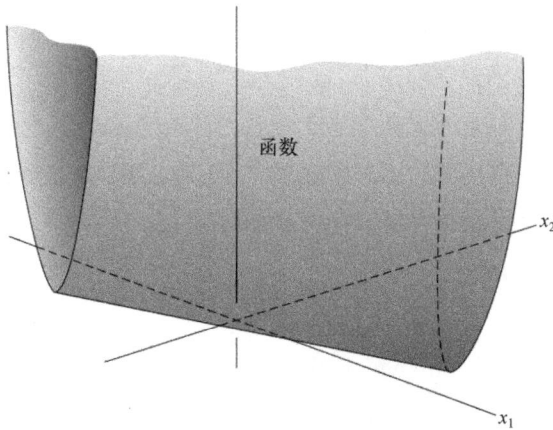

图 7.8 函数的图像

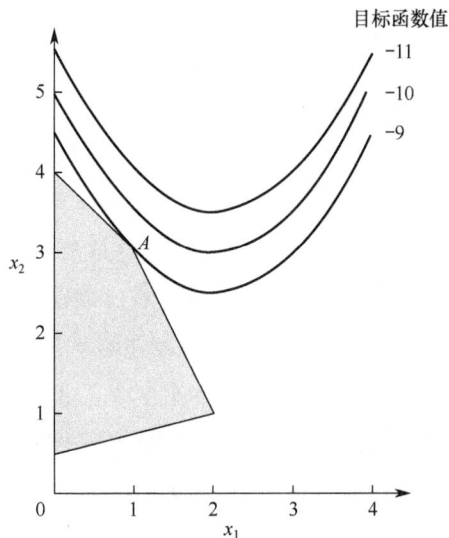

图 7.9 不同目标函数值对应的图像

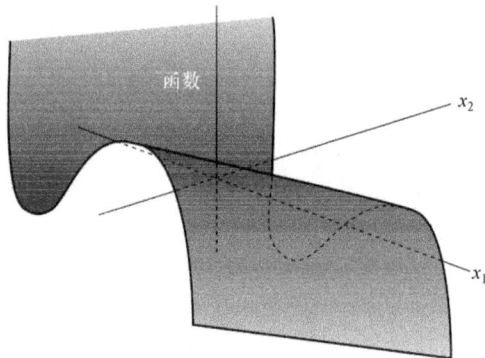

图 7.10　非凸函数的图像

在图 7.9 中，该模型不同的目标值由曲线表示，这些曲线来自图 7.8 中的表面轮廓。显然，点 A 表示最优解。

线性规划（LP）明显是凸规划的一个特例。如有必要，所有线性规划模型都可表示为线性函数的最小化，而线性函数显然满足凸函数的定义。此外，由一组线性约束定义的可行区域很容易被证明是凸区域。

例 7.2：非凸规划模型

$$\begin{aligned}
\min \quad & -4x_1^3 + 3x_1 - 6x_2 \\
\text{s.t.} \quad & x_1 + x_2 \leq 4 \\
& 2x_1 + x_2 \leq 5 \\
& -x_1 + 4x_2 \geq 2 \\
& x_1, x_2 \geq 0
\end{aligned}$$

同样，不同的目标值会形成曲线，如图 7.10 所示的表面轮廓。显然，最优解在点 C 处，但对于规模更大的问题就无法用此处的几何形式直观显示。就许多算法（包括可分离规划算法）而言，点 A 也将作为最优解出现。点 A 处代表目标值−19 的曲线在两个方向上都偏离可行域，在凸（包括线性）规划模型中可以证明点 A 是最优解。图 7.9 展示了凸问题的目标轮廓是怎样远离可行域的，而对于非凸例子，图 7.11 展示了目标函数轮廓线向可行区域逼近的过程。实际上，本书示例情况也是如此，因此，通过点 A 的目标轮廓在两个方向上都偏离点 A 处的可行域，这一事实不足以证明其不会重新进入。事实上，正如大家所看到的，可以移动到通过点 B 的目标函数轮廓线，且这样得到的效果更好（目标函数值更小）。另外，还可以进一步移动到通过点 C 的目标轮廓线，效果会更好，而点 A 和点 B 均代表已知的局部最优。许多计算方法（如可分离规划）只能保证局部最优，但真正需要的显然是真正的全局最优值，如图 7.11 中点 C 所示。为形象地说明这种情况，可以考虑一个登山队在浓雾弥漫的山中登山的场景。这样就很容易理解何时处于局部最优：此处的局部最优如同山峰，从此处无论走哪条路，高度都会下降。

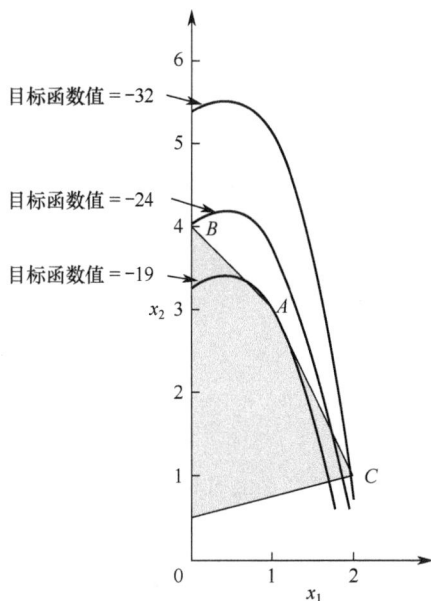

图 7.11　不同目标函数的轮廓线

但这并不能保证在浓雾中不存在另一座更高的山峰，登山者面临的情况与很多非线性规划算法类似。在使用某些算法时，非凸规划模型产生局部最优解的可能性使得此类模型比凸规划模型更难求解，而使用凸规划模型找到的任何最优值都必须是全局最优值。要找到非凸模型可靠的全局最优解，所需的算法比 7.3 节中描述的可分离规划算法更复杂。整数规划是求解此类问题的一种可行方法，尽管其计算量通常较大，这将在 9.3 节介绍。

7.1 节中提到的非线性规划模型很好地说明了凸规划模型和非凸规划模型之间的差异，这种差异会在规模不经济和规模经济都存在时显现。前一种模型是凸的，后一种模型是非凸的。要了解其原因，首先考虑在规模不经济时出现的成本函数类型。如图 7.12 所示，如果 x_1 和 x_2 代表要制造的两种产品的数量，规模不经济将导致总成本随着 x_1 和 x_2 的增加而加速上升，显然这是一个需要最小化的凸成本函数。

对于规模经济的情况，如图 7.13 所示，x_1 和 x_2 同样代表要生产的两种产品的数量，而随着 x_1 和 x_2 的增加，降低单位成本会导致总成本的上升速度越来越慢，显然这是一个需要最小化的非凸成本函数。

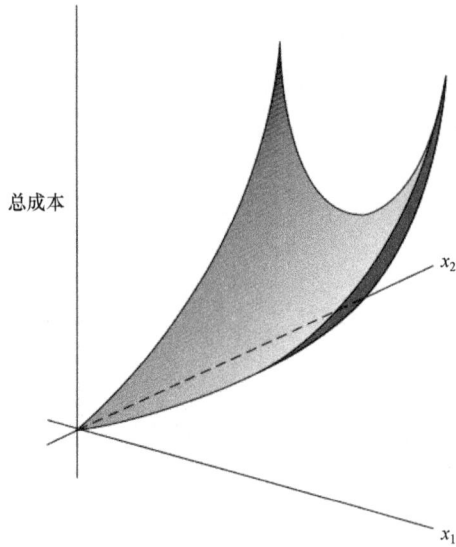

图 7.12　凸的成本函数的图像

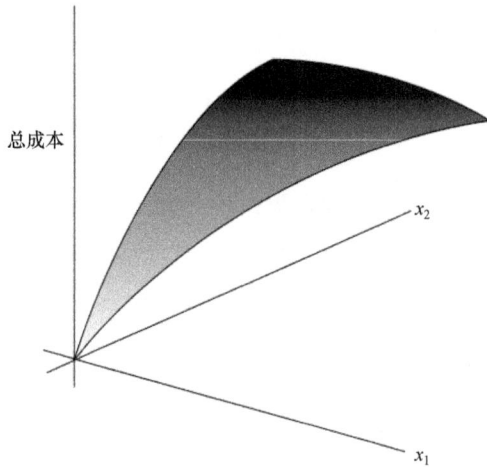

图 7.13　非凸的成本函数的图像

7.3　可分离规划

可分离函数可以表示为单变量函数之和。

例如，函数

$$x_1^2 + 2x_2 + e^{x_3}$$

是可分离的，因为其中 x_1^2、$2x_2$ 和 e^{x_3} 每一项都是单变量函数，而函数

$$x_1 x_2 + \frac{x_2}{1 + x_1} + x_3$$

是不可分离的，因为 $x_1 x_2$ 和 $x_2/(1+x_1)$ 都是多变量函数。

可分离函数在数学规划模型中的重要性在于，可以通过分段线性函数来求其近似值，然后可以使用可分离规划求出凸规划的全局最优值，或者可以仅获得非凸规划的局部最优值。

尽管可分离函数的类别划分似乎相当严格，但通常可以将不可分离函数的数学规划模型转换为仅可分离函数的模型，相关方法将在 7.4 节探讨。通过这种方式，可以将很多类别的非线性规划模型转换为可分离规划模型。

为了将非线性规划模型转换为适用于可分离规划模型的形式，需要对单变量的每个非线性函数采用分段线性近似法。显然，非线性存在于目标函数中、约束中，或两者兼有并不重要。为说明该过程，接下来将研究例 7.1 中给出的非线性规划模型，其中唯一的非线性项是 x_1^2。该函数的分段线性近似如图 7.14 所示。

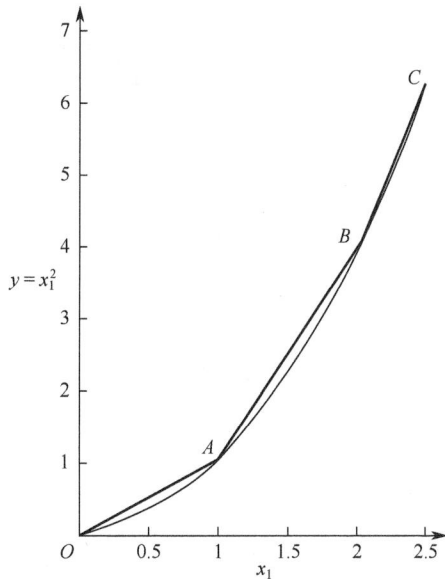

图 7.14　非线性函数的分段线性近似

根据问题的第二个约束可知，x_1 永远不会超过 2.5，因此，x_1^2 的分段线性近似法只需要考虑 x_1 的值在 0～2.5 的情况，而 O～C 的曲线分成 3 段直线，这无疑会给问题带来一些不准确性。例如，当 x_1=1.5 时，转换后的模型会将 x_1^2 视为 2.5 而非 2.25。这种不准确性显然可以通过更精细的网格来降低，这需要包含更多直线部分，但本书不需要太精细，只用如图 7.14 所示的网格即可。若这种不准确性被认为不可忍受，则可以从最优解中得到的 x 值出发，细化该值附近的网格，并重新优化。一些软件可以自动多次执行此类运算，只需要在一台计算机上运行即可。

目标是从模型中排除非线性项 x_1^2，可以通过用单（线性）项 y 将其替换。现在可以通过以下关系将 y 与 x_1 关联起来：

$$x_1 = 0\lambda_1 + 1\lambda_2 + 2\lambda_3 + 2.5\lambda_4 \tag{7.1}$$

$$y = 0\lambda_1 + 1\lambda_2 + 4\lambda_3 + 6.25\lambda_4 \tag{7.2}$$

$$\lambda_1 + \lambda_2 + \lambda_3 + \lambda_4 = 1 \tag{7.3}$$

λ_i 是引入模型的新变量，可以视为附加到顶点 O、A、B 和 C 的"权重"，但有必要增加关于 λ_i 的另一个规定：

$$\text{最多两个相邻的 } \lambda_i \text{ 可以是非零的} \tag{7.4}$$

规定（7.4）保证 x_1 和 y 的对应值位于直线段 OA、AB 或 BC 之一上。例如，如果 $\lambda_2 = 0.5$ 且 $\lambda_3 = 0.5$（其他 λ_i 为零），可以得到 $x_1 = 1.5$，$y = 2.5$。忽略规定（7.4）可能会使值 x_1 和 y 离开分段直线 $OABC$，这显然是错误的。

式（7.1）～式（7.3）生成了可添加到原始模型中的约束（见例 7.1），项 x_1^2 由 y 代替，可得以下模型：

$$
\begin{aligned}
\min \quad & y - 4x_1 - 2x_2 \\
\text{s.t.} \quad & x_1 + x_2 \leqslant 4 \\
& 2x_1 + x_2 \leqslant 5 \\
& -x_1 + 4x_2 \geqslant 2 \\
& -x_1 + \lambda_2 + 2\lambda_3 + 2.5\lambda_4 = 0 \\
& -y + \lambda_2 + 4\lambda_3 + 6.25\lambda_4 = 0 \\
& \lambda_1 + \lambda_2 + \lambda_3 + \lambda_4 = 1 \\
& y, x_1, x_2, \lambda_1, \lambda_2, \lambda_3, \lambda_4 \geqslant 0
\end{aligned}
$$

务必要记住，规定（7.4）必须适用于变量集 λ_i。例如，$\lambda_1 = 1/3$ 和 $\lambda_3 = 2/3$ 的解是不可接受的，因为这会导致 x_1 和 $y(x_1^2)$ 之间关系错误。一般来说，规定（7.4）不能使用线性规划约束建模，但它可以被视为变量 λ_i 的"逻辑条件"，并使用整数规划建模，这将在 9.3 节中讲述。幸运的是，在此例子中，规定（7.4）不存在任何困难，因为原始模型是凸的。例如，假设取值 $\lambda_1 = 0.5$、$\lambda_2 = 0.25$、$\lambda_3 = 0.25$ 和 $\lambda_4 = 0$，这显然违反了规定（7.4）。根据式（7.1）和式（7.2），可以明确得出图 7.14 中的点 $x_1 = 0.75$ 和 $y = 1.25$ 在分段直线之上。由于目标涉及最小化 y，因此当下降到分段直线时，可尝试通过取 $x_1 = 0.75$ 和 $y = 0.75$ 来获得更好的解。鉴于图形形状（为凸），

无法获得 λ_i 的值，只能给出在分段直线下方的点。因此，始终只得出 x_1 和 y 的对应值，它们凭借最优性位于其中一条线段上。在这种情况下，规定（7.4）满足，从而可以通过线性规划求解转化后的模型，并获得令人满意的最优解，甚至没有必要采用下述单纯形法的可分离扩展形式，但这只是因为问题性质是凸的。

对于非凸规划，规定（7.4）通常不会自动满足。为保证满足该规定，可以采用单纯形法的可分离规划修改形式。为说明非凸问题存在的困难，可对例 7.2 中非凸模型的非线性项 x_1^3 采取分段线性近似法，如图 7.15 所示。

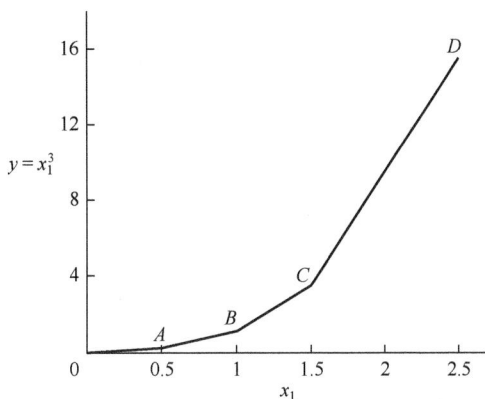

图 7.15　非线性项的分段线性近似

可得以下关系：
$$x_1 = 0\lambda_1 + 0.5\lambda_2 + 1\lambda_3 + 1.5\lambda_4 + 2.5\lambda_5$$
$$y = 0\lambda_1 + 0.125\lambda_2 + 1\lambda_3 + 3.375\lambda_4 + 15.625\lambda_5$$

和前面一样，λ_i 变量可以被视为附加到图 7.15 中顶点的“权重”。

λ_i 变量必须再次满足最多两个相邻 λ_i 非零的规定，这一次，最优解不会自动保证满足这一规定。例如，假设想获得一组值 $\lambda_2=0.4$、$\lambda_3=0.5$ 和 $\lambda_4=0.1$，可得 $x_1=0.85$ 且 $y=1.3375$，而这些坐标对应的点位于图 7.15 中的分段线上方。由于要最小化的目标函数由项 $-4x_1^3$ 主导，优化将倾向于使 y 最大化，因此将远离分段线，而不是向下走。在这种（非凸）情况下，有必要使用不允许两个以上相邻 λ_i 非零的算法。

根据 Miller（1963）的研究，单纯形法的可分离规划扩展形式永远不允许两个以上相邻的 λ_i 进入解，因此，将 x_i 和 y 的对应值限制为位于所需分段直线上的点坐标。

遗憾的是，对于非凸问题，如上述建模的例 7.2，将 λ_i 的值限制为最多两个相邻的非零值，并不能保证得到局部最优解，最终很容易落到图 7.11 所示的 A 点或 B 点，而非 C 点。

Note

在上述两个示例中，单变量的非线性函数均出现在目标函数中。如果此类非线性函数也出现在约束中，分析方法是相同的；使用分段线性近似法处理，然后引入变量 λ_i 使新项与旧项相关联。

确定某问题是否为凸问题可能并不总那么容易。对于仅由可分离函数组成的已知凸问题（如除规模不经济外的线性问题），只需要采用分段线性近似法即可，没必要使用可分离规划算法。对于非凸问题（如规模经济问题）或无法知道其是否为凸的问题，仅采用线性规划是不够的，而仅使用可分离规划又只能保证局部最优。通常可采取不同策略多次求解此类模型，以获得不同的局部最优解，其中最佳策略可能有机会成为全局最优解，但此类计算超出了本书范畴，有时会在特定软件的相关手册中进行说明。当某问题不确定是凸问题时，整数规划是确保避免局部最优的唯一真正令人满意的方法，通常会在计算上花费更多时间（这将在9.2 节和9.3 节中探讨）。

最后，本节介绍对可分离函数的分段线性近似法建模的另一种方法。刚刚描述的表达形式化方法通常被称为可分离规划的 λ 形式，其中变量 λ_i 可视为附加到分段直线顶点的权重。还有一种表达形式称为 δ 形式，为了进行演示，可对函数 $y = x_1^2$ 再次采用分段线性近似法，如图 7.4 所示，该线性近似过程在图 7.16 中重新绘制。

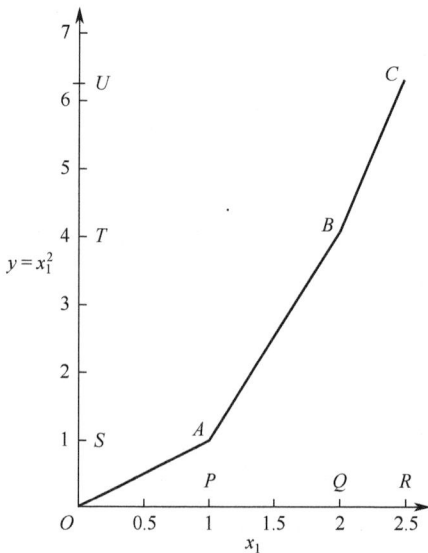

图 7.16 分段线性近似的过程

引入变量 δ_1、δ_2 和 δ_3 来代表区间 OP、PQ 和 QR 的比例，用于构成 x_1 的值，然后可得

$$x_1 = \delta_1 + \delta_2 + 0.5\delta_3 \tag{7.5}$$

式中

$$0 \leqslant \delta_1, \delta_2, \delta_3 \leqslant 1$$

由于 OP 和 PQ 的长度均为 1，所以式（7.5）中 δ_1 和 δ_2 的系数也均为 1，而 δ_3 的系数为 0.5，这反映了区间 QR 的长度。

同样

$$y = \delta_1 + 3\delta_2 + 2.25\delta_3 \tag{7.6}$$

式中，δ_1、δ_2 和 δ_3 的系数分别代表区间 OS、ST 和 TU 的长度。

为保证 x_1 和 y 是分段线 OC 上点的坐标，必须做出如下规定：

若任何 δ_i 不为零，则其前面所有的 δ_i 必须取值为 1，后面所有的 δ_i 必须取值为 0 $\tag{7.7}$

规定（7.7）清楚地确保了 x 和 y 能真正代表沿各自轴的距离。

可以看出，与 λ 表达形式相比，δ 表达形式受到的限制更严格。若要把限制放宽，可通过在 λ、δ 变量上删除"逻辑"规定（7.4）和规定（7.7）获得，与通过放宽 IP 表达形式（参见 8.3 节）来放宽线性规划不同，通常前者更容易求解，而 Williams（1985）很早就指出了这一点。当附加的逻辑条件由整数变量施加时，如 9.3 节所述，λ 表达形式可通过此处所述方式改进。

7.4　将问题转化为可分离规划模型

只允许非线性函数可分离，看似对可分离规划模型可以求解的问题类别施加了严格限制，但其实可以将一大类非线性规划问题都转换为可分离规划模型，这一点令人意外。当模型中出现不可分离函数时，通常可将其转换为仅有可分离函数的模型。

实际上，两个或多个变量的乘积是一种极为常见的不可分离函数。例如，如果出现诸如 x_1x_2 之类的项，则该模型不会立即变得可分离，因为它属于多变量非线性函数，但通过以下转换，该模型很容易转化为可分离的形式。

（1）在模型中引入两个新变量 u_1 和 u_2。

（2）通过下述关系将 u_1、u_2 与 x_1、x_2 联系起来：

$$u_1 = \frac{1}{2}(x_1 + x_2) \tag{7.8}$$

$$u_2 = \frac{1}{2}(x_1 - x_2) \qquad (7.9)$$

（3）用 $u_1^2 - u_2^2$ 替换模型中的项 x_1x_2。

通过初等代数很容易看出，只要将式（7.8）和式（7.9）以等式约束形式加入模型，$u_1^2 - u_2^2$ 就等于 x_1x_2 的乘积。此时模型包含单变量非线性函数 u_1^2 和 u_2^2，因此是可分离的。这些非线性项可以通过分段线性近似法来处理，但一定要记住，u_2 可能需要取负值。当考虑 u_1 和 u_2 取值的可能范围时，可将 u_2 平移一个适当的值或者将其看作为"自由"变量，保障其不限定在非负的范围内。

如果模型中出现两个以上变量的乘积（如在几何规划模型中可能发生的情况），则可以连续重复上述过程将模型简化为可分离形式。

在非线性模型中，也可以使用对数处理乘积项。回顾模型中出现两个变量乘积 x_1x_2 的示例，尽管该方法显然可以应用于更大的乘积，但仍可以进行以下转换简化计算：

（1）用新变量 y 替代 x_1x_2。

（2）通过等式将 y 与 x_1 和 x_2 联系起来：

$$\ln y = \ln x_1 + \ln x_2 \qquad (7.10)$$

式（7.10）给出了要添加到模型中的非线性等式约束，但该约束中的表达式是可分离的，因为只有单变量非线性函数 $\ln y$、$\ln x_1$ 和 $\ln x_2$。

但进行此类转换时必须谨慎，以确保 x_1 和 x_2（以及得到的 y）都不为 0。如果发生这种情况，其对数将变为 $-\infty$，可能有必要将 x_1 和 x_2 平移一定量来避免。

但使用对数将非线性模型转换为合适的形式有时会引发计算问题。Beale（1975）认为，如果某变量及其对数同时出现在同一个模型中，且其数量级相差很大时，数值不准确可能导致计算困难。

通过将分段线性近似法推广到更多维度，可以另一种方式处理多变量（如乘积项）非线性函数，但必须在 λ_i 之间确定更复杂的关系。与非凸可分离模型一样，这通常只能通过整数规划实现令人满意的处理（在 9.3 节中有相关说明）。

通过添加附加的变量和约束，可以将多个其他多变量非线性函数简化为单变量非线性函数。可以通过这种方式分离的非线性规划问题的范围很广，但通常需要一定创意，且此类转换通常会大幅增加模型体量，进而耗费更多求解时间。

第8章

整数规划

8.1 概述

令人惊讶的是，使用整数变量和线性约束建模的实际用途十分广泛。有时，这类模型仅由整数变量组成，这被称为纯整数规划（PIP）模型；若同时存在常规的连续变量和整数变量，称为混合整数规划（MIP）模型，这种情况也更为常见。

作为一种建模方法，整数规划（IP，有时称为离散规划）的广泛适用性并不那么显而易见。我们当然可以想到一些情况，如汽车、飞机或房屋等特定产品，或者人力资源等某些资源，其数量只有是整数才有意义。这些情况下，理论上应使用整数规划模型，而不是线性规划模型，尽管这种显而易见的整数规划应用场景确实存在，但实际并不常见。事实上在这种情况下，通常更可取的方法是使用传统线性规划，并将最优解四舍五入为最接近的整数。

上述典型的应用场景，在一定程度上掩盖了整数规划作为一种建模方法的真正威力。大多数实际的整数规划模型将整数变量限制为 0 或 1 两个值，此类 0-1变量常用于表示"是或否"的决策，而这些决策之间的逻辑联系通常可以用线性约束来表达。此类建模方法将在第 9 章中进行介绍。

在探讨整数规划模型的构建之前，必须先谈谈其求解方式。在数学层面上，整数规划模型在求解过程中涉及的计算量，是类似规模线性规划模型的数倍。与涉及实数或有理数的（连续）问题相比，涉及整数的问题比其他数学分支更有难度的现象，是十分普遍的。虽然使用现代计算机和软件几乎可以肯定在合理的时间内求解涉及数千个约束和变量的线性规划模型，但这并不适用于稍大规模的整数规划模型。建立一个整数规划模型却无法在合理时间内找到求解方法，这是非常棘手的。接下来的两章将探讨有哪些方法可避免这种令人遗憾且尴尬的局面。鉴于这种可能性及整数规划在计算上的困难，8.3节将专门介绍求解整数规划模型的方法。8.3节特别详细概述了求解整数规划模型最有效的方法——分支定界法。建模者起码要具备相应的基本理解：因为他们往往能够通过一些技巧，极大地影响计算过程的效率。此外，这种迄今为止最有效的整数规划模型求解方法，在理论性的数学规划书籍中却很少受到关注，这可能是因为在数学上不够复杂。

8.2　整数规划的适用范围

本节的目的是将可建立整数规划模型的各类问题进行大致的分类。分类中可能存在一定的重叠，也可能有一些特定应用场景无法完全归属于任何一个类别。许多实际应用往往包含多个类别下的方方面面，而进行大概分类的目的，是帮读者了解整数规划适用的问题类型。"离散规划"这一名称在某种程度上体现了这类问题的长处，而人们还未认识到问题何时可以运用这种模式，这也是整数规划没有广泛应用的原因之一。本节不深入研究，且几乎没有描述使用整数规划模型表述特定问题的方式，这些内容将留给第 9 章，或者在特定情况下留给本书的第三部分进行详细论述。

Meyer（1975）和 Jeroslow（1987）曾精确定义了哪些情况可通过整数规划模型来表述。

8.2.1　离散型输入和离散型输出

这类问题包括前文提到的整数规划典型应用场景，即只能生产整数数量的产品或使用整数单位的资源，经济学家有时将此类模型的组成称为"块状"输入或输出。要了解为何此处需要整数规划，可考虑以下简单模型：

$$\max \quad x_1 + x_2$$
$$\text{s.t.} \quad -2x_1 + 2x_2 \geqslant 1$$

$$-8x_1 + 10x_2 \leqslant 13$$
$$x_1, x_2 \geqslant 0$$

如果变量代表要生产的两款商品的数量，则一定要确定这些输出是否应该为整数，如代表飞机等不可分割的商品。如果不是这种情况而是可分割的商品，如多少加仑的啤酒，则可将问题视为线性规划模型，并采用（连续）最优解即可，即

$$x_1 = 4, \quad x_2 = 4\frac{1}{2} \tag{8.1}$$

此外，将变量限制为整数，会使只能取得整数最优解，即

$$x_1 = 1, \quad x_2 = 2 \tag{8.2}$$

很难看出如何从连续最优解（8.1）得出解（8.2）。将最优解（8.1）中的值四舍五入到最接近的整数会得到一个不可行解，因此在诸如此类的某些情况下，有必要求解整数规划模型问题。当变量的值较小（如小于 5）时，这样做可能误差很大，但对于大多数此类问题，变量的值可能大得多，并且四舍五入线性规划分式解所涉及的误差并不严重。实际上，鉴于可考虑的整数解组合的多样性，求解整数规划模型问题很可能需要耗费大量时间。在建立某国家农业知识产权模型方面就有一个极端的例子，经检查，该模型被认定为整数规划模型，只是因为该国奶牛、母鸡、猪等数量都是整数！

输入而非（或以及）输出为离散的问题，也适用于上述类似情形。通常，此类输入会将人力资源（如果足够大）视为连续（无穷可分）的。

仅当某些输入为离散值（通常是加工能力或资源）时，会出现常见的整数比划应用场景。此外，该模型也可能是常见的线性规划模型。例如，处理能力可能以每周机器运转的小时数来衡量，也许可以通过购买附加的机器来提高加工能力。但只有允许这种能力用每周机器运转的整小时数的来度量，才会如此表达，因为就此需要附加购买的机器都是整台的，这种情况要用整数规划来模拟，而第二部分的"工厂规划 2"问题也谈到了相关情况。

背包问题是此类中必须使用整数规划的另一种特殊类型，该整数规划问题仅存在单一约束。一个特殊情况是仓库存放问题，该问题如下：给定一个有限的仓库容量，为将某个对象（如存放在仓库中货物的总价值）最大化，该仓库需要储存多少货物（数量不同）。通常无法使用线性规划求解方案来解决该问题，因为该问题太琐碎，且只需要通过在仓库中堆垛每单位体积最有价值的货物，从而可以忽略货物的离散性。若附加的简单上界约束也适用于问题的变量，则其是背包问题的扩展形式，通常需要使用整数规划而非线性规划来得到有意义的解。在实际

应用中，背包问题确实会出现，但通常作为子问题出现，必须作为更大的线性规划或整数规划问题的一部分来求解，9.6 节探讨的削减库存问题就是一个例子。

8.2.2　逻辑条件问题

在实际应用中，需对线性规划模型施加附加条件的情况很常见，而这些条件所具有的逻辑性质使其无法用传统线性规划方法进行建模。例如，某个线性规划模型可用于确定工厂中每种可能生产的产品在产能限制（产品组合的应用场景）下的生产量，但最好能添加一个附加条件，如"如果生产产品 A，那么也必须同时生产产品 B 或产品 C"。通过在模型中引入一些附加整数变量及附加约束，可以很容易地施加如此类条件，所得模型是一个混合整数问题，并且，任何上述逻辑条件都可以强加给使用整数规划的线性规划模型，这在"食品加工 2"的问题中有所说明。此外，该问题还阐明了利用整数规划扩展线性规划模型的另一个常见用法，即限制混合物中各成分的数量。

逻辑条件的正确表述有时需要相当程度的创意，且可以通过多种方式完成。第 9 章介绍了系统地处理这种表达形式的方法。另外，Williams（2009）和 Hooker（2000）详细介绍了逻辑和整数规划之间的关系。

8.2.3　组合问题

许多运筹学问题的特点是有大量的可行解（通常是天文数字），这是因为用变量来表达不同的顺序或者描述物品与人之间的分配关系。此类问题被统称为组合问题，可将其进一步细分为排序问题和指派问题。在车间调度中出现了一种特别困难的排序问题，需要对车间内不同机器上的操作进行最佳排序。整数规划提供了一种模拟这种情况的方法，有许多可能的表达形式，但遗憾的是，迄今为止，整数规划还未被证明是解决该问题的有效策略。

旅行推销员问题是另一个广为人知的排序问题，关注的是到访一组城市并以最短距离返回家中的最佳顺序。其他一些问题也采取相同的形式，如在机器上对操作进行排序以最小化总生产准备成本的问题。显然，某操作的生产准备成本取决于前面的操作，这可以看作操作之间的"距离"，而旅行推销员问题则是一类非常有挑战的问题，对此人们已尝试用不同的整数规划表达形式来解决。

第二部分给出了一个非常简单的指派问题，即"市场占有率"问题，该问题涉及将客户分配到公司的各部门以获得服务。虽然其表达形式比较简单，但这类问题并不总是容易求解，在项目选择和资本预算分配中也存在非常相似的问题。

指派问题的类别包括前文已提到的两个不需要整数规划的问题。在 5.3 节中已指出，运输问题中没有必要一定加上整数要求。受问题结构的限制，线性规划的最优解将自动取整数值，而由于指派问题可以看作运输问题的一个特例，其也有这一属性。也就是说，幸运的是，这两类问题虽然表面上看似整数规划问题，但实际上可视为线性规划问题，且求解相对容易。如果其他典型的整数规划问题也具备或可以被表述为具备这一属性，就会具有很大的计算优势。10.1 节和 10.2 节将进一步探讨该类问题。二次指派问题是指派问题的一种复杂的扩展形式，当"分配的成本"不独立于其他分配情况时就会出现。由此产生的问题可被视为具有二次目标函数的指派问题，通过将二次项转换为线性表达式，可将问题简化为整数规划问题。二次指派问题是数学规划中已知的最具挑战性的组合问题之一，规模较小的问题可以通过简化为线性整数规划模型来解决。第二部分的"去中心化"例子就是一种特殊的二次指派问题，将在 9.5 节中进一步探讨。

装配线平衡问题可被视为这类指派问题的一个实际应用，关注的是将工人分配到生产线完成任务以实现给定的生产率，此问题可表述为整数规划问题，求解相对容易。这种常见的表达形式会生成一种特殊的整数规划模型，即称为集合划分问题，这将在 9.5 节中进一步探讨。

机组人员排班问题也是一种集合划分问题，关注的是将机组人员分配到多组飞行任务（轮换或班表）。在实际应用中，这类问题往往涉及大量隐形的排班表，因此很难作为整数规划问题求解，这将在 9.5 节中进一步探讨。

涉及开关电路或逻辑门的逻辑设计问题可以通过整数规划求解，但遗憾的是，当以这种方式表述时，问题规模通常会变得非常大，并且很难求解。第二部分给出了该类型的一个小型问题示例，即"逻辑设计"。

政区问题在被视为整数规划问题时也是一个集合划分问题，主要关注是设计选区以尽可能地平衡政治代表。在美国，整数规划已被应用于解决此类实际问题。

仓库选址问题是整数规划的一个相当普遍的应用场景，关注的是决定在哪里设置仓库（或货栈甚至工厂）以为客户供应货物。可能存在两类成本：建造仓库的资本成本和仓库特定地点的配送成本。此类问题可以用整数规划建模，所得模型通常为混合整数问题，第二部分的"仓库选址"问题就是一个例子。

8.2.4 非线性问题

正如第 7 章所述，非线性问题有时可被视为特定形式的整数规划问题。如果问题可采取可分离规划的形式表述，则可用 7.3 节所述的可分离规划或整数规划来

Note

求解。如果问题是凸的（该术语在 7.2 节中已作解释），则可用线性规划处理将不会有困难。另外，必须用特殊方法来解决非凸问题，其中可分离规划具有可能产生局部最优的缺点（这一点在 7.2 节中有所解释）。整数规划克服了该困难并产生了一个真正的（全局）最优解，尽管可能会在计算机上花费更多时间。与此方法相关的问题在第 7 章中已提及，包括规模经济问题、二次规划问题和几何规划问题，以及更广泛的非线性规划问题。

第 7 章介绍了如何将此类问题转换为可分离的形式，第 9 章则介绍了如何将生成的可分离问题转换为整数规划形式，但有一种通过整数规划处理此类问题的方法是利用特殊的有序变量集来实现。许多软件都能够以这种方式处理整数规划问题，在计算方面具有相当大的优势。Beale 和 Tomlin（1969）介绍了特殊有序集的概念及如何将其用于非线性问题（以及其他类型的问题）。

固定费用问题是整数规划的一个非常常见的应用场景。当一项活动的成本涉及固定的生产准备成本，以及与活动水平成比例增加的日常花费时，就会出现这种情况，此时该问题就可被视为非线性的。例如，如果决定生产某数量的产品，则可能需要装配一台机器，此生产准备成本与生产数量无关。通常的线性规划无法对此情况进行建模，但用整数规划很容易实现，这在例 9.4 中有相关阐述。

8.2.5　网络问题

运筹学中的许多问题都涉及网络，其中很多可以用线性规划或整数规划来建模，而生成线性规划模型的相关问题已在 5.3 节中探讨。

本书 5.3 节中已指出，在 PERT 网络中寻找关键路径的问题可视为线性规划问题。实践中还会经常出现的其他问题，如 PERT 网络上的资源分配问题，鉴于可用资源有限，可能需要改变某些活动（弧）的实施顺序。例如，如果可用工人不足，则不能同时在房子里筑墙和铺设地板。将这些有限资源以最优方式分配给 PERT 网络的弧，从而让项目总完成时间之类的目标最小化，此类问题可表述为整数规划问题。虽然整数规划模型也可对此类问题求解，但除非在非常简单的情况下，否则不建议使用。通过整数规划对此类复杂问题求解在计算上难度可能非常大，而在实际应用中，人们往往会使用近似的启发式方法来求得有用但非最优的解。

图论中存在很多整数规划问题，而四色问题就是与整数规划相关的一个典型问题：最多需要 4 种颜色来为地图上的每个国家着色，以与邻国区分开。对于任何地图，整数规划都可用来找出最少需要几种颜色。上述问题可以表示为对图的顶点着色，使得由边连接的顶点着色与其他不同。图论中也存在其他着色问题，例如，可以设计涉及对图的边缘着色的问题。尽管存在许多此类问题并可用整数规划求解，但这超出了本书范畴，而本书主要关注实际应用。很多人员都针对图论和整数规划进行了研究，如 Christofides（1975）。

上述 5 个类别涵盖了整数规划适用的大多数不同类型的问题。在实际应用中，遇到的大多数问题都属于第二类，都是有附加条件的线性规划问题，而这些条件通常属于逻辑类型。因此，可以通过增加整数变量和附加约束来扩展线性规划模型。带有整数变量的附加约束有时也用于描述组合关系，即这些附加约束也用于在其他线性规划模型中对非线性问题进行建模。

纯整数规划（PIP）模型很少在实际应用中出现，出现时通常为组合优化问题。上述数量相对庞大的组合问题不应掩盖大多数实际整数规划模型都属于第二类这一事实，并且可作为对几乎任何线性规划应用场景的扩展形式，但实践中确实会出现组合问题，并且有时可通过整数规划得到令人满意的解，但在将整数规划应用于此类问题时必须非常小心。虽然整数规划提供的组合问题建模方式非常具有吸引力，但经验表明，此类模型求解难度可能非常大。在建立大型模型前，通常需要对问题的小规模版本进行试验。从求解难度来看，用表达形式表述这些问题的方法参差不齐，这将在 10.1 节中探讨，而对比第四部分中模型的解给出的求解时间有望成为某些模型难度的指标。

8.3　整数规划模型的求解

本节并未打算完整地描述整数规划算法，Williams（1993）给出了更全面的描述。相反，本节试图指出求解整数规划模型的各种方法，并为建模人员提供建议，指导其有效地使用现有软件包，同时也提供了一些更全面地阐述整数规划算法方面的参考意见。

解决整数规划问题的主要方法分类如下：与单纯形法的线性规划不同，目前尚无理想的整数规划算法。通常，通过利用特殊类问题的结构，不同的算法可以更好地处理各类问题，但似乎不太可能存在通用的整数规划算法。如果确实出现了通用算法，求解一大类问题也是有可能的。针对其中一些问题（如旅行推销员问题和二次指派问题），多次尝试寻找有效的求解算法都已宣告失败，目前甚至有一些来自计算复杂性理论的证据表明，不可能存在"通用的"整数规划算法。分支定界法是迄今为止解决一般性整数规划问题的最佳方法，该方法将在 8.3.4 节进行描述。鉴于其明显的宽泛性，这种方法的效果令人惊讶。几乎所有提供混合整数规则（MIP）问题工具的商业软件包都使用该方法。而事实上，该方法只是求解整数规划问题的一种方法，其使用方式具有很大的灵活性，这就是一本关于建模的书籍会对其进行简要描述的原因之一。相对于不太明智的策略，以合适的方式使用分支定界法可以彰显其巨大的优势。

大多数求解整数规划问题的方法都属于以下描述四大类之一，且类别之间存在一些重叠，一些针对大型问题效果特别出众的方法融合了许多方法的特征。

8.3.1　割平面法

割平面法适用于一般的 MIP 问题。通常，首先通过放弃整数要求（称为松弛线性规划）来求解整数规划问题，并将其视为线性规划问题。如果得到的线性规划解（连续最优解）是整数，则该解也将是整数规划的最优解；否则，附加约束（切割平面）会系统地加入问题对其进一步约束，而被进一步约束的问题其新解不一定是整数。通过继续该过程，直到找到整数解或证明问题不可行，从而实现对整数规划问题的求解。

尽管切割平面法在数学上看起来相当巧妙，但在求解大型问题时的效果并不理想，不过结合分支定界法可证明其效力非常强大。

Gomory（1958）介绍了此类原始算法，而 Garfinkel 和 Nemhauser（1972）在其著作《整数规划》的第 5 章提供了进一步的参考资料。

8.3.2　枚举法

枚举法通常应用于求解特殊类别 0-1 纯整数规划（PIP）问题。从理论上，此类问题的可能解数量有限（尽管非常多），尽管验证所有这些可能解的工作量令人望而却步，但通过搜索树算法，可以只验证一部分解并系统地排除许多其他解（不可行或非最优）。事实证明，这些方法及其变体或扩展在某些类型的问题上效果卓著，而在其他类型问题上效果不理想。确实有一些商业软件支持此类方法，但并未得到广泛使用。

这些方法中，最著名的是 Balas（1965）论述的巴拉斯算法，而 Geoffrion（1969）则介绍了其他相关方法。Garfinkel 和 Nemhauser（1972）在其著作《整数规划》的第 4 章从整体上对枚举法进行了生动的阐述。

8.3.3 伪布尔法

人们已尝试利用布尔代数和 0-1 PIP 问题之间的明显相似性，开发出了许多算法，这些方法统称为伪布尔法。与其他算法一样，这类方法在某些类型的问题上效果很好，但在其他问题上则效果较差。这种对整数规划问题求解的方法完全不同于其他任何方法，其问题的约束并非用方程或不等式表示，而是通过布尔代数表示。在某些情况下，这可以非常简洁地说明约束，但在其他情况下，却显得庞大而笨拙。据作者所知，当前并没有任何能够处理实际应用的商业软件包使用这些方法中的任何一种。

伪布尔法由 Hammer 开发，并在 Hammer 和 Rudeanu（1968）、Granot 和 Hammer（1972）、Hammer 和 Peled（1972）的研究中有所论述。

不应认为专门的 0-1 PIP 算法只对 0-1 PIP 问题有效。人们已经开发出了将含有 0-1 变量的 MIP 问题划分为连续部分和整数部分的方法，在求解阶段，有必要将 0-1 PIP 问题作为子问题来求解。显然，这些专门的算法可能适用，但任何关于该话题的探讨均超出了本书范畴。Benders（1962）的研究是伪布尔法的主要参考文献。

8.3.4 分支定界法

通常，分支定界法在实际的 MIP 问题上被证明是极为成功的，虽然有时也被归为枚举法，但本书选择将其与前文描述的枚举法区分开。

与割平面法类似，整数规划问题首先通过放宽整数条件，将其作为线性规划问题来处理。如果结果解（连续最优解）是整数，则问题得到解决；否则，需采取树搜索方法。Williams（1993）的文章介绍了完整的细节。

Forrest 等人（1974）充分探讨了在实际模型上与分支定界法配合使用的有效求解策略。Geoffrion 和 Marsten（1972）将分支定界法与枚举法（同样使用树搜索）一起放入一个通用框架中，使基本原理更易于理解，他们提供了对各种形式的分支定界法的参考意见，而这些年提出的分支切面法（将割平面法同分支定界法结合）也被证明效果卓著。

Land 和 Powell（1979）对整数规划程序包开展了全面研究。

第9章

整数规划模型的构建 I

9.1 离散变量的应用

在数学规划模型中，整数变量可实现多种用途，主要包括以下方面。

9.1.1 不可分（离散）变量

这是第 8 章开头提到的典型用途，该类变量的取值只能为整数，如飞机、汽车、房屋或人的数量。

9.1.2 决策选择变量

在整数规划（IP）中，经常使用变量来表明应该在众多可能的决策中选择哪一种，这些变量通常只能取两个值——0 或 1，此类变量称为 0-1（或二进制）变量。例如，设 δ 为变量，$\delta=1$ 表示应建造一处集散地，$\delta=0$ 表示不应建造集散地。通常沿用希腊字母 "δ" 表示 0-1 变量的惯例，同时保留拉丁字母表示连续（实数或有理数）变量。

通过给定某变量一个简单上界（SUB）1，很容易确保某个被指定为整数的变

Note

量只能取值 0 或 1（假设所有变量都有一个简单下界 0，除非明确说明情况相反）。

尽管决策变量通常为 0-1 变量，但不一定总是如此。例如，$\gamma = 0$ 表示不应该建造集散地；$\gamma = 1$ 表示应建设 A 型集散地；而 $\gamma = 2$ 表示应建设 B 型集散地。

9.1.3　指示用变量

当对线性规划（LP）模型施加附加条件时，通常会引入 0-1 变量，并将其与问题中的某些连续变量相"关联"，以表征某些状态。例如，假设 x 代表混合物中某成分的数量，可以使用指示变量 δ 来区分 $x = 0$ 和 $x > 0$ 的状态。通过引入以下约束，可使 δ 在 $x > 0$ 时取值为 1：

$$x - M\delta \leqslant 0 \qquad (9.1)$$

其中，M 是一个常数系数，代表 x 的已知上界。

从逻辑上讲，已达成了以下条件：

$$x > 0 \rightarrow \delta = 1 \qquad (9.2)$$

其中，"→"代表"意味着"。

在许多应用场景中，式（9.2）在 x 和 δ 之间建立了充分联系（见例 9.1）。但在某些应用场景（见例 9.2）中，也希望施加以下条件：

$$x = 0 \rightarrow \delta = 0 \qquad (9.3)$$

或者式（9.3）的另一种表达形式：

$$\delta = 1 \rightarrow x > 0 \qquad (9.4)$$

式（9.2）、式（9.3）[或式（9.4）]可以统一表达为

$$\delta = 1 \leftrightarrow x > 0 \qquad (9.5)$$

其中，"↔"代表"当且仅当"。

式（9.3）[或式（9.4）]不可能完全用一个约束来表示，但仔细想想，这并不奇怪。式（9.4）给出了条件"如果 $\delta = 1$，则 x 代表的成分必定出现在混合物中"，但在实际应用中人们真的想区分不使用该成分和仅使用该成分一个分子的情况吗？其实定义某个阈值 m 更符合现实，低于该阈值则认为未使用该成分。此时，式（9.4）可以修改为

$$\delta = 1 \rightarrow x \geqslant m \qquad (9.6)$$

此条件可由以下约束来施加：

$$x - m\delta \geqslant 0 \qquad (9.7)$$

例 9.1：固定费用问题

x 代表以每单位 C_1 的边际成本生产的产品数量。此外，如果确实生产了该产

Note

品，则存在生产准备成本 C_2，该命题总结如下：

$$x = 0，总成本 = 0$$

$$x > 0，总成本 = C_1 x + C_2$$

此情形可用图形表示，如图 9.1 所示。

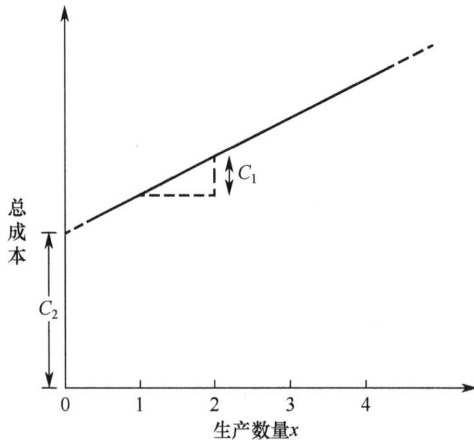

图 9.1　生产数量和总成本的关系

显然，总成本并非 x 的线性函数，甚至不是连续函数，因为在原点处存在不连续性，而常规的线性规划无法处理此情形。

为运用整数规划，特引入指示变量 δ。一旦生产任何产品，$\delta = 1$，这可以通过上述约束（9.1）来实现。在目标函数中，变量 δ 的成本为 C_2，总成本为

$$总成本 = C_1 x + C_2 \delta$$

通过引入 0-1 变量（如 δ）和附加约束［如约束（9.1）］，将这些变量与连续变量（如 x）相联系，若给 δ 变量设定的目标系数等于固定费用，则可将固定费用纳入模型。

值得指出的是，在这种情况下，通常不需要对条件（9.3）进行建模。如果模型目标为最小化成本，则该条件将自动满足最优化。尽管解 $x=0$、$\delta=1$ 不违反约束，但显然不是最优解，因为 $x=0$、$\delta=0$ 也不违反约束，但会导致总成本降低。

通过诸如式（9.6）中的约束实现条件（9.3）肯定可以（只要 m 足够小），在某些情况下甚至在计算上也是可取的。

例 9.2：混料问题（该例与第二部分中的"食品加工 2"问题有关）

设 x_A 代表混合物中成分 A 的比例；x_B 代表混合物中成分 B 的比例。

除模型中这些与其他变量相关联的常规质量约束（对其可运用线性规划）外，还可施加以下附加条件：若混合物中包含 A，则也必须包含 B。

必须运用整数规划来表达这一附加条件，此时引入一个 0-1 指示变量 δ。若 $x_A > 0$，它将取值为 1，这通过下面的约束与变量 x_A 相关联：

$$x_A - \delta \leqslant 0 \tag{9.8}$$

因为此时处理的是比例问题，此处约束（9.1）的系数 M 可方便地取值为 1。

现在可以使用新的 0-1 变量 δ 来强加条件：

$$\delta = 1 \rightarrow x_B > 0 \tag{9.9}$$

为满足式（9.4）的条件，必须选择某个比例水平 m（如 1/100），低于该水平则认为 B 不属于混合物，由此可得以下约束：

$$x_B - 0.01\delta \geqslant 0 \tag{9.10}$$

现通过引入 0-1 变量 δ［带有两个附加约束，即约束（9.8）和约束（9.10）］来施加该附加条件。

请注意，此处（与例 9.1 不同）有必要引入一个约束来代表式（9.4）的条件，但最优解无法保证满足这一条件。强加的附加条件扩展形式可能如下：若混合物包含 A，则也必然包含 B，反之亦然。这需要用其他表达形式来描述这两个附加约束。

应该指出的是，只要 M 足够大，就不会将 x 的值限制到不需要的程度，就可在式（9.1）中的约束中选择任何常数系数 M。在实际情况中，通常可以为 M 指定定值。尽管理论上任何足够大的 M 都可行，但使 M 尽可能真实在计算时会有一定优势，这一点在 10.1 节中将进一步解释。类似事项适用于式（9.7）中的系数 m。

可以类似方式用指示变量来表明不等式是否成立。首先，假设希望通过指示变量 δ 来表明以下不等式是否成立：

$$\sum_j a_j x_j \leqslant b$$

下面的条件用表达形式表达非常直观，可首先建模：

$$\delta = 1 \rightarrow \sum_j a_j x_j \leqslant b \tag{9.11}$$

式（9.11）可用如下约束表示：

$$\sum_j a_j x_j + M\delta \leqslant M + b \tag{9.12}$$

式中，M 是表达式 $\sum_j a_j x_j - b$ 的上界，很容易验证不等式（9.12）的效果符合预期，即当 $\delta = 1$ 时，强制保持原始约束，而当 $\delta = 0$ 时，无隐含约束。

通过条件（9.11）构造不等式（9.12）的一种简便方法是进行以下推理。如果 $\delta = 1$，希望有 $\sum_i a_j x_j - b \leqslant 0$。表达为 $\sum_j a_j x_j - b \leqslant M(1-\delta)$，则该条件是强加的，

其中 M 是一个足够大的数，而为确定 M 的大小，针对 $\delta = 0$ 的情况，要有 $\sum_j a_j x_j - b \leqslant M$。

这表明必须选择足够大的 M，以免生成不想要的约束，显然，必须选择 M 作为表达式 $\sum_j a_j x_j - b$ 的上界。重新排列得到的约束表达式，可得不等式（9.12）。

现在来看一下如何对约束（9.11）的逆命题进行建模，即

$$\sum_j a_j x_j \leqslant b \rightarrow \delta = 1 \tag{9.13}$$

可以简单地表达为

$$\delta = 0 \rightarrow \sum_j a_j x_j \nleqslant b \tag{9.14}$$

即

$$\delta = 0 \rightarrow \sum_j a_j x_j > b \tag{9.15}$$

在处理该表达式时，会遇到与表达式 $x > 0$ 同样的难题，必须将 $\sum_j a_j x_j > b$ 修改为 $\sum_j a_j x_j \geqslant b + \varepsilon$。其中，$\varepsilon$ 是较小的公差值，超过该公差值则认为约束已被打破。若系数 a_j 和变量 x_j 都是整数，以上情况是常见的，处理并不困难，ε 可以取值为 1。

式（9.15）现在可以修改为

$$\delta = 0 \rightarrow -\sum_j a_j x_j + b + \varepsilon \leqslant 0 \tag{9.16}$$

通过与上述类似的思路，可通过以下约束表达该条件：

$$\sum_j a_j x_j - (m - \varepsilon)\delta \geqslant b + \varepsilon \tag{9.17}$$

其中，m 为表达式的下界。

如表达式 $\sum_j a_j x_j \geqslant b$ 中 "$\geqslant$" 的要求可以通过定义指示变量 δ 来进行转换，从而得到 "$\leqslant$" 的形式，进而方便地得到相应约束条件。对上述不等式（9.12）和不等式（9.17）的相应约束是

$$\sum_j a_j x_j + m\delta \geqslant m + b \tag{9.18}$$

$$\sum_j a_j x_j - (M + \varepsilon)\delta \leqslant b - \varepsilon \tag{9.19}$$

其中，m 和 M 分别为表达式 $\sum_j a_j x_j - b_i$ 的下界和上界。

最后，对像 $\sum_j a_j x_j = b$ 此类 "=" 约束使用指示变量 δ 会更复杂一些。

可以用 $\delta = 1$ 来表示"≤"和"≥"的情况同时成立，可通过同时列出约束（9.12）和约束（9.18）来完成。

如果 $\delta = 0$，则要强制打破"≤"或"≥"约束，可通过用两个变量 δ' 和 δ'' 表达不等式（9.17）～不等式（9.19）来完成

$$\sum_j a_j x_j - (m - \varepsilon)\delta' \geqslant b + \varepsilon \tag{9.20}$$

$$\sum_j a_j x_j - (M + \varepsilon)\delta'' \leqslant b - \varepsilon \tag{9.21}$$

指示变量 δ 通过附加约束

$$\delta' + \delta'' - \delta \leqslant 1 \tag{9.22}$$

强加所需条件。

在某些情况下，可能需要施加一个类型为式（9.11）的条件，或者也可能需要施加类型为式（9.13）的条件或同时施加两个条件，而这些条件可以通过单独或一起使用的线性约束（9.12）或约束（9.17）来处理。

例 9.3：约束表达问题

用 0-1 变量 δ 来表明是否满足以下约束：

$$2x_1 + 3x_2 \leqslant 1$$

式中，x_1 和 x_2 是不能超过 1 的非负连续变量。

希望施加以下条件：

$$\delta = 1 \rightarrow 2x_1 + 3x_2 \leqslant 1 \tag{9.23}$$

$$2x_1 + 3x_2 \leqslant 1 \rightarrow \delta = 1 \tag{9.24}$$

使用不等式（9.12），M 可取值为 4（=2+3-1），可得条件（9.23）的以下约束表达：

$$2x_1 + 3x_2 + 4\delta \leqslant 5 \tag{9.25}$$

使用不等式（9.17），m 可取值为-1（=0+0-1），取 ε 为 0.1，可得不等式（9.24）的以下约束表达：

$$2x_1 + 3x_2 + 1.1\delta \geqslant 1.1 \tag{9.26}$$

读者可应用 0 和 1 代替 δ 来验证不等式（9.25）和不等式（9.26）是否实现预期的效果。

在本节导出的所有约束中，计算时应使 m 和 M 取值尽可能可行。

Note

9.2 逻辑条件和 "0-1" 变量

在 9.1 节已指出，0-1 变量通常作为决策变量或指示变量引入线性规划（有时是整数规划）模型，而引入这些变量后，就可以通过涉及 0-1 变量的线性约束来表示各决策或状态间的逻辑联系。乍一看，如此多的各类逻辑条件可以这种方式施加，着实令人惊讶。

下面是一些可以如此建模的逻辑条件的典型示例，Williams（1977）给出了更详细的例子。

（1）如果某处没有设集散地，则无法从该地为任何客户供货。

（2）如果图书馆取消订阅某期刊，那么必须仍至少订阅同类别的另一期刊。

（3）如果制造产品 A，还必须制造产品 B 或产品 C、D 中的至少一种。

（4）如果某站关闭，则以该站为终点站的两条支线也必须关闭。

（5）任何一次混料中不得包含超过 5 种某类成分。

（6）如果不在某位置放置一个电子模块，那么没有电线可以与此位置连接。

（7）操作 A 必须在操作 B 开始之前完成，反之亦然。

在本节中，使用布尔代数中的一些符号会很方便，即下面给出的一组连接词：

（1）"∨"表示"或"（广义的，即 A 或 B 或两者兼有）。

（2）"·"的意思是"和"。

（3）"～"的意思是"不是"。

（4）"→"的意思是"意味着"（或"如果……那么"）。

（5）"↔"的意思是"当且仅当"。

这些连接词用于连接由 P、Q、R 等表示的命题，$x > 0$，$x = 0$，$\delta = 1$，等等。

例如，如果 P 代表命题"我会错过公交"，Q 代表命题"我会迟到"，那么 P→Q 代表命题"如果我错过公交，那么我会迟到"，～P 代表命题"我不会错过公交"。

另外，假设 X_i 代表命题"混合物中有成分 i"（i 涵盖成分 A、B 和 C），那么 $X_A \rightarrow (X_B \vee X_C)$ 代表命题"如果混合物中有成分 A，那么该混合物也必然包含成分 B 或 C（或两者）"。该表达式也可以写成 $(X_A \rightarrow X_B) \vee (X_A \rightarrow X_C)$。

也可以根据一个子集来定义所有这些连接词，如可以用集合 $\{\vee, \sim\}$ 来定义，此类子集称为连接词的完整集合。本书不会如此处理，而是会灵活运用上面列出的所有连接词，但务必认识到某些表达等价于涉及其他连接词的表达式。下面给出了所有符合目的的等价表达式。

为避免不必要的括号，设符号"～"、"·"、"∨"和"→"按此顺序书写时，每一个都比其后继符号更具约束力。

例如：

$(P \cdot Q) \ \vee \ R$ 可写成 $P \cdot Q \vee R$

$P \rightarrow (Q \vee R)$ 可写成 $P \rightarrow Q \vee R$

$$\sim\sim P \text{ 等价于 } P \tag{9.27}$$

$$P \rightarrow Q \text{ 等价于} \sim P \ \vee \ Q \tag{9.28}$$

$$P \rightarrow Q \cdot R \text{ 等价于 } (P \rightarrow Q) \cdot (P \rightarrow R) \tag{9.29}$$

$$P \rightarrow Q \ \vee \ R \text{ 等价于 } (P \rightarrow Q) \ \vee \ (P \rightarrow R) \tag{9.30}$$

$$P \cdot Q \rightarrow R \text{ 等价于 } (P \rightarrow R) \ \vee \ (Q \rightarrow R) \tag{9.31}$$

$$P \ \vee \ Q \rightarrow R \text{ 等价于 } (P \rightarrow R) \cdot (Q \rightarrow R) \tag{9.32}$$

$$\sim (P \ \vee \ Q) \text{ 等价于} \sim P \cdot \sim Q \tag{9.33}$$

$$\sim (P \cdot Q) \text{ 等价于} \sim P \ \vee \ \sim Q \tag{9.34}$$

表达式（9.33）和表达式（9.34）有时被称为德摩根定律。

尽管布尔代数可便捷地表达和处理逻辑关系，但此处目的是用熟悉的数学规划等式和不等式来表达这些关系（在某种意义上，该过程与 8.3 节中提到的 0-1 规划的伪布尔方法使用的过程相反）。

假设已经以 9.1 节所述方式引入了指示变量来表示在逻辑上想关联的决策或状态。

该阶段务必要区分命题和变量，可用 X_i 代表命题 $\delta_i = 1$，其中 δ_i 是一个 0-1 指示变量。为方便起见，将下面的命题和约束看作是等价的：

$$X_1 \vee X_2 \text{ 等价于 } \delta_1 + \delta_2 \geqslant 1 \tag{9.35}$$

$$X_1 \cdot X_2 \text{ 等价于 } \delta_1 = 1, \delta_2 = 1 \tag{9.36}$$

$$\sim X_1 \text{ 等价于 } \delta_1 = 0 \ (1 - \delta_1 = 1) \text{ 或 } \delta \tag{9.37}$$

$$X_1 \rightarrow X_2 \text{ 等价于 } \delta_1 - \delta_2 \leqslant 0 \tag{9.38}$$

$$X_1 \leftrightarrow X_2 \text{ 等价于 } \delta_1 - \delta_2 = 0 \tag{9.39}$$

为说明从逻辑条件到约束的转换，请看下面示例。

例 9.4：制造问题

如果制造产品 A 或 B（或两者）中的任一个，则还必须制造产品 C、D 或 E

中的至少一个。

设 X_i 代表命题"已制造产品 i"（i 可以是 A、B、C、D 或 E），此时施加逻辑条件

$$(X_A \vee X_B) \rightarrow (X_C \vee X_D \vee X_E) \tag{9.40}$$

引入指示变量以发挥以下功能：$\delta_i = 1$ 当且仅当已制造产品 i；如果命题 $X_A \vee X_B$ 成立，则 $\delta = 1$，命题 $X_A \vee X_B$ 可以表示为不等式

$$\delta_A + \delta_B \geqslant 1 \tag{9.41}$$

命题 $X_C \vee X_D \vee X_E$ 可以表示为不等式

$$\delta_C + \delta_D + \delta_E \geqslant 1 \tag{9.42}$$

首先，要施加以下条件：

$$\delta_A + \delta_B \geqslant 1 \rightarrow \delta = 1 \tag{9.43}$$

采用 9.1 节的不等式（9.19），通过约束施加该条件

$$\delta_A + \delta_B - 2\delta \leqslant 0 \tag{9.44}$$

其次，要施加以下条件：

$$\delta = 1 \rightarrow \delta_C + \delta_D + \delta_E \geqslant 1 \tag{9.45}$$

采用 9.1 节的不等式（9.18），通过以下约束实现：

$$-\delta_C - \delta_D - \delta_E + \delta \leqslant 0 \tag{9.46}$$

因此，可通过以下方式对原始模型（线性规划或整数规划）施加所需的附加条件。

（1）引入 0-1 变量 δ_A、δ_B、δ_C、δ_D 和 δ_E 并通过 9.1 节的式（9.1）和式（9.7）类型的约束将其与原始（可能是连续的）变量相连接，而对于变量 δ_A 和 δ_B，则没有绝对必要包括式（9.7）类型的约束，因为在这些情况下 9.1 节的条件（9.4）并非必要。

（2）添加上面的附加约束（9.44）和约束（9.46）。

这并非是对这种逻辑条件建模的唯一方法，用上面的布尔恒等式（9.32）可将条件（9.40）重新表示为

$$[X_A \rightarrow (X_C \vee X_D \vee X_E)] \cdot [X_B \rightarrow (X_C \vee X_D \vee X_E)] \tag{9.47}$$

读者应验证与上述类似的分析是否会产生约束（9.46）及以下两个约束来代替不等式（9.44）：

$$\delta_A - \delta \leqslant 0 \tag{9.48}$$

$$\delta_B - \delta \leqslant 0 \tag{9.49}$$

对该条件建模的两种方法都是正确的，但不等式（9.48）和不等式（9.49）比

不等式（9.44）在计算上更具优势（具体将在 10.1 节进行进一步探讨）。

有时也认为 0-1 变量中的多项式对于表达逻辑条件效果很好。此类多项式可以用具有线性约束的线性表达式代替，可能会显著增加 0-1 变量的数量，如约束

$$\delta_1\delta_2 = 0 \tag{9.50}$$

代表条件

$$\delta_1 = 0 \vee \delta_2 = 0 \tag{9.51}$$

如果类似 $\delta_1\delta_2$ 的乘积项出现在某模型中的任何位置，则往往可以通过以下步骤将其转换为线性模型：

（1）将 $\delta_1\delta_2$ 替换为 0-1 变量 δ_3。

（2）施加逻辑条件

$$\delta_3 = 1 \leftrightarrow \delta_1 = 1 \cdot \delta_2 = 1 \tag{9.52}$$

通过如下附加约束完成建模：

$$
\begin{aligned}
-\delta_1 + \delta_3 &\leqslant 0 \\
-\delta_2 + \delta_3 &\leqslant 0 \\
\delta_1 + \delta_2 - \delta_3 &\leqslant 1
\end{aligned}
\tag{9.53}
$$

第三部分的"分散部署"问题中，就需要以这种方式将 0-1 变量的乘积线性化，其中涉及两个变量以上的产品可以用类似的方式逐步简化为单变量。

上述表达形式的一个主要缺陷是，如果有 n 个原始 0-1 变量，则最多可以有 $n(n-1)$ 个新的 0-1 变量和 $3n(n-1)$ 个附加约束。Glover（1975）提出了一个更紧凑的表达形式，假设考虑表达式中所有涉及 δ_1 的项并组合在一起，如 $\delta_1(2\delta_2 + 3\delta_3 - \delta_4)$，而该表达式可用一个新的连续变量 ω 来表示，那么 ω 与 δ_1 的关系如下：

$$
\begin{aligned}
\delta_1 = 1 &\rightarrow \omega = 2\delta_2 + 3\delta_3 - \delta_4 \\
\delta_1 = 0 &\rightarrow \omega = 0
\end{aligned}
$$

得到

$$
\begin{cases}
\omega \geqslant 5\delta_1 + 2\delta_2 + 3\delta_3 - \delta_4 - 5 \\
\omega \leqslant 2\delta_2 + 3\delta_3 - \delta_4 \\
\omega \leqslant 5\delta_1
\end{cases}
$$

值得注意的是，如果变量之间的"联系"相对较少，即每个变量与多个其他变量的乘积很少，则模型尺寸可能几乎不变。

甚至可将涉及 0-1 变量与连续变量的乘积项线性化。以项 $x\delta$ 为例，其中 x 是连续的，δ 是 0-1 变量，可按以下方式处理：

（1）将 $x\delta$ 替换为连续变量 y。

（2）施加逻辑条件，即

$$\begin{aligned} \delta = 0 &\rightarrow y = 0 \\ \delta = 1 &\rightarrow y = x \end{aligned} \tag{9.54}$$

通过如下附加约束来完成建模，即

$$\begin{aligned} y - M\delta &\leqslant 0 \\ -x + y &\leqslant 0 \\ x - y + M\delta &\leqslant M \end{aligned} \tag{9.55}$$

其中，M 为 x 的上界（因此，y 也一样）。

其他涉及 0-1 变量的非线性表达式（如多项式比率）也可以用类似的方式线性化。这种表达往往很少出现，因此不予进一步考虑，但其确实提供了一些有趣的问题，可用本节介绍的原则进行逻辑表达形式化处理。

本节与例 9.4 的共同目的是演示一种在模型上施加逻辑条件的方法，这绝不是进行此类建模的唯一方法，而施加所需条件也有各种经验法则。有经验的建模者可能会认为可通过更为简单的方法推导出此处所述约束，但根据作者的经验，以下说法是正确的：

（1）许多人不知道可用 0-1 变量对逻辑条件建模。

（2）在知道可以这么做的人中，有不少人发现无法通过具有逻辑约束的 0-1 变量找到所需的限制。

（3）很容易错误地对限制进行建模，通过布尔代数中的概念并以上述方式建模，应该可以令人满意地施加所需的逻辑条件。

McKinnon 和 Williams（1989）介绍了一套系统，可用于在标准谓词中自动编制逻辑条件并在 PROLOG 语言中实现。

逻辑条件有时会在约束逻辑编程语言中表达，如 2.4 节所述。Hooker 和 Yan（1999）及 Williams 和 Yan（2001）介绍了使用线性规划约束表达某些示例的"最严谨的"方式（这一概念在 8.3 节中所有解释）。Williams（1995,2009）、Williams 和 Brailsford（1999）及 Chandru 和 Hooker（1999）解释了逻辑变量与 0-1 整数规划之间的密切关系。

9.3 特殊有序变量集

在数学规划问题中，存在两种很常见的限制类型，为此 Beale 和 Tomlin（1969）提出了 1 类特殊顺序集合（SOS1）和 2 类特殊顺序集合（SOS2）的概念。

SOS1 是一组变量（连续或整数），其中有一个变量必须为非零。

SOS2 是一组变量，其中最多有两个变量可以非零，且二者必须按集合给定的顺序相邻。

完全可以使用整数变量和约束对"一组变量属于 SOS1 集合或 SOS2 集合"进行建模（该方法会在下面说明），在算法层面处理这些限制具有显著的计算优势。可以采用修改分支定界算法来处理 SOS1 集合和 SOS2 集合，但该方式超出了本书范畴。Beale 和 Tomlin 已对此进行了论述。

下面给出了一些关于 SOS1 集合和 SOS2 集合的示例。

例 9.5：集散地选址

集散地可设在 A、B、C、D 或 E 任一位置，但只能建造一个集散地。

如果用 0-1 指示变量 δ_i 来实现以下目的：当且仅当仓库位于 i（i 可以是 A、B、C、D 或 E）时，$\delta_i=1$，则变量集合（δ_1，δ_2，δ_3，δ_4，δ_5）可看作一个 SOS1 集合。

SOS1 条件与约束可表示为

$$\delta_1 + \delta_2 + \delta_3 + \delta_4 + \delta_5 = 1 \tag{9.56}$$

这共同确保了整数性质，在此不必另行规定 δ_i 是整数。只有当位置存在自然排序时，才能从 SOS 表达形式中获得较大优势。

例 9.6：产能扩展问题

工厂的产能可通过提高投资水平来扩展。

如果将变量集（δ_1，δ_2，δ_3，δ_4，δ_5）视为一个 SOS1 集合，那么可以进行如下建模：

$$C = C_1\delta_1 + C_2\delta_2 + C_3\delta_3 + C_4\delta_4 + C_5\delta_5 \tag{9.57}$$

$$I = I_1\delta_1 + I_2\delta_2 + I_3\delta_3 + I_4\delta_4 + I_5\delta_5 \tag{9.58}$$

$$\delta_0 + \delta_1 + \delta_2 + \delta_3 + \delta_4 + \delta_5 = 1 \tag{9.59}$$

这里不需要将式（9.59）中的 δ_i 强行看作整数变量。从概念上讲，将 SOS1 集合视为一个整体很重要。然后，可以将 C 视为一个量，作为 I 的离散函数，这可以视为将 0-1 变量泛化为两个以上离散值的情况，而这种泛化效果通常优于传统的一般整数变量。

尽管 SOS1 集合最常见的应用场景是对具有约束的 0-1 整数变量建模，如式（9.59）所示，但也存在其他应用场景。

SOS2 集合最常见的应用场景是对非线性函数建模，如下例所述。

例 9.7：非线性函数

7.3 节引入了可分离集的概念，用于对单变量的非线性函数采取分段线性近似法。通过此类可分离表达形式的 λ 约定，可获得以下凸性约束：

$$\lambda_1 + \lambda_2 + \cdots + \lambda_n = 1 \tag{9.60}$$

此外，为使 x 和 y 的坐标位于图 7.15 中的分段线性曲线上，有必要施加以下附加限制：

$$\text{最多两个相邻的 } \lambda_i \text{ 可以非零} \tag{9.61}$$

在此种情况下，可使用 SOS2 集合，而非如 7.2 节所述，通过可能出现局部最优而不是全局最优的可分离编程来处理该限制。式（9.61）中的限制不需要明确建模，相反，可以将变量集（$\lambda_1, \lambda_2, \cdots, \lambda_n$）称为 SOS2 集合。

将例 9.7 中的非线性函数表达形式化，需要非线性函数是可分离的，即单变量的函数之和。7.4 节演示了如何将不可分离函数模型转换为非线性且均为单变量函数的模型，虽然通常可以这么做，但可能较为烦琐，大大增加了模型尺寸及计算难度。也可以将 SOS 集合的概念扩展到一连串相关 SOS 集合，贝尔（1980）就做到了这一点，下面的例子最能体现该想法。

例 9.8：两个或两个以上变量的非线性函数

假设 $z = g(x, y)$ 是 x 和 y 的非线性函数。

设定一个（x, y）值的网格（不一定等距），并将非负"权重"λ_{ij} 与网格中的每个点相关联，如图 9.2 所示。

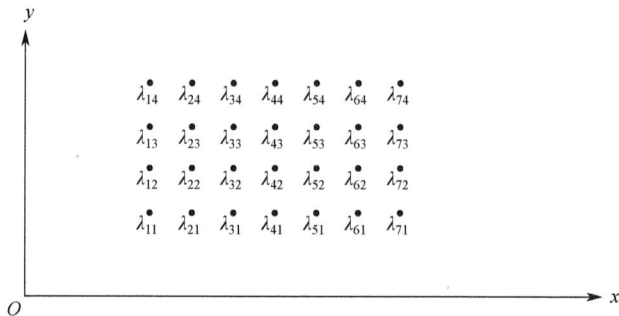

图 9.2 SOS 条件

如果网格点（x, y）处的值用（X_s, Y_k）表示，可通过以下关系求函数 $z = g(x, y)$ 的近似值：

$$x = \sum_s \sum_k X_s \lambda_{sk} \tag{9.62}$$

$$y = \sum_s \sum_k Y_k \lambda_{sk} \tag{9.63}$$

$$z = \sum_s \sum_k g(X_s, Y_k) \lambda_{sk} \tag{9.64}$$

$$\sum_s \sum_k \lambda_{sk} = 1 \tag{9.65}$$

此外，有必要对 λ 变量施加以下限制：

最多 4 个相邻的 λ_{sk} 可以非零 　　　　　　　　（9.66）

最后一个条件显然是 SOS2 集合的泛化形式，可通过以下方式实现条件（9.66）。设针对所有 $\xi_1,\xi_2,\xi_3,\cdots$ 和 $\eta_1,\eta_2,\eta_3,\cdots$ 有 $\xi_s = \sum_k \lambda_{sk}$，$\eta_k = \sum_s \lambda_{sk}$，且每项均作为 SOS2 集合。第一组的 SOS2 条件允许 λ_{sk} 在图 9.2 中最多两个相邻行中不为零，而对于第二组，SOS2 条件允许 λ_{sk} 在最多两个相邻列中不为零。例如，可能有 $\xi_2 = 1/3$，$\xi_3 = 2/3$，$\eta_5 = 1/4$，$\eta_6 = 3/4$。

上面的 ξ 和 η 的值可来自 $\lambda_{25} = 1/6$，$\lambda_{26} = 1/6$，$\lambda_{35} = 1/12$，$\lambda_{36} = 7/12$，所有其他 λ_{sk} 为零，但也可能来自 λ_{sk} 的其他值，例如，$\lambda_{25} = 1/4$，$\lambda_{26} = 1/12$，$\lambda_{36} = 2/3$，所有其他 λ_{sk} 为零。

为了避免这种非唯一性，可以将非零 λ_{sk} 限制为三角形的顶点（如在上面的第二个例子中），施加如下附加约束可以做到这一点，但耗时较长，即

$$\zeta_t = \sum_s \lambda_{s,t+s} \tag{9.67}$$

并将 ζ_t 视为更进一步的 SOS2 集合。

但如果满足于将 x（或 y）限制为网格值（不在该方向上插值），那么问题就不会出现。实际上，也可以不引入集合 ξ_s，只要在每个集合 λ_{sk} 内有相同的 s，其中非零项有相同的指数 k，此时集合 λ_{sk} 被称为 Beale（1980）介绍的链式 SOS 集合，且限制可通过算法处理。

第二部分中提出的一些问题可利用特殊顺序集来表达，特别是"分散部署"和"逻辑设计"问题都可利用 SOS1 集合。

如果正在使用的程序包中有此功能，则最好通过算法处理 SOS 集合，但其所暗示的限制可用 0-1 变量和线性约束来施加，下面证明这一点。

假设（$x_1, x_2, \cdots, x_n$）是一个 SOS1 集合。如果变量不是 0-1 变量，则引入 0-1 指示变量 $\delta_1, \delta_2, \cdots, \delta_n$ 并通过约束以常规方式将其与 x_i 变量相连接：

$$x_i - M_i \delta_i \leq 0, i = 1,2,\cdots,n \tag{9.68}$$

$$x_i - m_i \delta_i \leq 0, i = 1,2,\cdots,n \tag{9.69}$$

式中，M_i 和 m_i 是常数系数，分别是 x_i 的上界和下界。

然后对 δ_i 变量施加以下约束：

$$\delta_1 + \delta_2 + \cdots + \delta_n = 1 \tag{9.70}$$

如果 x_i 变量为 0-1 变量，可以立即视为上面的 δ_i 变量，只需施加约束（9.70）。

使用 0-1 变量对 SOS2 集合建模则更为复杂。假设（$\lambda_1, \lambda_2, \cdots, \lambda_n$）是一个 SOS2 集合，引入 0-1 个变量 $\delta_1, \delta_2, \cdots, \delta_{n-1}$ 及以下约束：

$$\begin{aligned}
\lambda_1 \quad & \quad -\delta_1 \quad & \leqslant 0 \\
\lambda_2 \quad & \quad -\delta_1 - \delta_2 \quad & \leqslant 0 \\
\lambda_3 \quad & \quad -\delta_2 - \delta_3 \quad & \leqslant 0 \\
\cdots \quad & \quad \cdots \quad & \vdots \\
\lambda_{n-1} \quad & \quad -\delta_{n-2} - \delta_{n-1} \quad & \leqslant 0 \\
\lambda_n \quad & \quad -\delta_{n-1} \quad & \leqslant 0
\end{aligned} \tag{9.71}$$

且

$$\delta_1 + \delta_2 + \cdots + \delta_{n-1} = 1 \tag{9.72}$$

该表达形式表明了 SOS1 集合和 SOS2 集合之间的关系，而只要每个 δ_i 都有一个上界为 1，就可通过将 δ_i 视为属于 SOS1 集合来省去式（9.72）。

Sherali（2001）对 λ-表达形式的整数规划建模提出了改进，该表达形式进一步放宽了线性规划，还允许对不连续的分段线性表达建模，如图 9.3 所示。为在不连续点确定唯一函数，必须在不连续点使其上半连续或下半连续，即界定该点的左方半开区间或右方半开区间。

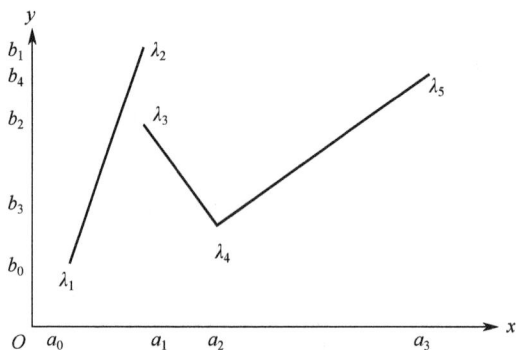

图 9.3　不连续的分段线性表达

为对分段线性函数建模，将两个（加权）变量 λ_L、λ_R 与每部分每一端相关联，总和必须为 1，然后规定恰好一对权重是正的，将函数限制在其中一个部分。图 9.3 所示图像的整数规划表达形式为

$$\delta_1 + \delta_2 + \delta_3 = 1, \quad \delta_i \in \{0,1\} \tag{9.73}$$

$$\lambda_1 + \lambda_2 = \delta_1, \quad \lambda_3 + \lambda_4 = \delta_2, \quad \lambda_4 + \lambda_5 = \delta_3 \tag{9.74}$$

$$x = a_0\lambda_1 + a_1(\lambda_2 + \lambda_3) + a_2\lambda_4 + a_3\lambda_5 \tag{9.75}$$

$$y = b_0\lambda_1 + b_1\lambda_2 + b_2\lambda_3 + b_3\lambda_4 + b_4\lambda_5 \tag{9.76}$$

9.4　线性规划模型应用的附加条件

由于整数规划的大多数实际应用会产生混合整数规划模型，对线性规划来说，其相当于附加条件，因此，本节深入研究这一问题，并简述一些最常见的应用场景。

9.4.1　析取型约束

假设对于线性规划问题，不需要所有约束同时成立，但确实需要至少一个约束子集作支撑，可表述为

$$R_1 \vee R_2 \vee \ldots \vee R_N \tag{9.77}$$

其中，R_i 是命题"满足子集 i 中的约束"，约束 $1, 2, \cdots, N$ 形成所要探讨子集的下标，而表达式（9.77）被称为约束析取。

按照 9.1 节的原则，引入 N 个指标变量 δ_i 来表示约束 R_i 是否满足。在此情况下，只需要施加以下条件即可

$$\delta_i = 1 \rightarrow R_i \tag{9.78}$$

可根据 R_i 是"$\leqslant$""$\geqslant$"还是"$=$"约束，通过式（9.12）或式（9.18）（见 9.1 节）的约束单独或共同完成。然后可通过约束条件：

$$\delta_1 + \delta_2 + \cdots + \delta_N \geqslant 1 \tag{9.79}$$

进行如式（9.77）所示的析取运算。

式（9.77）也有替代表达形式（将在 10.2 节中探讨），相应表达形式由 Jeroslow 和 Lowe（1984）提出，他们在 1985 年发表的文献中公布了令人满意的计算结果。

式（9.77）可出现的泛化形式为

$$(R_1, R_2, \cdots, R_N)\ \text{中至少务必要满足}\ k\ \text{个} \tag{9.80}$$

使用类似上面的建模技巧，得到下面的约束，替代不等式（9.79）：

$$\delta_1 + \delta_2 + \cdots + \delta_N \geqslant k \tag{9.81}$$

式（9.80）的变体可为以下条件：

$$(R_1, R_2, \cdots, R_N)\ \text{中最多要满足}\ k\ \text{个} \tag{9.82}$$

用指示变量 δ_i 为式（9.82）建模，只需施加条件

$$R_i \to \delta_i = 1 \tag{9.83}$$

建模人员可根据 R_i 是 "$\leqslant$" "$\geqslant$" 还是 "=" 约束，通过式（9.17）或式（9.19）（见 9.1 节）的约束单独或共同完成，式（9.82）可通过以下约束实现：

$$\delta_1 + \delta_2 + \cdots + \delta_N \leqslant k \tag{9.84}$$

约束的析取涉及逻辑连接词 "$\vee$"（"或"）并且需要整数规划模型。

值得指出的是，连接词 "$\cdot$"（"和"）显然可以通过常规的线性规划来处理，因为约束的结合只涉及同时存在的一系列约束。就此而言，可以将 "和" 视为对应于线性规划，而将 "或" 视为对应于整数规划。

9.4.2 非凸区域

作为析取约束的应用场景，本书展示了如何用整数规划施加与非凸区域相对应的限制。众所周知，线性规划模型的可行域是凸的（凸性定义参见 7.2 节），但在非线性规划问题中，也最好有一个非凸的可行域。例如，图 9.4 所示非凸的可行域 $ABCDEFGO$ 是一个由一系列直线包围的区域，由某一实际问题的约束条件形成，或者表示对以曲线为界的非凸区域的分段线性近似。

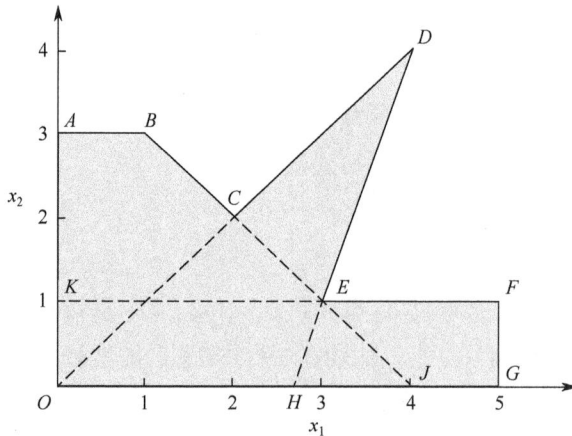

图 9.4 非凸的可行域

为清晰呈现，可将区域 $ABCDEFGO$ 视为由 3 个凸区域 $ABJO$、ODH 和 $KFGO$ 的并集组成，如图 9.4 所示，而这些区域的重叠没有影响。

区域 $ABJO$ 由以下约束界定：

$$\begin{aligned} x_2 &\leqslant 3 \\ x_1 + x_2 &\leqslant 4 \end{aligned} \tag{9.85}$$

区域 *ODH* 由以下约束界定：

$$-x_1 + x_2 \leq 0$$
$$3x_1 - x_2 \leq 8 \tag{9.86}$$

区域 *KFGO* 由以下约束界定：

$$x_2 \leq 1$$
$$x_1 \leq 5 \tag{9.87}$$

我们在下面的条件中引入指示变量 δ_1、δ_2 和 δ_3：

$$\delta_1 = 1 \rightarrow (x_2 \leq 3) \cdot (x_1 + x_2 \leq 4) \tag{9.88}$$
$$\delta_2 = 1 \rightarrow (-x_1 + x_2 \leq 0) \cdot (3x_1 - x_2 \leq 8) \tag{9.89}$$
$$\delta_3 = 1 \rightarrow (x_2 \leq 1) \cdot (x_1 \leq 5) \tag{9.90}$$

式（9.88）～式（9.90）分别由如下约束条件表达：

$$x_2 + \delta_1 \leq 4$$
$$x_1 + x_2 + 5\delta_1 \leq 9 \tag{9.91}$$
$$-x_1 + x_2 + 4\delta_2 \leq 4$$
$$3x_1 - x_2 + 7\delta_2 \leq 15 \tag{9.92}$$
$$x_2 + 3\delta_3 \leq 4$$
$$x_1 \leq 5 \tag{9.93}$$

现在只需要施加一个条件，即一组不等式（9.85）、不等式（9.86）或不等式（9.87）中的至少一项必须成立，由约束

$$\delta_1 + \delta_2 + \delta_3 \geq 1 \tag{9.94}$$

实现，也可以这样处理可行域分离的情况。

对于已连接的非凸区域，只要将原点连接到任何可行点的线完全位于可行区域内，就可用另一种表达形式来表示。7 个"加权"变量 $\lambda_A, \lambda_B, \cdots, \lambda_G$ 与顶点 $A, B, \cdots, G$ 相关联，并包含在以下约束中：

$$\lambda_B + 2\lambda_C + 4\lambda_D + 3\lambda_E + 5\lambda_F + 5\lambda_G - x_1 = 0 \tag{9.95}$$
$$3\lambda_A + 3\lambda_B + 2\lambda_C + 4\lambda_D + \lambda_E + \lambda_F - x_2 = 0 \tag{9.96}$$
$$\lambda_A + \lambda_B + \lambda_C + \lambda_D + \lambda_E + \lambda_F + \lambda_G \leq 1 \tag{9.97}$$

然后限制 λ 变量以形成 SOS2 集合。请注意，这是使用 SOS2 集合对分段线性函数建模的泛化，如由线 *ABCDEFG* 表示的函数。在此情况下，约束（9.97）将变成一个方程，即 λ_i 总和为 1。对于此示例，本书只放宽此限制，用"≤"约束来表达。

9.4.3　限制解中变量的数量

这是析取约束的另一应用场景。众所周知，在线性规划中，最优解在非零值处所需变量永远不会多于问题中的约束，但有时需要进一步限制该数量（限制到

k），而要做到这一点需要整数规划。引入指示变量 δ_i，以通过下面的条件与线性规划问题中 n 个连续变量 x_i 中的每一个相关联：

$$x_i > 0 \rightarrow \delta_1 = 1 \tag{9.98}$$

类似上面的处理方式，该条件由约束

$$x_i - M_i \delta_i \leqslant 0 \tag{9.99}$$

施加，其中 M_i 是 x_i 的上界。

然后施加一个条件，即最多 k 个变量的 x_i 不为零，通过约束 $\delta_1 + \delta_2 + \cdots + \delta_n \leqslant k$ 来表达。

此情况的一个非常常见的应用是限制混合物中成分的数量，而第二部分的"食品加工 2"就是一个例子。线性规划模型中限制产品组合类型生产的产品范围是与此相关的另一种情况。

9.4.4 序列化相关决策变量

有时需要模拟一种情况，即在特定时间做出的决定会影响以后的决定。例如，假设在多周期线性规划模型（n 个周期）中，在每个周期中引入一个决策变量 γ_t，以表明在每个周期中应该如何做决策。让 γ_t 代表以下决定：$\gamma_t = 0$ 表示该集散地应永久关闭；$\gamma_t = 1$ 表示该集散地应暂时关闭（仅限本期）；$\gamma_t = 2$ 表示此期间应使用该集散地。显然，本书希望（除其他外）施加如下条件：

$$\gamma_t = 0 \rightarrow (\gamma_{t+1} = 0) \cdot (\gamma_{t+2} = 0) \cdots (\gamma_n = 0) \tag{9.100}$$

这可以通过以下约束来实现：

$$\begin{aligned} -2\gamma_1 + \gamma_2 &\leqslant 0 \\ -2\gamma_2 + \gamma_3 &\leqslant 0 \\ &\vdots \\ -2\gamma_{n-1} + \gamma_n &\leqslant 0 \end{aligned} \tag{9.101}$$

在这种情况下，决策变量 γ_t 可以取 3 个值，而该变量往往是一个 0-1 变量。

在第二部分的采矿问题中有序列化相关决策的案例。

9.4.5 规模经济

第 7 章中曾提及，规模经济会导致非线性规划问题，其目标函数等同于最小化非凸函数。在这种情况下，无法仅通过分段线性近似法将其简化为线性规划问题，也无法依赖可分离规划，否则只会得到局部最优解。

例如，假设某模型目标是最小化成本，而特定产品的制造量用变量 x 表示，且单位边际成本随着 x 的增加而降低。

如图 9.5 所示，模型的图像可能是真实的成本曲线，也可能是其分段线性近似。

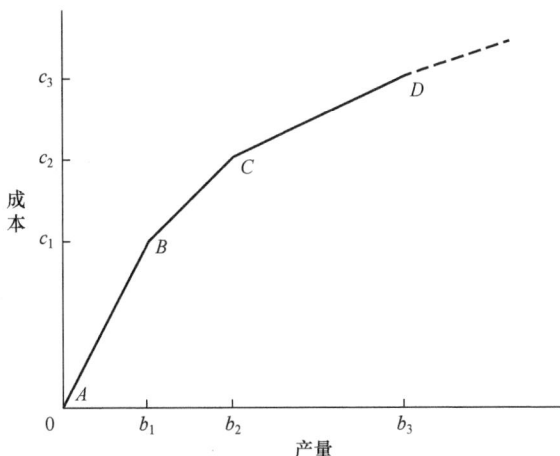

图 9.5　真实的成本曲线或其分段线性近似

单位边际成本按顺序为

$$\frac{c_1}{b_1} > \frac{c_2 - c_1}{b_2 - b_1} > \frac{c_3 - c_2}{b_3 - b_2} \cdots$$

根据第 7 章中所述可分离规划的 λ 表达形式，引入 $n + 1$ 个变量 λ_i（$i = 0, 1, 2, \cdots, n$），可解释为附加到顶点 A、B、C、D 等的"权重"，然后可得

$$x = b_1 \lambda_1 + b_2 \lambda_2 + \cdots + b_n \lambda_n \tag{9.102}$$

$$成本 = c_1 \lambda_1 + c_2 \lambda_2 + \cdots + c_n \lambda_n \tag{9.103}$$

变量集（$\lambda_0, \lambda_1, \cdots, \lambda_n$）现被视为另一种类型的特殊有序集。若使用整数规划方法，可获得全局最优解。

当然，也可以使用可分离规划的 δ 表达形式来模拟这种情况。

9.4.6　离散容量的扩展形式

认为线性规划约束（通常为能力约束）适用于所有情况是不现实的。在现实生活中，人们通常会以一定的代价违反约束。该话题已经在 3.3 节中提及，彼时允许该约束不断放宽，但通常这是不可行的。如果要连续放宽约束，可能仅在发生较大变化的情况下实现，如购买全新的机器或全新的储罐。

假设初始右侧（RHS）值为 b_0，且可以连续增加到 $b_1, b_2, \cdots, b_n$，可得

$$\sum_j a_j x_j \leqslant b_i \qquad (9.104)$$

而且

$$成本 = \begin{cases} 0, & i = 0 \\ c_i, & i \neq 0 \end{cases}$$

其中，$0 < c_1 < c_2 < \cdots < c_n$。

这种情况可通过引入 0-1 变量来建模，其中 δ_0、δ_1、δ_2 等表示应用的连续可能右侧值，然后可得

$$\sum_j a_j x_j - b_0 \delta_0 - b_1 \delta_1 - \cdots - b_n \delta_n \leqslant 0 \qquad (9.105)$$

将以下表达式添加到目标函数：

$$c_1 \delta_1 + c_2 \delta_2 + \cdots + c_n \delta_n \qquad (9.106)$$

变量集合（$\delta_0, \delta_1, \cdots, \delta_n$）可视为 SOS1 集合。如此一来，可将 δ_1 视为广义上界为 1 的连续变量，即可以忽略完整性要求。

9.4.7　求最大型的目标函数

假设有以下情况：

$$\max_i \left(\sum_j a_{ij} x_j \right)$$

条件为传统线性约束。

这类似于 3.2 节中探讨的最大最小目标，但与彼时情况不同的是，其不能通过线性规划方法建模。

但可以将其视为析取约束案例并使用整数规划方法建模，该模型可表示为

$$\begin{aligned} &\max \quad z \\ &\text{s.t.} \quad \sum_j a_{1j} x_j - z = 0 \quad 或 \quad \sum_j a_{2j} x_j - z = 0 \quad 或 \cdots \end{aligned}$$

9.5　整数规划模型的特殊类型

本节旨在介绍一些著名的特殊整数规划模型，主要关注理论层面。通过介绍这些模型的结构，帮助建模者判断何时建立此类模型。参考相关文献和计算经验可能有一定价值。

但要强调的是，大多数实际的整数规划模型并不属于这些类别中的任何一个，而是作为 MIP 模型出现，通常为现有线性规划模型的扩展形式。虽然本书对下述整数规划问题予以极大关注，但要承认其重要性有限，有时也具有重要实际意义。

9.5.1　集合覆盖问题

集合覆盖问题的名称源于下面描述的问题。

给定一组对象，将其编号为集合 $S = (1,2,3,\cdots,m)$。

同时给出一个 S 的子集构成的集合 $\mathscr{S}$，而这些子集的每一项都有与之相关的成本。

问题是使用部分成员以最低成本"覆盖" S 的所有成员。

例如，假设 $S = (1,2,3,4,5)$ 且 $\mathscr{S} = ((1,2),(1,3,5),(2,4,5),(3),(1),(4,5))$，而所有成员的成本均为 1。

S 的一个覆盖为 $(1,2)$，$(1,3,5)$ 和 $(2,4,5)$。

为在该例中得到 S 的最小成本覆盖，可建立一个 0-1 纯整数规划（PIP）模型，其中变量 δ_i 解释如下：

$$\delta_i = \begin{cases} 1, & \text{若}\mathscr{S}\text{的第}i\text{个成员在该覆盖中} \\ 0, & \text{其他情况} \end{cases}$$

引入约束以确保覆盖 S 的每个成员。例如，为覆盖 S 的成员 1，覆盖中必须至少包含成员 $(1,2)$，$(1,3,5)$ 或 (1) 中的一个。该条件由下面的约束（9.107）所施加，而其他约束则确保 S 的其他成员具有类似条件。

如果目标只是最小化覆盖中使用的 S 的成员数，则生成的模型如下：

$$\min \quad \delta_1 + \delta_2 + \delta_3 + \delta_4 + \delta_5 + \delta_6$$
$$\text{s.t.} \quad \delta_1 + \delta_2 + \delta_5 \geq 1 \tag{9.107}$$
$$\delta_1 + \delta_3 \geq 1 \tag{9.108}$$
$$\delta_2 + \delta_4 \geq 1 \tag{9.109}$$
$$\delta_3 + \delta_6 \geq 1 \tag{9.110}$$
$$\delta_2 + \delta_3 + \delta_6 \geq 1 \tag{9.111}$$

变量也可被赋予目标中的非单位成本系数。

该模型具有许多重要属性，举例如下。

【属性 9.1】

目标函数最小化及所有约束为"$\geq$"。

【属性 9.2】

所有约束条件右端项为 1。

【属性 9.3】

系数矩阵中各元素均为 0 或 1。

根据上述抽象集合覆盖应用场景，所有具备上述 3 个属性的 0-1 纯整数规划（PIP）模型都称为集合覆盖问题。

扩展该问题：如果放宽属性 9.2，并允许某些右端项存在大于 1 的正整数，可得到加权集合覆盖问题。对此的一种解释是，集合 S 的某些成员在覆盖中被赋予比其他成员更大的"权重"，也就是说，必须被覆盖一定次数。

有时出现的另一种泛化形式是，当放宽属性 9.2 时，同时也放宽属性 9.3，允许矩阵系数为 0 或 ±1，这就得到了广义集合覆盖问题。

机组人员排班是集合覆盖问题最著名的应用场景之一。此时，S 的成员可视为航空公司必须覆盖的"航段"，而 S 的成员可能是涉及特定航班组合的"班表"（或轮换安排），航空公司经常要求用最少的机组人员在一段时间内覆盖所有航段，同时每位机组人员都被分配到某班表中。

Balas 和 Padberg（1975）完整列出了集合覆盖问题的应用场景。

用于集合覆盖问题的特殊算法确实存在，而 Garfinkel 和 Nemhauser（1972）的著作的第 4 章介绍了两类算法。

集合覆盖问题有一个重要属性，通常使其相对容易通过分支定界法求解。可以证明，集合覆盖问题的最优解必须是与线性规划问题类似结论的顶点解。遗憾的是，该顶点解通常不是（但有时是）对应线性规划模型的最优顶点解，但通常可用相对较少的步骤从该连续最优值平移至整数最优值。

求解集合覆盖问题的困难通常并非来自其结构，而是规模大小。在实际应用中，模型约束通常相对较少，但存在大量变量。在优化过程中对模型生成列通常有很大帮助，而列生成将在 9.6 节介绍。

9.5.2 集合配置问题

此类问题与集合覆盖问题密切相关，其名称同样源自开始描述的一个抽象问题。

给定一组对象，将其编号为集合 $S = (1,2,3,\cdots,m)$，另外还给定 S 的一个由子集构成的集合 $\mathscr{S}$，每个成员都有一个相关的特定值。

问题在于将尽可能多的 $\mathscr{S}$ 成员"配置"到 S 中，以最大化总价值且无任何重叠。

例如，假设 $S =$ （1, 2, 3, 4, 5, 6） 且 $\mathscr{S} = ((1, 2, 5)，(1, 3)，(2, 4)，(3, 6)，(2, 3, 6))$，则 S 的一个配置为（1, 2, 5）和（3, 6）。

同样，可建立一个 0-1 PIP 模型来帮助求解，变量 δ_i 解释如下：

$$\delta_i = \begin{cases} 1, & \text{若}\ \mathscr{S}\ \text{的第}i\text{个成员在该配置中} \\ 0, & \text{其他情况} \end{cases}$$

引入约束以确保 S 的任何成员都不存在于集合 $\mathscr{S}$ 中的一个以上的成员中，即不应有重叠。例如，为了不使成员 2 被多次包含，不能在集合中有一个以上的（1, 2, 5），（2, 4）和（2, 3, 6）。该条件对应形成了下面的约束（9.113），其他约束则确保 S 的其他成员也类似处理。

此处目标是最大化可以"配置"的 S 的成员数量，该例模型为

$$\max \quad \delta_1 + \delta_2 + \delta_3 + \delta_4 + \delta_5$$

$$\text{s.t.} \quad \delta_1 + \delta_2 \leqslant 1 \tag{9.112}$$

$$\delta_1 + \delta_3 + \delta_5 \leqslant 1 \tag{9.113}$$

$$\delta_2 + \delta_4 + \delta_5 \leqslant 1 \tag{9.114}$$

$$\delta_3 \leqslant 1 \tag{9.115}$$

$$\delta_1 \leqslant 1 \tag{9.116}$$

$$\delta_4 + \delta_5 \leqslant 1 \tag{9.117}$$

约束（9.115）和约束（9.116）显然是多余的。

与集合覆盖问题一样，该模型具有许多重要属性，举例如下。

【属性 9.4】

该问题为最大化问题，所有约束都是"$\leqslant$"。

【属性 9.5】

所有右端项均为 1。

【属性 9.6】

所有其他矩阵系数均为 0 或 1。

一个有趣的现象是，与目标系数为 1 的集合配置问题相关的线性规划问题，是与目标系数为 1 的集合覆盖问题相关的线性规划问题的对偶。就整数规划问题最优解而言，该结果意义不大，因为这些解之间可能存在"对偶间隙"，该术语在 10.3 节中有所解释。虽然目标系数为 1 的集合配置问题在此意义上是目标系数为 1 的集合覆盖问题的对偶，但应该认识到，要用 $\mathscr{S}$ 成员覆盖的集合 S，不同于要用另一类子集 $\mathscr{S}$ 成员配置的集合 S。上面用来说明集合覆盖和集合配置问题的两个

例子被选为该层面的对偶问题，但集合 S 和子集 $\mathscr{S}$ 是不同的。

与集合覆盖问题一样，通过放宽上述属性 9.4～属性 9.6 的某些属性，可泛化集合配置问题。如果放宽属性 9.5，并允许右端项为大于 1 的正整数，可得加权集合配置问题。如果放宽上述属性 9.5 和属性 9.6，以允许矩阵系数为 0 或 ±1，则可得广义集合配置问题。

匹配问题是一类特殊的配置问题，该问题可以用一个图来表示，其中配置对象 S 为节点。S 的每个子集由 S 的两个成员组成，并由图的弧表示，其端点代表 S 的两个成员，然后问题就变成了将尽可能多的顶点匹配（或配对）在一起。Edmonds（1965）对该问题开展了广泛研究。

集合配置问题等价于集合分区问题，接下来会探讨集合分区问题，并介绍应用场景和参考资料。

9.5.3 集合分区问题

同上，给定一组对象，编号为集合 $S = (1,2,3,\cdots,m)$ 和 S 的一个由子集构成的集合 $\mathscr{S}$。

该问题既要用成员 $\mathscr{S}$ 覆盖 S 的所有成员，又要保证没有重叠。从这个意义上说，该问题为覆盖和配置的联合问题，此时区分最大化和最小化问题没有意义，因为两者都可能出现。

举例来说，还是看一下说明集合覆盖问题的示例中相同的 S 和 $\mathscr{S}$。不同之处在于，现在必须施加更严格的条件，以确保 S 的每个成员都在分区的某个成员中（或综合覆盖问题和配置问题），方法是使约束（9.107）～约束（9.111）取 "="而不是 "≥"，可得

$$\delta_1 + \delta_2 + \delta_5 = 1 \tag{9.118}$$

$$\delta_1 + \delta_3 = 1 \tag{9.119}$$

$$\delta_2 + \delta_4 = 1 \tag{9.120}$$

$$\delta_3 + \delta_6 = 1 \tag{9.121}$$

$$\delta_2 + \delta_3 + \delta_6 = 1 \tag{9.122}$$

例如，S 的可行分区由（1, 2），（3）和（4, 5）组成。

机组人员排班也会遇到集合划分问题，很易于理解。假设不允许机组人员乘坐其他航班旅行，然后有必要让 S（航段）的每个成员恰好由 $\mathscr{S}$（班表）的一个成员覆盖，接下来用一个集合分区问题来代替集合覆盖问题。

政治区划是集合分区问题的另一种应用场景。在该问题中，通常有一个附加

的约束来确定政治区划（或选区）的总数，而目标通常是最小化某地区的选民与某地区的平均选民的最大偏差，该最小最大目标可用 3.3 节所述的方式来处理。Garfinkel 和 Nemhauser（1970）提出了通过整数规划方法解决该问题。

现在看一下集合分区和集合配置问题之间的本质等价性。如果将松弛变量引入集合配置问题的每个"≤"约束，将获得"="约束。这些松弛变量只能取值为 0 或 1，因此可以将问题中的所有其他变量均视为 0-1 变量，结果显然是一个集合分区问题。

对于相反的情况，处理时会更复杂一些。假设有一个集合分区问题，每个约束的形式为

$$a_1\delta_1 + a_2\delta_2 + \cdots + a_n\delta_n = 1 \tag{9.123}$$

在约束（9.123）中引入一个附加 0-1 变量 δ，给出

$$a_1\delta_1 + a_2\delta_2 + \cdots + a_n\delta_n + \delta = 1 \tag{9.124}$$

如果相关问题可归类为最小化问题，则可以在目标函数中为 δ 赋予足够高的正成本 M，以迫使 δ 在最优解中为零。对于最大化问题，将 M 设为具有足够高绝对值的负数来达到相同效果。从式（9.124）可导出以下表达式，从而不需要直接引入目标函数。

$$1 - a_1\delta_1 - a_2\delta_2 - \cdots - a_n\delta_n \tag{9.125}$$

用下面的约束替换式（9.124）不会失去一般性

$$a_1\delta_1 + a_2\delta_2 + \cdots + a_n\delta_n \leqslant 1 \tag{9.126}$$

如果对所有其他约束进行类似的转换，则集合分区问题可以转换为集合配置问题。

因此，可得出以下结论：集合配置问题和集合分区问题很容易互相转换，两类问题都具有与集合覆盖问题相关的属性，即最优解始终是相应线性规划问题的顶点解。

集合分区（或配置）问题通常比集合覆盖问题更容易求解，从小数值示例中不难看出，使用"="约束的集合分区问题比相应的集合覆盖问题更受约束。同样，相应的线性规划问题更受约束，而在 10.1 节中将看到，将相应的线性规划问题尽可能地限制为整数规划问题在计算上是大有帮助的。

Balas 和 Padberg（1975）完整列出了集合配置和集合分区问题的应用场景和参考文献。Garfinkel 和 Nemhauser（1970，1972）的著作的第 4 章非常全面地探讨了这些问题，并给出了一种特殊用途的算法。Ryan（1992）介绍了如何将集合分区问题应用于机组人员排班。

鉴于集合分区和集合配置问题非常相似，而集合覆盖问题则有重大区别，这通常会令人惊讶不已，尽管集合覆盖问题形式上简单，但求解显然比前面的问题要困难得多。通过在式（9.123）中引入一个有负系数的附加 0-1 变量并实施与上述类似的替换，可以将集合分区（或配置）问题转换为集合覆盖问题，但通常无法将集合覆盖问题反向转换为集合分区（或配置）问题，揭示出问题的独特性。

9.5.4 背包问题

具有单约束的 PIP 模型被称为背包问题，可采取以下形式：

$$\begin{aligned} \max \quad & p_1\gamma_1 + p_2\gamma_2 + \cdots + p_n\gamma_n \\ \text{s.t.} \quad & a_1\gamma_1 + a_2\gamma_2 + \cdots + a_n\gamma_n \leqslant b \end{aligned} \qquad (9.127)$$

其中，$\gamma_1, \gamma_2, \cdots, \gamma_n \geqslant 0$ 并取整数值。

"背包"这一名称源于某徒步旅行者试图将背包装满以达到最高总价值，该应用场景人为程度很高。该旅行者认为随身携带的每件物品都有一定价值和一定重量，而整体重量限制给出了单一约束。

此问题的一个明显扩展形式是赋予变量附加上界约束，这些上界往往都是 1，从而给出 0-1 背包问题。

对于只有一个约束的情况，实际应用时偶尔会出现在项目选择和资本预算指派问题中。考虑到货物以不可分割单位的形式储存，仓库库存最大化问题也会建模为一个明显的背包问题。

但这种直接的应用场景极少出现，背包问题主要还是出现在线性规划和整数规划问题中，用于在优化过程中生成列。由于此类应用与数学规划的算法密切相关，因此超出了本书范畴。以这种方式应用背包问题最初见于下料问题，其介绍参见 Gilmore 和 Gomory（1963，1965）（在本书 9.6 节中也有描述）。

在实际应用中，背包问题比较容易求解，但分支定界法效果不佳。如果需要求解大量的背包问题（如为线性规划或整数规划模型生成列时），最好使用更有效的方法。动态规划被证明是一种求解背包问题的有效方法，而 Garfinkel 和 Nemhauser（1972）的著作的第 6 章介绍了这种方法。

9.5.5 旅行推销员问题

这个问题之所以受到广泛关注，在很大程度上是因为其概念简单，然而在说明上的简单性与在实际应用中的求解难度形成了鲜明对比。

Note

"旅行推销员"这一名称源于以下应用场景。

一位推销员必须从家里出发去拜访一些客户，然后才能回家，问题在于找到其拜访这些客户的顺序，以将所覆盖的总距离最小化。

考虑该问题的泛化和特殊情况。例如，有时推销员没有必要回家。通常，问题本身具有特殊属性，例如，从 A 到 B 的距离与从 B 到 A 的距离相同，而车辆路径规划问题是关于组织多辆不同型号的车辆向客户运输货物的路径优化问题，可简化为旅行推销员问题，给定许多车辆（或快递员）的情况下，也可用这种方式处理取件（如来自邮箱的信件）的问题。下面研究这一问题。

为了最小化生产准备成本的作业排序问题可以被视为旅行推销员问题，其中"城市之间的距离"代表"作业之间的生产准备成本"。对一系列涂装作业中对应单个刷子的颜色进行排序是该问题的一个不太明显（也可能不实际）的应用场景。显然，某些颜色之间的过渡比其他过渡需要对刷子进行更彻底的清洗，需要对颜色进行排序以最小化总清洗时间，这就可以对应旅行推销员问题。

旅行推销员问题可通过多种方式表述为整数规划模型。在此给出一种模型表达，其中任何解（不一定是最优解）都称为一段"旅行"。

假设要走访的城市编号为 $0,1,2,\cdots,n$，引入 0-1 整数变量 δ_{ij}，解释如下：

$$\delta_{ij} = \begin{cases} 1, & \text{如果旅行方向是从} i \text{到} j \\ 0, & \text{否则} \end{cases}$$

目标只是最小化 $\sum_{i,j} c_{ij}\delta_{ij}$，其中 c_{ij} 是 i 和 j 之间的距离（或成本）。

显然，必须满足以下两个条件：

$$\text{在城市 } i \text{ 之后必须立即到访一个城市} \tag{9.128}$$

$$\text{在城市 } j \text{ 之前必须到访过一个城市} \tag{9.129}$$

条件（9.128）由以下约束实现：

$$\sum_{\substack{j=0 \\ i \neq j}}^{n} \delta_{ij} = 1, \qquad i = 0,1,\cdots,n \tag{9.130}$$

条件（9.129）由以下约束实现：

$$\sum_{\substack{j=0 \\ i \neq j}}^{n} \delta_{ij} = 1, \qquad j = 0,1,\cdots,n \tag{9.131}$$

由于模型目前已给出，此时有一个指派问题，如 5.3 节所述。遗憾的是，仅有约束（9.130）和约束（9.131）是不够的，例如，假设正在考虑一个涉及 8 个城市（$n=7$）的问题，图 9.6 所示的解将同时满足约束（9.130）和约束（9.131）。

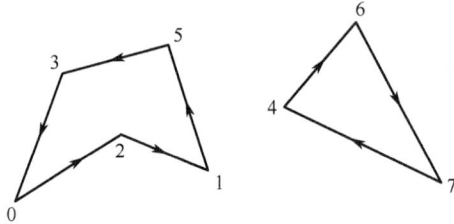

图 9.6 "松弛问题"的解

由此可见，应不允许存在条件所述的子路径。

添加附加约束以避免子路径的问题被证明相当困难。在实际应用中，随着子路径的出现，通常需要在优化过程中添加这些约束。例如，鉴于图 9.6 所示"松弛问题"的解，添加如下附加约束：

$$x_{46} + x_{64} + x_{47} + x_{74} + x_{67} + x_{76} \leqslant 2 \tag{9.132}$$

这将排除城市 4、6 和 7 周围的任何子路径（如果其他城市有子路径，则隐含在 0、1、2、3 和 5 周围）。此类排除子路径的约束数量可能为指数级，也可能无法予以明确说明。因此，这是在上述"需要"的基础上添加的。在实际应用中，求得无子路径的解之前，只需添加这个指数级数字非常小的部分即可，此时显然有最优解。

通过引入新变量或用具有不同解释的新变量替换原有变量，有一些巧妙的方法可以生成非指数级别的表达形式。

Dantzig 等人（1954）提出，除其中一种外，所有这些表达形式的线性规划松弛程度都比传统表达形式弱。Orman 和 Williams（2006）给出了 8 种不同的表达形式，并且表明，可以独立于问题实例对其线性规划松弛程度排名，他们将非指数表达形式分为 3 种不同的形式。Miller 等人（1960）提出了一个顺序表达形式，引入了代表到访城市序列号的附加变量，并将这些变量用于表达排除子路径的约束。Gavish 和 Graves（1978）介绍了流动变量，这些变量只能出现在旅途中使用的弧中，连同网络流问题的物料均衡约束（见 5.3 节），这些方法都会排除子路径。这种表达形式有许多变体，例如，Wong（1980）和 Claus（1984）提出了一个多商品网络流表达形式，其线性规划松弛程度与传统表达形式相同，但其具有 n^3 个变量和约束的顺序，这使得在一次优化中求解完整模型仍然不切实际。最后，Vajda（1961）和 Fox（1980）等人给出了时间阶段的表达形式，他们用第三个指数 t 以便让新变量 δ_{ijt} 代表商人是否在阶段（"时间"）t 从城市 i 前往城市 j，然后可以将这些变量合并到约束中以排除子路径。

Lawler 等人（1995）对旅行推销员问题进行了全面调查，得到了近年来该问题在解上取得了显著进展的结论，而 Applegate 等人（2006）探讨了其求解算法，现在人们已开发了很多特殊算法，包括 Held 和 Karp（1971）给出的有效的算法。

旅行推销员问题也有变体和扩展形式，其中包括第二部分所述的"牛奶收集"问题，引自 Butler 等人（1997）的论文。另一个是"遗失行李的配送"问题，也在第二部分中有描述。

9.5.6 车辆路径规划问题

实际上，这是旅行推销员问题的最主要延伸，在该问题中，必须为多名客户安排多辆容量有限的车辆。因此，除要确定拜访客户的顺序（旅行推销员问题）外，还必须决定哪些车辆用于拜访哪些客户。每位客户都有一个已知的需求（假设是一种商品，尽管可以轻松扩展到多种商品），因此必须考虑车辆容量有限这一因素。此外，经常存在时间窗口条件，要求某些客户只能在某些时刻之间收货。本书给出该问题的表达形式，作为上述旅行推销员问题的扩展。与之前的表达形式一样，通常需要在优化过程中添加附加约束来切断子路径。

令 $\delta_{ijk} = 1$，当且仅当车辆 k 直接从客户 i 到客户 j；

$\gamma_{ik} = 1$，当且仅当车辆 k 拜访客户 i（除了集散地）；

$\tau_i = $ 拜访客户 i 的时刻。

假设拜访每位客户（除了集散地，视为客户 0）只用一辆车，也就是说，没有给客户"分批"交付。假设有 m 辆车，车辆 k 的容量为 Q_k，客户 i 的需求为 q_i，客户 i 和 j 之间所花时间为 d_{ij}，且客户 i 必须在时刻 a_i 和 b_i 之间收货。

可能的目标有许多，例如，最小化所需车辆的数量、最小化总成本或最小化车辆花费的最大时间。为更好地说明问题，此处考虑第二个目标，并假设直接从 i 到 j 的成本（不一定与时间成正比）是 c_{ij}。

模型为

$$\min \quad \sum_{ijk} c_{ij} \delta_{ijk}$$

s.t. $\sum_j \delta_{ijk} = \sum_j \delta_{jik} = \gamma_{ik}$，如果用车辆 k 拜访客户 i，则 k 进入一次并离开一次。

$\sum_k \gamma_{ik} = 1$，如果客户 i（不是 0）恰好由一辆车拜访。

$\sum_i q_i \gamma_{ik} \leqslant Q_k$，车辆 k 拜访客户的组合需求必须在 k 的承载能力范围内。

$\tau_i - \tau_j \leqslant M(1-\delta_{ijk}) - d_{ij}$ ，如果在客户 i 之后立即拜访客户 j，那么必须在至少为 d_{ij} 时完成。

$a_i \leqslant \tau_i \leqslant b_i$ ，必须在时间窗口内访问每位客户。

对于规模合理的问题实例，此类表达形式可能很难求解，但也可以使用列生成法，这将在 9.6 节中探讨［另见 Desrosiers 等人（1984）的研究］。在此方法下，车辆的可行路径，即符合容量和时间窗口约束的路径，与主模型分开生成，然后以可行且最优的方式选择和组合。

该问题的变体是第二部分中给出的"牛奶收集"和"遗失行李的配送"问题。

9.5.7　二次指派问题

这是 5.3 节所述指派问题的一个泛化形式，原问题也可视为线性规划问题，相对容易求解，但二次指派问题是真正的整数规划问题，通常很难求解。

与指派问题一样，假设该问题与两组对象 S 和 T 有关，S 和 T 成员数量相同，下标为 1 到 n。问题是将 S 的每个成员分配给 T 的一个成员，以实现某些目标，必须满足两大条件：

$$S \text{ 的每个成员都必须分配给 } T \text{ 的一个成员} \tag{9.133}$$

$$T \text{ 的每个成员都必须有一个 } S \text{ 的成员分配给它} \tag{9.134}$$

0-1 变量 δ_{ij} 可通过以下解释引入：

$$\delta_{ij} = \begin{cases} 1, \text{如果将} i(S\text{的成员})\text{分配给} j(T\text{的成员})，\text{则} \delta_{ij}=1 \\ 0, \text{否则} \end{cases}$$

条件（9.133）和条件（9.134）由以下两类约束施加：

$$\sum_{j=1}^{n} \delta_{ij} = 1, \qquad i = 0,1,\cdots,n \tag{9.135}$$

$$\sum_{i=1}^{n} \delta_{ij} = 1, \qquad j = 0,1,\cdots,n \tag{9.136}$$

该目标比指派问题更复杂，此时有成本系数 c_{ijkl}，解释如下：c_{ijkl} 是将 i（S 的成员）分配给 j（T 的成员）的同时将 k（S 的成员）分配给 l（T 的成员）所产生的成本，只有当 $\delta_{ij}=1$ 且 $\delta_{kl}=1$，即乘积 $\delta_{ij}\delta_{kl}=1$ 时，才会明显产生此成本，然后目标变为 0-1 变量的二次表达式：

$$\min \sum_{\substack{i,j,k,l=1 \\ k>i}}^{n} c_{ijkl} \delta_{ij} \delta_{kl} \tag{9.137}$$

下标上的条件 $k > i$ 可以防止每对分配的成本被计算两次。从其他系数 t_{ik} 和 d_{jl} 的乘积推导出系数 c_{ijkl} 是很常见的，因此

$$c_{ijkl} = t_{ik} d_{jl} \qquad (9.138)$$

为理解这一相当复杂的模型，需考虑两个应用场景。

一处应用场景认为 S 是 n 个工厂的集合，T 是 n 个城市的集合。问题是在每座城市设立一家工厂，并尽量减少工厂之间的总通信成本，而通信成本取决于每对工厂之间的通信频率和每对工厂所在的两座城市之间的距离。

显然，一些工厂彼此几乎没有任何关系，而且可以用很少的成本使其相隔很远。另外，一些工厂可能需要大量通信，而通信成本将取决于距离。在此应用场景中，可以将式（9.138）中的系数 t_{ik} 和 d_{jl} 解释如下：t_{ik} 是工厂 i 和 k 之间的通信频率（以适当单位计）；d_{jl} 是城市 j 和 l 之间每单位通信成本（显然，这与 j 和 l 之间的距离有关）。很明显，式（9.138）将给出位于城市 j 和 l 的工厂 i 和 k 之间的通信成本，因此总成本由目标函数式（9.137）表示。

另一处应用场景涉及在背板上的 n 个预定位置放置 n 个电子模块，S 代表模块组，T 代表背板上的位置组，模块必须通过一系列电线互连。如果目标是最小化所用电线的总长度，可得一个类似于上述模型的二次指派问题。系数 t_{ik} 和 d_{jl} 解释如下：t_{ik} 是必须将模块 i 连至模块 k 的导线数量，d_{jl} 是背板上位置 j 与位置 l 之间的距离。上述二次指派问题有许多变型。条件（9.133）和条件（9.134）可经常放宽，以允许将多个 S 的成员（或可能没有）分配给 T 的成员，其中 S 和 T 的成员数量可能不同。第二部分中的"分散部署"示例就是此类的一个变型问题。

二次指派问题也可以简化为线性 0-1 纯整数规划问题来求解，注意目标函数中的二次项需要去除。9.2 节介绍了两种方法，可将 0-1 变量的乘积转换为整数规划模型中的线性表达式。对于相当小的模型，可以实现第一次转换，但对于较大的模型，可能导致模型变量和约束数量激增。Beale 和 Tomlin（1972）介绍了如何通过类似转换来求解此类实际问题。

Lawler（1974）调查了该问题的实际应用及求解的其他方法，还论证了本书的旅行推销员问题各项表达形式如何引起二次指派问题。但要指出的是，虽然旅行推销员问题通常难以解决，但规模与其相当的二次指派问题通常更难解决。

9.6 列生成

优化过程中列的生成方法，已在 4.3 节及 9.5 节的集合覆盖和车辆路径规划问题中提及。所有相关模型的一大特征都是具备大量（通常是天文数字级别）的变量，其中只有一小部分取值非零，出现在最优解中。因此，在优化过程中，更高效的做法是：只有这些变量出现在最优解中，才将其动态添加到模型中。尽管生成方法取决于模型的性质和使用的优化方法，但作为一本有关建模的书，考虑这种通用方法也是合适的。原则上所有可能的变量都可以在一开始创建，但实际上并非如此。列生成经常应用于特殊类型的整数规划模型，故将其包含在本章中。

可能的解或解的组成部分需要与主模型分开生成（求解时有时使用精确的优化求解方法，有时则需要用启发式方法），并在求解过程中动态添加到主模型中，在分开求解的情况下，这些组成部分即子问题的解。就应用于机组人员排班的集合覆盖问题而言，可以通过航班时刻表的航班运行图作为路径生成的潜在班表；而对于车辆路径规划问题，则为单辆车覆盖的路径（考虑容量约束和时间窗口）。

本书通过下料问题来说明列生成方法，这是 Gilmore 和 Gomory（1961，1963）所述的初始应用场景之一。这一方法也可应用于按标准宽度切割壁纸以最大限度地减少浪费的问题，或按标准长度订购管件以最大限度地减少需要切割的标准管件的数量。下料问题也可以看作装箱问题的一种特殊情况，即需要将许多不同尺寸的物品装入标准尺寸的箱子中，以尽量减少使用的箱子数量。

假设某水管工切割标准长度的管件，长度均为 19 米。订单需求为

（1）12 根长度为 4 米的管件。

（2）15 根长度为 5 米的管件。

（3）22 根长度为 6 米的管件。

应该如何从标准管件中切割出这些长度，以尽量减少所用标准管件的数量？

首先给出该问题的整数规划模型，以阐明基于列生成表述的优势。

设 x_{ij} =从标准管件 j 切割的长度为 i（分别对应 4、5 或 6 米）的管件数，编号为 $1,2,3,\cdots$，以此类推。

$$当且仅当使用标准管件 j 时， \delta_j =1$$

约束为

$$x_{1j} \leqslant 4\delta_j , \quad x_{2j} \leqslant 3\delta_j , \quad x_{3j} \leqslant 3\delta_j （标准管件 j 仅在需要切割时才使用）$$

$4x_{1j} + 5x_{2j} + 6x_{3j} \leqslant 19$ 对于 $j = 1, 2, 3, \cdots$（必须在使用的每根标准管件的长度范围内）

$$\sum_j x_{1j} \geqslant 12 , \quad \sum_j x_{2j} \geqslant 15 , \quad \sum_j x_{3j} \geqslant 22 \quad （务必完成订单）$$

目标为

$$\min \quad \sum_j \delta_j$$

这类模型的一个主要缺陷是，因为标准管件是无法区分的，将存在大量对称等价解。即使附加了对称破缺约束（参见 10.2 节），该模型也需要很长时间来解（读者可能想尝试用计算机软件来对这个小型例子求解）。因此，本书中我们提出了一个基于列生成的模型，效果更好。

上述模型的主要限制是第二条约束（背包问题中的约束），此约束的解为可以由标准长度组成的可能阵列。下面给出了一些可能出现的阵列（包括废料，W），但很明显，还有更多的阵列，而且在规模更大的例子中会出现天文数字，其中大部分用不到。

阵列 1：

4	4	5	5	W

阵列 2：

4	4	5	6

阵列 3：

4	5	5	5

采用列生成的方式可生成更好的表达形式，发现此类阵列所需标准管件的最小数量为

$$\min \quad \gamma_1 + \gamma_2 + \gamma_3$$
$$\text{s.t.} \quad 2\gamma_1 + 2\gamma_2 + \gamma_3 \geqslant 12$$
$$2\gamma_1 + \gamma_2 + 3\gamma_3 \geqslant 15$$
$$\gamma_2 \geqslant 22$$

其中，γ_j 为阵列 j 的使用次数

请注意，每个变量都有一列约束系数，对应于每个订单长度在阵列中出现的次数，而右端项为对每个长度的需求。求解该模型（作为整数规划）得到 $\gamma_1 = 0, \gamma_2 = 22, \gamma_3 = 0$，需要 22 根标准管件，但如果使用其他阵列，显然会有更优解。可以使用从当前模型的整数规划最优解获得的影子价格来设计其他"有用的"阵列。由此开始，影子价格为 0、0、1。如果某阵列包含 a 根长度为 4 米的管件、

Note

b 根长度为 5 米的管件和 c 根长度为 6 米的管件，可减少成本（降低目标要求的"价值"）将是 $c-1$。因此，希望找到一个阵列使该数量最大化，前提是将该模式拟合到标准长度中，也就是说，希望：

$$\max \quad c-1$$
$$\text{s.t.} \quad 4a+5b+6c \leqslant 19$$

显然 a、b、c 为整数变量，模型为一个背包问题。该实例具有最优解 $a=b=0, c=3$，目标为 2，表明此阵列将减少使用的标准管件的数量（在线性规划松弛的情况下）。下面给出

阵列 4：

6	6	6	W

此时模型可附加一个新生成列，可得

$$\min \quad \gamma_1 + \gamma_2 + \gamma_3 + \gamma_4$$
$$\text{s.t.} \quad 2\gamma_1 + 2\gamma_2 + \gamma_3 \geqslant 12$$
$$2\gamma_1 + \gamma_2 + 3\gamma_3 \geqslant 15$$
$$\gamma_2 + 3\gamma_4 \geqslant 22$$

该模型具有整数规划最优解 $\gamma_1=0, \gamma_2=4, \gamma_3=4, \gamma_4=6$。需要 14 根标准管件。

影子价格为 $1/3, 0, 1/3$，为了再找一个有最大可减少成本的阵列，可得

$$\max \quad 1/3a + 1/3c - 1$$
$$\text{s.t.} \quad 4a+5b+6c \leqslant 19$$

可得最优解 $a=4, b=0, c=0$，目标值为 $1/3$，给出

阵列 5：

4	4	4	4	W

添加对应此阵列的列可得

$$\min \quad \gamma_1 + \gamma_2 + \gamma_3 + \gamma_4 + \gamma_5$$
$$\text{s.t.} \quad 2\gamma_1 + 2\gamma_2 + \gamma_3 + 4\gamma_5 \geqslant 12$$
$$2\gamma_1 + \gamma_2 + 3\gamma_3 \geqslant 15$$
$$\gamma_2 + 3\gamma_4 \geqslant 22$$

该模型给出了与以前相同的解，而实际上，这是在不考虑许多潜在阵列的情况下获得的整体最优解。

第10章

整数规划模型的构建 II

10.1 模型形式的好坏

3.4 节中关于线性规划（LP）模型的大部分讨论也适用于整数规划（IP）模型，此处不再赘述，但在建立整数规划模型时，还必须考虑一些重要的额外因素。首先要考虑的是求解整数规划模型比线性规划模型在计算上难度要大得多。构建整数规划模型后，发现求解成本高得令人望而却步，这种情况相当普遍。通常，问题可以重新表述为另一个更容易求解的模型，模型的重构通常必须与要采用的求解策略一起考虑。本书假定使用 8.3 节所述的分支定界法。

在某些方面，构建整数规划模型比构建线性规划模型更加灵活，而灵活性导致实际应用中的好模型和坏模型之间差异巨大。本章的目的是提出建立好模型的方法。

分开考虑变量和约束是很方便的，模型中使用的变量和约束通常有可能过多或过少，而本书也将讨论这方面的影响。

10.1.1 整数规划模型中的变量数

重点关注模型中整数变量的数量，因为其通常被认为是计算难度的一个显著指标。

假设有一个 0-1 整数规划模型（混合整数或纯整数），如果有 n 个 0-1 变量，这将表明变量有 2^n 个可能的值，因此在解树的底部可能会有 2^n 个叶节点。此树节点总数可达 $2^{n+1}-1$ 个，因此，人们可能预期求解时间随 0-1 变量的数量呈指数增长。对即使较小的 n 值，2^n 的值也非常大，例如，2^{100} 大于 100 万的 5 次方，但实际情况并没有这么糟糕，因为许多 2^n 个叶节点永远不需要考虑。分支定界法在检查中排除了解树的大部分不可行解或比已知解更差的解，但需要先考虑一个事实，即有时可能会在几百个节点中求解 100 个 0-1 可变量整数规划问题，这仅占总数的大约 0.00…1%，小数点后有 28 个零。鉴于分支定界法在计算量上表现出的效率令人惊讶，0-1 变量的数量通常是整数规划模型难度的一个极弱指标，但本节后面提出了一种可以有效减少此类变量数量的情况，而此前已指出一些方法可有效增加模型中整数变量数量，从而优化模型表达。

为方便起见，此处介绍一个有名的方法，用于将模型中的任何广义整数变量扩展为多个 0-1 变量。假设 γ 是一个具有已知上界 u 的广义（非负）整数变量（如果要用分支定界法，则整数规划模型中的所有整数变量都需要一个上界），即

$$0 \leqslant \gamma \leqslant u$$

此模型中 γ 可用以下表达式替换：

$$\delta_0 + 2\delta_1 + 4\delta_2 + 8\delta_3 + \cdots + 2^r \delta_r \tag{10.1}$$

其中，δ_i 是 0-1 变量，2^r 是大于或等于 u 的 2 的最小幂。

很容易看出，式（10.1）可以通过 $\delta_i (i = 0,1,2,\cdots,r)$ 变量值的不同组合来取 0 和 u 之间任何可能的整数值。显然，像此类扩展所需的 0-1 变量的数大约是 $\log_2 u$。在实际应用中，u 可能会相当小，并且产生的 0-1 变量数不会太多，但如果对模型中的大量变量使用该方法，可能会极大地增加模型的规模。一般来说，这种扩展几乎没有好处，仅便于使用一些仅适用于 0-1 问题的专门算法，这超出了本书范畴。

尽管保持线性规划模型紧凑有一定优点，但这可能意味着相应整数规划模型的任何此类优势通常被其他更重要的事项所掩盖。有时使用分支定界法在分支过程中引入附加的 0-1 变量作为有用变量是有好处的，而此类 0-1 变量代表被建模系统中的"二分法"。正如 Jeffreys（1974）给出的以下示例所示，明确这种二分法可能有一定价值。

例 10.1： 假设要建一座新工厂，且可能的决策由 0-1 变量 $\delta_{n,b}$，$\delta_{n,c}$，$\delta_{s,b}$ 和 $\delta_{s,c}$ 表示：

$$\delta_{n,b} = \begin{cases} 1, & \text{如果工厂在北方并采用分批法} \\ 0, & \text{否则} \end{cases}$$

$$\delta_{n,c} = \begin{cases} 1, & \text{如果工厂在北方并采用连续法} \\ 0, & \text{否则} \end{cases}$$

$$\delta_{s,b} = \begin{cases} 1, & \text{如果工厂在南方并采用分批法} \\ 0, & \text{否则} \end{cases}$$

$$\delta_{s,c} = \begin{cases} 1, & \text{如果工厂在南方并采用连续法} \\ 0, & \text{否则} \end{cases}$$

只建造一个工厂的条件可用以下约束来表示：

$$\delta_{n,b} + \delta_{n,c} + \delta_{s,b} + \delta_{s,c} = 1 \tag{10.2}$$

此处，约束（10.2）无法通过单个 0-1 变量来表达"工厂选址在北部或南部"的二分法。由于这显然是一个重要的决策，因此最好有一个 0-1 变量来表达该决策，可通过添加一个附加的 0-1 变量 δ 与以下附加约束来表示该决策：

$$\delta_{n,b} + \delta_{n,c} - \delta = 0 \tag{10.3}$$

$$\delta_{s,b} + \delta_{s,c} + \delta = 1 \tag{10.4}$$

δ 是一个极具价值的变量，因为可将其用作在树搜索中的分支变量，而"使用批处理或使用连续处理"的二分法也能以类似的方式由另一个 0-1 决策变量表示。

模型中附加整数变量的另一个用途是在约束中指定松弛变量，仅由整数变量组成，因为其本身是整数。例如，如果以下约束中的所有变量、系数和右侧都是整数：

$$\sum_j a_j x_j \leqslant b \tag{10.5}$$

则可以加入一个松弛变量 u 并将该变量指定为一个整数，即

$$\sum_j a_j x_j + u = b \tag{10.6}$$

通常，此类松弛变量将由所用的数学规划软件系统生成，但仅将其视为连续变量，建议将 u 视为整数变量并在分支过程中赋予其优先级。当 u 是分支上的变量时，约束（10.6）将具有剖切面效果并限制相应线性规划问题的可行域，该想法由 Mitra（1973）提出。

总之，增加而不是减少模型中的整数变量通常具有优势，如在树搜索法中使用了附加变量时更是如此。这些想法可用于求解第二部分中的一些整数规划问题。

但在某些情况下，减少整数变量的数量也有好处，以下示例说明了此类情况。该问题表现出了对称性，这在计算上可能是不利的。

例 10.2：作为更大规模整数规划模型的一部分，可引入以下变量：

$$\delta_{ij} = \begin{cases} 1, & \text{如果货车}i\text{被派往行程}j \\ 0, & \text{否则} \end{cases}$$

其中，$i = \{1, 2, 3\}$，$j = \{1, 2\}$。卡车在行驶成本、承载力等方面无法区分。

显然，对应于每个可能的整数解，例如，

$$\delta_{11} = 1, \quad \delta_{22} = 1, \quad \delta_{32} = 1 \tag{10.7}$$

会有对称整数解，例如，

$$\delta_{12} = 1, \quad \delta_{21} = 1, \quad \delta_{32} = 1 \tag{10.8}$$

随着分支定界树搜索过程的推进，可在单独的节点处获得各个对称解。

为避免对称性，可用以下整数变量设计一个包含更少整数变量的表达形式：

$$n_i = \text{被派往行程 } j \text{ 的货车数}$$

此时，解（10.7）和解（10.8）数学上等价，表示为

$$n_1 = 1, \quad n_2 = 2 \tag{10.9}$$

10.1.2　整数规划模型中的约束数

在第 3 章中曾指出，线性规划模型的难度很大程度上取决于约束数。本节论述了在整数规划模型中，这种影响通常被其他事项完全掩盖。事实上，通过增加约束数，整数规划模型通常更容易求解。

线性规划模型一般在可行域边界上寻求顶点解，而对于相应的整数规划模型，其焦点可能位于可行域内部的整数点。如图 10.1 所示，$ABCD$ 是线性规划问题的可行域，但对于整数规划模型，必须将注意力限制在整数点的点阵上。对于整数规划模型，相应的线性规划模型称为线性规划松弛。

在图 10.1 中，假设 x_1 和 x_2 都是整数变量。对于混合整数问题，聚焦类似于图 10.1 中的点，其中一些坐标是整数，但其他坐标可以是连续的。显然，这种情况很难从图形上来描绘，但可以假设在图 10.1 中还有一个连续变量 x_3 需要考虑，这将产生与页面成直角的坐标。混合整数问题的可行解包括平行于 x_3 轴的线，这些线就像从图 10.1 中的整数点引出，并且必须位于相应线性规划问题的三维可行域内。

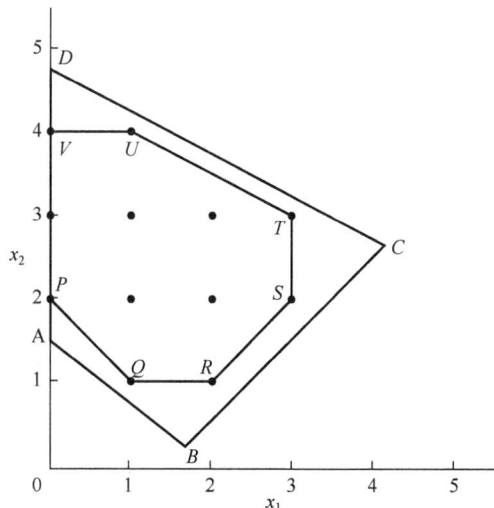

图 10.1　线性规划松弛问题的可行域

理想情况下，可重构整数规划模型，使相应线性规划模型的可行域变为 *PQRSTUV*（可行整数点集的凸包）。它是包含所有可行整数点的最小凸集。如果可以用此方式重新表述整数规划问题，则可以将其作为线性规划问题看待，因为整数要求将自动满足。此类表达形式称为紧致形式，其线性规划松弛问题的可行域就是整数规划解的凸包。

新可行域 *PQRSTUV* 的每个顶点（且因此为最优解）都是整数点。遗憾的是，在许多实际应用中，获得整数点的凸包需要巨大计算量，且远超求解整数规划问题的原始表达形式所需的计算量，不过，有一些重要的问题类别可能会符合以下情况。

（1）自然紧致：线性规划松弛问题可行域已经是整数点的凸包。

（2）易重构：问题很容易重新表述，以给出一个对应于整数点凸包的可行域。

（3）部分优化：通过重新表述，可以将线性规划问题的可行域缩小到更接近整数点凸包的可行域。

下面依次研究每一类问题。

情况（1）涉及一些在 5.3 节中已考虑过的问题。尽管从表面上看，这些问题可能会生成 PIP（纯整数规划）模型，但相应线性规划问题的最优解总是会导致整数变量值为整数，因此，该模型可以被视为线性规划问题。属于这一类的问题包括运输问题、最小费用流问题和指派问题，有时可辨别出整数规划模型的结构，来分析相应线性规划模型是否具有整数最优解。显然，若能够识别此属性将大有帮助，因为不会产生整数规划的高计算成本。考虑以下线性规划模型：在 $Ax = b$ 和 $x \geqslant 0$ 的情况下最大化 $c^{\mathrm{T}} \cdot x$。

假设已将松弛变量添加到约束中，如有必要，使其都相等。为使上述模型中，系数向量 c 和整数的右侧向量 b 对应的最优解为整数，矩阵 A 必须具有称为全幺模的属性。

【定义】 如果 A 的每个平方子矩阵的行列式都等于 0 或±1，则矩阵 A 为全幺模矩阵。

Garfinkel 和 Nemhauser（1972）证明了这一属性保证了线性规划模型（对于任何 c 和整数 b）会有一个整数最优解。遗憾的是，上面针对全幺模的定义对发现这一属性几乎没有帮助。几乎无法评估每个平方子矩阵的行列式，但有一个更容易发现的属性（称之为 P），可保证全幺模，但这只是一个充分条件，而不是必要条件，没有属性 P 的矩阵仍然可能是全幺模矩阵。

【属性 P】

（1）A 的每个元素都是 0、1 或-1。

（2）每列不超过两个非零元素。

（3）行可以划分为两个子集 P_1 和 P_2，使得

① 如果一列包含两个符号相同的非零元素，则两个元素分属两个子集；

② 如果一列包含两个符号相反的非零元素，则这两个元素在同一个子集中。

属性 P 存在一个特殊情况是：当子集 P_1 为空且 P_2 由 A 的所有行构成时，要使该属性成立，必须使所有列要么包含一个非零元素（+1 或-1），要么包含两个非零元素（+1 和-1）。

可以考虑将 5.3 节中关于交通的小规模问题作为该属性成立的一个例子：

$$
\begin{array}{lllll}
-x_{11} & -x_{13} & -x_{14} & -x_{15} & & & = -135 \\
& & & -x_{21} & -x_{22} & -x_{25} & = -56 \\
& & & & -x_{31} & -x_{32} & -x_{33} & -x_{34} & -x_{35} & = -93 \\
x_{11} & & +x_{21} & & +x_{31} & & = 62 \\
& & +x_{22} & & +x_{32} & & = 84 \\
x_{13} & & & & +x_{33} & & = 39 \\
& x_{14} & & & & +x_{34} & = 91 \\
& & x_{15} & & x_{25} & & +x_{35} = 9
\end{array}
\tag{10.10}
$$

可以发现，每列都清晰地包含一个+1 和一个-1，表明属性 P 成立，因此保证了全幺模。可尝试重构模型以便更容易识别，5.4 节论述了这种重构可自动进行（在可能的情况下），下面说明了这一情况的对偶应用。

尽管属性 P 是指将矩阵 A 的行划分为两个子集，但同样适用于列。如果 A 是全幺模矩阵，则其转置也必须是全幺模矩阵。同样，线性规划模型矩阵 A 的每一行包含一个+1 和一个-1 也是全幺模的一种特定情形。

最后应该指出的是，全幺模是一个强大的属性，其保证了对所有 *c* 和整数 *b* 的线性规划问题的整数最优解。若矩阵 *A* 为非全幺模矩阵，整数规划模型经常（尽管不总是）会生成相应线性规划问题最优解的整数解。特别是，这种情况经常出现在 9.5 节中讨论的集合配置、分区和覆盖问题中。有理由表明这些类型的问题可能会发生，但这些情况技术性太高，超出了本书范畴。Garfinkel 和 Nemhauser（1972）的著作的第 8 章对此展开了探讨。Padberg（1974）针对集合分区问题探讨了 *A* 的属性，即保证特定右侧向量 *b* 对应的向量线性规划解为整数。

上面对全幺模的论述仅适用于纯整数规划模型。显然，MIP（混合整数规划）模型也有类似问题，要保证线性规划最优解中整数变量值为整数，难度较大，并且对于实际的建模者来说，相关理论工作几乎没有价值。

上述情况（2）涉及的问题是，只要稍加思考，重新表述就可生成有全幺模属性的模型。考虑约束（9.44）的泛化形式：

$$\delta_1 + \delta_2 + \cdots + \delta_n - n\delta \leqslant 0 \tag{10.11}$$

其中，δ_i 和 δ 为 0-1 变量。

这种约束在整数规划模型中频繁出现，代表逻辑条件

$$\delta_1 = 1 \vee \delta_2 = 1 \vee \cdots \vee \delta_n = 1 \rightarrow \delta = 1 \tag{10.12}$$

在某些情况下，更为简单的方法是将该条件视为逻辑等价条件，即

$$\delta = 0 \rightarrow \delta_1 = 0, \delta_2 = 0, \cdots, \delta_n = 0 \tag{10.13}$$

9.2 节通过不同论点表明，该节的约束（9.44）可用两个约束重新表述。此处适用类似的重新表述方法，给出 *n* 个约束：

$$
\begin{aligned}
\delta_1 - \delta &\leqslant 0 \\
\delta_2 - \delta &\leqslant 0 \\
&\vdots \\
\delta_n - \delta &\leqslant 0
\end{aligned}
\tag{10.14}
$$

如果模型中的所有约束都类似于不等式（10.14）的约束，那么该对偶问题具有上述属性 *P*，保证了全幺模。因此，此类重新表述非常有利，因为省去了与线性规划问题相关的整数规划问题的高计算成本。Rhys（1970）介绍了以此方式重新表述问题的一个例子，此外还证实了重新表述的另一优势，即对影子价格产生了更有意义的经济解释，该话题将在 10.3 节中探讨。第三部分给出了上述表述的一个实例，探讨了"露天采矿"问题的表述。

上述约束（10.11）证实了有时可重新表述非全幺模的纯整数规划问题，以确认其是否为全幺模。即使重新表述一个全幺模（这一点是未知的）问题也是有好处的，

可将其转换为属性 P 适用的形式，而 Veinott、Wagner（1962）和 Daniel（1973）提供了这方面的例子。与情况（1）一样，上述情况（2）的论述仅适用于纯整数规划问题，同样，可将（尽管很困难）这些想法推广到混合整数规划问题。

情况（3）涉及的问题中，没有重新表述的问题。在情况（1）和情况（2）中，可行域被缩减为可行整数点的凸包，尽管这在给定的代数处理中并不明显，实现该目标有时可能需要分段进行。假设只有个别约束为约束（10.11）的形式，通过将这些约束扩展为一系列约束（10.14），可减小线性规划的可行域尺寸。即使其他约束可能导致 LP 最优解中部分变量仍为分数值，此解相比原模型将更接近整数最优解。此处"更接近"是故意模糊的表述，可能体现为以下两方面。

（1）目标函数逼近：解树首个节点（见图 8.1）的 LP 目标值更接近最终整数最优解的目标值。

（2）分数变量减少：LP 最优解中分数取值的变量数量显著减少。

无论重构效果如何，新模型的求解时间通常短于原模型。涉及顺序依赖型决策的模型也仅有涉及两个系数+1 和-1 的约束，如 9.4 节所述。即使其推导会增加模型的约束条件，此类约束也总是有利的，第三部分中针对采矿问题建议的表达形式就是这方面的一个例子。

因此，建议以另一种方式说明为何约束（10.14）中的一系列约束比单个约束（10.11）更可取。尽管约束（10.11）和约束（10.14）在整数规划的意义上完全等价，但在线性规划意义上肯定不等价。事实上，不等式（10.11）是约束（10.14）中所有约束的总和。在线性规划问题中添加约束通常会削弱其效果，而此处就是这样，即约束（10.11）允许分数解，而约束（10.14）不允许分数解。例如，解

$$\delta_1 = \frac{1}{2}, \quad \delta_2 = \delta_3 = \frac{1}{4}, \quad \delta = \frac{1}{n}, \quad \text{所有其他} \ \delta_i = 0 \qquad (10.15)$$

满足约束（10.11），但违背约束（10.14）（对于 $n \geqslant 3$）。

因此，约束（10.14）在排除不需要的分式解方面更有效。

上述想法与生成混合整数规划模型的"食品加工 2"问题和生成纯整数规划模型的"分散部署"和"逻辑设计"问题有关。

到目前为止，本节介绍的一些素材最初由 Williams（1974）发表。Beale 和 Tomlin（1972）探讨了一些非常相似的想法，应用于更复杂的"去中心化"问题。

当通过式（9.1）、式（9.12）、式（9.19）和式（9.21）等约束将指标变量与连续变量联系起来时，此处探讨系数 "M" 的值也具有相关性。这些类型的约束通常（但不总是）出现在混合整数规划模型中。

当使用 0-1 变量 δ 来表示连续变量 x 的以下条件时，可考虑出现此类约束的最简单方式：

$$x > 0 \rightarrow \delta = 1 \tag{10.16}$$

此条件由以下约束表示：

$$x - M\delta \leqslant 0 \tag{10.17}$$

只要 M 是施加条件（10.16）中 x 的真实上界，无论 M 多大都可以，但在不对 x 施加伪限制的情况下，建议使 M 尽可能小。因为通过使 M 更小，可减小对应于混合整数规划问题的线性规划问题的可行域尺寸。例如，假设已知 x 永远不会超过 100，若将 M 设为 1000，以下分式解将满足不等式（10.17）：

$$x = 70, \delta = \frac{1}{2} \tag{10.18}$$

但如果将 M 取值为 100，该解就会不满足不等式约束，但还有其他充分的理由可以使 M 尽可能符合实际。例如，如果 M 还是取值为 1000，则以下分数解将满足不等式（10.17）：

$$x = 5, \quad \delta = 0.005 \tag{10.19}$$

如此小的 δ 值很可能低于用于判断变量是否为整数的公差，如果 δ 很小，δ 将被视为 0，给出伪整数解：

$$x = 5, \quad \delta = 0 \tag{10.20}$$

但如果使 M 更小，这就不太可能发生。最后，如 3.4 节所述，鉴于数值差异很大的系数不可取，使得较小的 M 值更可取。

有时也可以用系数 M 以类似于将不等式（10.11）拆分为不等式（10.14）的方式拆分约束。下面的例子证明了这一点。

例 10.3：集散地选择问题

$$\delta = \begin{cases} 1, & \text{如果集散地建成} \\ 0, & \text{否则} \end{cases}$$

如果集散地建成，可以为客户 $i(i = 1, 2, \cdots, n)$ 提供最多 M_i 量的货物；如果不建集散地，则这些客户什么都得不到。

$$x_i = \text{供应给客户 } i \text{ 的货物数量}$$

上述条件可以通过以下约束来施加：

$$x_1 + x_2 + \cdots + x_n - M\delta \leqslant 0 \tag{10.21}$$

其中，$M = M_1 + M_2 + \cdots + M_n$。

另外，由于相应的线性规划问题受到更多约束，因此以下约束效果更好：

$$x_1 - M_1\delta \leq 0$$
$$x_2 - M_2\delta \leq 0$$
$$\vdots$$
$$x_n - M_n\delta \leq 0$$

$$(10.22)$$

总结本节内容，整数规划表达形式的主要目标如下：

（1）在分支定界法的分支过程中，使用整数变量可以很好地发挥作用，如有必要，可引入附加 0-1 变量以创建有意义的二分法。

（2）使与整数规划问题对应的线性规划问题尽可能地受到约束。

（3）如果使用的计算机软件能够处理，则使用 9.3 节所述的特殊有序集，这是本节尚未提及的最终目标。

10.2 节将介绍简化整数规划模型求解的其他方法。

在建立大型整数规划模型前，首先建立一个小型模型通常是很好的选择。在使用更大的模型前，尝试不同的求解策略（可能包括重新表述）可提供宝贵的经验。

有时通过检查模型的结构，可使约束收紧。Daniel（1978）介绍了一个生动的例子（即使应用场景未知），在 171 个节点中得出重构模型的解，而之前的求解中，树搜索到 4757 个节点之后就放弃了。

Crowder（1983）等人及 Van Roy 和 Wolsey（1984）介绍了整数规划模型的自动重构以收紧线性规划松弛，而 Wolsey（1976, 1989）探讨了如何推导其中的一些约束定义。

10.2 整数规划模型的简化

10.1 节表明，通常可以重构整数规划模型，以建立一个更易于求解的模型，这有时可通过考虑建模的实际情况来实现。本节关注的是整数规划模型中不太明显的一些转换，目的同样是使模型更易求解。

10.2.1 "收紧"界限

3.4 节概述了 Brearley 等人（1975）简化线性规划模型的部分方法，该方法的完整应用涉及删除线性规划模型中多余的简单界限，但删除整数变量上的多余界限通常不值得。相反，如果可能，最好收紧界限，如此做的论据类似于 10.1 节中用到的一些重新表述的论据。收紧界限可使相应的线性规划问题受到更多约束，从而使其最优解更接近整数规划的最优解，可用 Balas（1965）介绍的一个简单示例说明该方法。Brearley、Mitra 和 Williams 介绍他们给出的方法时也采用了该例子。

例 10.4

$$\min \quad 5\delta_1 + 7\delta_2 + 10\delta_3 + 3\delta_4 + \delta_5$$

$$\text{s.t.} \quad \delta_1 - 3\delta_2 + 5\delta_3 + \delta_4 - \delta_5 \geqslant 2 \qquad (R1)$$

$$-2\delta_1 + 6\delta_2 - 3\delta_3 - 2\delta_4 + 2\delta_5 \geqslant 0 \qquad (R2)$$

$$-\delta_2 + 2\delta_3 - 2\delta_4 - \delta_5 \geqslant 1 \qquad (R3)$$

式中，δ_i 是 0-1 变量。

（1）通过约束（R3）可得

$$2\delta_3 \geqslant 1 + \delta_2 + 2\delta_4 + \delta_5 \geqslant 1$$

因此

$$\delta_3 \geqslant \frac{1}{2}$$

由于 δ_3 是一个整数变量，该隐含下界可能会被收紧，在这种情况下（因为 δ_3 为 0-1 变量），δ_3 可设置为 1 并从问题中删除。

（2）通过约束（R2）可得

$$6\delta_2 \geqslant 3 + 2\delta_1 + 2\delta_4 - 2\delta_5 \geqslant 1$$

因此

$$\delta_2 \geqslant \frac{1}{6}$$

同样，δ_2 能收紧至 1，因此将 δ_2 固定为 1。

（3）通过约束（R3），结合（1）得 $\delta_3=1$，$\delta_2=1$，从而可得

$$\delta_4 \leqslant 0$$

因此可将 δ_4 固定为 0。

（4）通过约束（R3），$\delta_5 \leqslant 0$，因此可将 δ_5 固定为 0。

（5）现证明所有约束都是多余的，可以删除，而唯一剩下的变量是 δ_1，显然必须设置为 0。

该例子显然是整数规划模型中收紧界限的一种极端情况，因为方法本身就完全解决了问题。

10.2.2 将单一整数约束简化为另一种形式

考虑以下整数约束：

$$4\gamma_1 + 6\gamma_2 \leqslant 9 \tag{10.23}$$

其中，γ_1 和 γ_2 是广义整数变量。在图 10.2 中，从几何角度观察该约束，很容易看出它也可以写成

$$\gamma_1 + 2\gamma_2 \leqslant 2 \tag{10.24}$$

在图 10.2 中，原始约束（10.23）表明可行点必须位于 AB 的左侧。将线 AB 移动到 CD，没有整数点被排除在可行域外，也没有新的整数点包含在可行域中，CD 对应于新的约束（10.24）。

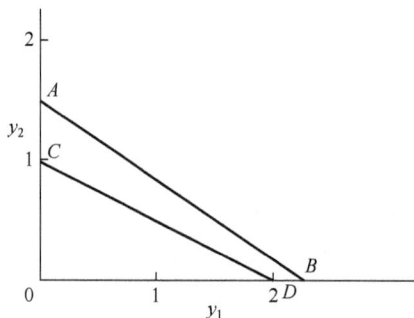

图 10.2 可行点位于 AB 的左侧

显然，使用约束（10.24）比使用约束（10.23）更有优势，因为相应线性规划问题的可行域已减少。虽然约束（10.23）等涉及广义整数变量的约束不常见，但此类约束可能仅涉及 0-1 变量，因此，主要关注 0-1 变量的情况。如果涉及更大范围的整数变量，当然，总可以如 10.1 节所述扩展为 0-1 变量，如现有某约束

$$a_1\delta_1 + a_2\delta_2 + \cdots + a_n\delta_n \leqslant a_0 \tag{10.25}$$

其中，δ_i 为 0-1 变量，将其重新表达为等价约束，即

$$b_1\delta_1 + b_2\delta_2 + \cdots + b_n\delta_n \leqslant b_0 \tag{10.26}$$

在相应的线性规划问题中，不等式（10.26）比不等式（10.25）更受约束。假设不等式（10.25）和不等式（10.26）的所有系数都非负，如果不等式（10.25）中出现负系数 a_i，则不失广义性，相应变量 δ_i 可由替代变量补全

$$\delta_i = 1 - \delta_i'$$

其中，δ_i' 系数为正。

显然"≥"约束可转换为"≤"，同时可将"≥"和"≤"都转化为等式约束，这样会更方便处理，由此两个简化约束将代替原来的单一"="约束。

为在不等式（10.26）中生成一个纯 0-1 约束，可将如不等式（10.25）中的某 0-1 约束本身作为线性规划问题表述和求解。本书省略了该过程的技术细节，在第二部分中给出了一个特定问题，即"优化约束"，而第三部分中会阐明一般方法。

如果要简化的原始约束涉及广义整数变量，而不是 0-1 整数变量，且想将其替换为相同变量的约束，则需要限制 0-1 形式的新系数。例如，假设有一个广义整数变量 γ（≤7）。如果在 0-1 形式约束中其原始系数为 a，可得项：

$$a\gamma_1 + 2a\gamma_2 + 4a\gamma_3 \tag{10.27}$$

其中，$\gamma_1 + 2\gamma_2 + 4\gamma_3$ 表示变量 γ，γ_1，γ_2 和 γ_3 是 0-1 变量，由此产生的简化将生成一个等价项：

$$b_1\gamma_1 + b_2\gamma_2 + b_3\gamma_3 \tag{10.28}$$

为了使该项可以被项 $b\gamma$ 替换，必须确保：

$$b_3 = 2b_2, \quad b_2 = 2b_1 \tag{10.29}$$

可得 $b = b_1$。

若使用第二部分中针对 0-1 变量的线性规划表达形式，有必要对广义整数情况施加诸如约束（10.29）之类的条件作为附加的线性规划约束。

以此方式简化单个整数约束通常并不值得。在许多模型中，这些约束表示逻辑条件，且作为单个约束，已经是最简单的形式。项目选择和资本预算问题可作为值得这样简化的应用场景，而在第二部分的"市场分配"问题中，以此方式简化单个约束也被证明是值得的。

Bradley 等人（1974）介绍了如何将单个 0-1 约束简化为本节考虑的另一单个 0-1 约束。

10.2.3　将单个整数约束简化表述为多个约束

鉴于实际需要，广义整数变量可扩展为 0-1 变量，此时再次关注纯 0-1 约束。

将单个 0-1 约束表示为一组 0-1 约束一般是有利的（在 10.1 节中已论述），其中约束（10.11）被重新表达为约束（10.14）。本节介绍一个将任何纯 0-1 约束扩展为一组约束的一般过程，在理想情况下，希望能够通过一组定义可行 0-1 解凸包的约束重新表达该约束，下面举例来说明这一点。

例 10.5

$$3\delta_1 + 3\delta_2 - 2\delta_3 + 2\delta_4 + 2\delta_5 \leqslant 4 \tag{10.30}$$

式中，δ_i 为 0-1 变量。

根据表达式（10.27），可行的 0-1 解的凸包由这些约束连同平凡约束 $\delta_i \geqslant 0$ 和 $\delta_i \leqslant 1$ 给出：

$$\delta_1 + \delta_2 - \delta_3 + \delta_4 \leqslant 1 \tag{10.31}$$

$$\delta_1 + \delta_2 - \delta_3 + \delta_5 \leqslant 1 \tag{10.32}$$

$$\delta_1 + \delta_2 + \delta_4 + \delta_5 \leqslant 2 \tag{10.33}$$

$$2\delta_1 + \delta_2 - \delta_3 + \delta_4 + \delta_5 \leqslant 2 \tag{10.34}$$

$$\delta_1 + 2\delta_2 - \delta_3 + \delta_4 + \delta_5 \leqslant 2 \tag{10.35}$$

遗憾的是，人们尚未开发出实用方法，还不能为单个 0-1 约束对应的整数解凸包完成定义其边界的约束条件。"面"构成了线性规划问题定义的可行域边界，对于两个变量问题，这些面为一维线，在图 10.2 中很容易可视化；对于三变量问题，这些面为二维平面；对于 n 变量问题，这些面为（$n-1$）维超平面。Hammer 等人（1975）介绍了一个最多五个变量的 0-1 约束凸包面的表格，首先需要用上述方法将约束简化为另一单个约束，通过讨论超过五个变量的特定类可获得约束凸包，10.1 节中将约束（10.11）扩展为约束（10.14）就是这样一个例子。尽管尚无为单个 0-1 约束生成凸包约束的一般方法，但 Balas（1975）介绍了如何生成凸包的某些面，且 Wolsey（1975）也提供了类似方法，能够获得由仅包含系数 0 和 ±1 的约束代表的面。例如，该方法可得到例 10.5 的约束（10.31）~约束（10.33）。

接下来说明 Balas 提出的方法。考虑以下纯 0-1 约束：

$$a_1\delta_1 + a_2\delta_2 + a_3\delta_3 + \cdots + a_n\delta_n \leqslant a_0 \tag{10.36}$$

和以前一样，考虑所有系数非负的"≤"约束时不失一般性。

定义 指数 $1,2,\cdots$ 的一个子集为 $\{i_1,i_2,\cdots,i_r\}$，如果 $a_{i1} + a_{i2} + \cdots + a_{ir} > a_0$，则不等式（10.33）中的 n 个系数将称为覆盖。

很明显，一个覆盖内指数 i 对应的所有 δ_i 不可能同时为 1，该条件可用以下约束来表示：

$$\delta_{i1} + \delta_{i2} + \cdots + \delta_{ir} \leqslant r - 1 \tag{10.37}$$

定义

如果没有 $\{i_1,i_2,\cdots,i_r\}$ 的真子集也为覆盖，则覆盖 $\{i_1,i_2,\cdots,i_r\}$ 称为最小覆盖。

定义

最小覆盖 $\{i_1,i_2,\cdots,i_r\}$ 可通过以下方式扩展：

（1）选择最大的系数 a_{i_j}，其中 i_j 是最小覆盖的成员。

（2）取一组不在对应系数 $a_{i_{r+k}}$ 的最小覆盖中的指数 $\{i_{r+1}, i_{r+2}, \cdots, i_{r+s}\}$，使得 $a_{i_{r+k}} \geqslant a_{i_j}$。

（3）在最小覆盖中加入这些指数集可得 $\{i_1, i_2, \cdots, i_{r+s}\}$，该新覆盖称为扩展覆盖。

如果 $\{i_1, i_2, \cdots, i_r\}$ 是一个最小覆盖，可将其扩展，得到扩展覆盖 $i_1, i_2, \cdots, i_{r+s}$，而对应最小覆盖的约束（10.37）可以相应地扩展为

$$\delta_{i1} + \delta_{i2} + \cdots + \delta_{i_{r+s}} \leqslant r-1 \tag{10.38}$$

定义

如果最小覆盖产生的扩展覆盖不是由具有相同量指数的最小覆盖产生的任何其他扩展覆盖的真子集，则原始最小覆盖称为强覆盖。

Balas 表示，如果扩展覆盖来自强覆盖，则不等式（10.38）等约束包含不等式（10.33）的可行 0-1 点凸包的所有面，其系数为 0 或 1。

显然，就生成 0-1 约束对应的所有强覆盖而言，很容易设计一种计算快速且具有系统性的方法，从而获得面约束，诸如不等式（10.38）。这样一来，可定义约束的可行 0-1 点凸包的任何面，前提是该面由仅涉及系数 0 和 ±1 的约束表示。为便于理解该过程，下面来看两个例子。

例 10.6： 与例 10.5 一样，只是此时关注如何获得仅涉及系数 0 和 ±1 的约束（10.31）～约束（10.33）。将正系数的约束（10.30）表示为如下方式更方便：

$$3\delta_1 + 3\delta_2 + 2\delta_3 + 2\delta_4 + 2\delta_5 \leqslant 6 \tag{10.39}$$

其中，$\delta_3 = 1 - \delta_3$。

约束（10.39）的最小覆盖为

$$\{1, 2, 3\} \tag{10.40}$$
$$\{1, 2, 4\} \tag{10.41}$$
$$\{1, 2, 5\} \tag{10.42}$$
$$\{1, 3, 4\} \tag{10.43}$$
$$\{1, 3, 5\} \tag{10.44}$$
$$\{1, 4, 5\} \tag{10.45}$$
$$\{2, 3, 4\} \tag{10.46}$$
$$\{2, 3, 5\} \tag{10.47}$$
$$\{2, 4, 5\} \tag{10.48}$$

可增大这些最小覆盖来生成拓展的覆盖集，即

$$\{1, 2, 3\}来自覆盖（10.40） \tag{10.49}$$

$\{1, 2, 4\}$ 来自覆盖（10.41） $\qquad$ （10.50）

$\{1, 2, 5\}$ 来自覆盖（10.42） $\qquad$ （10.51）

$\{1, 2, 3, 4\}$ 来自覆盖（10.43）和（10.46） $\qquad$ （10.52）

$\{1, 2, 3, 5\}$ 来自覆盖（10.44）和（10.47） $\qquad$ （10.53）

$\{1, 2, 4, 5\}$ 来自覆盖（10.45）和（10.48） $\qquad$ （10.54）

由于覆盖（10.49）～覆盖（10.51）分别是覆盖（10.52）～覆盖（10.54）的真子集，所以前三个最小覆盖（10.40）～覆盖（10.42）并非强覆盖，但其他最小覆盖（10.43）～覆盖（10.48）是强覆盖及其扩展，覆盖（10.52）～覆盖（10.54）会生成以下约束：

$$\delta_1 + \delta_2 + \delta_3' + \delta_4 \leqslant 2 \qquad (10.55)$$

$$\delta_1 + \delta_2 + \delta_3' + \delta_5 \leqslant 2 \qquad (10.56)$$

$$\delta_1 + \delta_2 + \delta_4 + \delta_5 \leqslant 2 \qquad (10.57)$$

用 $1 - \delta_3$ 替代 δ_3' 可得例 10.5 中的三个面约束，即约束（10.31）～约束（10.33）。

例 10.7

$$\delta_{n+1} = \begin{cases} 1, \text{ 若建造一个集散地} \\ 0, \text{ 否则} \end{cases}$$

$$\delta_i = \begin{cases} 1, \text{ 如果该集散地向客户} i \text{供应货物} \\ 0, \text{ 否则} \end{cases}$$

其中，$i = 1, 2, \cdots, n$。

如果集散地建成，最多可以向 r（$r < n$）个客户供应货物；但如果集散地没有建成，显然客户无法从此处得到货物供应。

上述条件可以用以下约束来表示：

$$\delta_1 + \delta_2 + \cdots + \delta_n - r\delta_{n+1} \leqslant 0 \qquad (10.58)$$

这显然是约束（10.16）的泛化形式。

用正系数表示不等式（10.58）很方便，即

$$\delta_1 + \delta_2 + \cdots + \delta_n + r\delta_{n+1}' \leqslant r \qquad (10.59)$$

其中，

$$\delta_{n+1}' = 1 - \delta_{n+1} \qquad (10.60)$$

不等式（10.59）的最小覆盖为

$$\{i, n+1\}, \qquad i = 1, 2, \cdots, n \qquad (10.61)$$

以及 $\{1, 2, \cdots, n\}$ 的所有子集，如

$$\{i_1, i_2, \cdots, i_{r+1}\} \qquad (10.62)$$

包含 $r+1$ 个指数。

覆盖（10.61）无法进一步扩展。

所有覆盖（10.62）可扩展至同一扩展覆盖：

$$\{1,2,\cdots,n,\ n+1\} \tag{10.63}$$

最小覆盖（10.61）和最小覆盖（10.62）通常大小不同（如果 $r=1$）。因此，覆盖（10.61）和覆盖（10.63）都是强覆盖的扩展，并产生（在用 $1-\delta_{n+1}$ 代替 δ'_{n+1} 之后）约束：

$$\delta_i - \delta_{n+1} \leqslant 0, \quad i=1,2,\cdots,n \tag{10.64}$$

以及

$$\delta_1 + \delta_2 + \cdots + \delta_n - \delta_{n+1} \leqslant r-1 \tag{10.65}$$

这些约束不一定都代表面，但都是对相应线性规划问题的特别限制性约束，且包括系数为 0 或 1 的所有面。因此，在模型中将约束（10.64）和约束（10.65）附加到原始约束（10.58）是有利的。

这种获得特别"强"的附加约束以加入整数规划模型的方法可在第二部分的"市场分配"问题中证明其价值。

10.2.4　简化约束集合

到目前为止，本书已介绍简化涉及 0-1 变量的单约束的方法，其中理想做法是将所有约束的集合简化为一组定义可行整数点凸包的约束。需要指出的是，单独简化约束通常是不够的，尽管在计算上可能有助于达成最终目标，即更轻松地求解整数规划问题，可用一个例子来证明。

例 10.8

$$\max \quad \delta_1 + 2\delta_2 + \delta_3$$
$$\text{s.t.} \quad 2\delta_1 + 3\delta_2 + 2\delta_3 \leqslant 3 \tag{10.66}$$
$$\delta_1 + \delta_2 - 2\delta_3 \leqslant 0 \tag{10.67}$$

其中，δ_1、δ_2、δ_3 为 0-1 变量。

相关线性规划问题的最优解为

$$\delta_1 = 0 , \quad \delta_2 = \frac{3}{4} , \quad \delta_3 = \frac{3}{8} , \quad \text{可得目标值为} \frac{15}{8}$$

如果约束（10.66）被其面的约束替换，在下面的模型中可得约束（10.68），而约束（10.69）和约束（10.70）来自约束（10.67）的两个面，那么简化模型就是

$$\max \quad \delta_1 + 2\delta_2 + \delta_3$$
$$\text{s.t.} \quad \delta_1 + \delta_2 + \delta_3 \leqslant 1 \tag{10.68}$$
$$\delta_1 - \delta_3 \leqslant 0 \tag{10.69}$$
$$\delta_2 - \delta_3 \leqslant 0 \tag{10.70}$$

对于该重构模型，相关线性规划问题的最优解为

$$\delta_1 = 0, \delta_2 = \frac{1}{2}, \delta_3 = \frac{1}{2}, \text{可得目标值为} \frac{3}{2}。$$

尽管目标值更接近整数最优值，但显然单独简化约束条件并不能保证线性规划模型得到如下的整数解：

$$\delta_1 = 0, \delta_2 = 0, \delta_3 = 1, \text{可得目标值为} 1。$$

遗憾的是，对于生成纯 0-1 约束普通集合对应的可行 0-1 点凸包，目前尚无已知的实用方法。事实上，如果能知道这样一个计算效率高的方法，就可将所有纯整数规划问题简化为线性规划问题。对于特殊的受限类纯整数规划问题，确实存在此类方法，其中最著名的是 9.5 节提到的匹配问题。Edmonds（1965）的文章是针对该问题的主要参考文献。

对于某些类型的纯整数规划问题，部分成果能使人们获得凸包的某些"面"。Hammer（1975）提出的方法可以为称为"常规"类的纯整数规划问题生成仅涉及系数 0 和 1 的"面约束"，这类问题中包括集合覆盖问题和背包问题。

显然，如果能处理背包问题，还可得到 Balas 针对单约束求得的"面"。除了已介绍的内容，这些成果似乎还没有为实际应用提供有价值的形式化工具，因此将不再进一步论述。

还应该指出的是，人们已设计出与此处所述相反的方法。一组纯整数等式约束可以逐渐相互组合，以获得单个等式约束，从而求解背包问题。Bradley（1971）介绍了这一方法，但遗憾的是，由此产生的系数往往太大。如果将相应的线性规划问题用作求解整数规划问题的起点，则这种方法没什么吸引力，以此方式聚合约束一般会削弱而不是限制相应的线性规划问题。Chvatal 和 Hammer（1975）还介绍了一种组合纯 0-1 不等式约束的方法，相比较而言，Bienstock 和 McClosky（2012）的文章提供了更新的成果。

本节中的大部分内容都涉及对整数规划模型施加进一步的限制，以限制相应的线性规划模型。可以在整数规划割平面算法中查看此类附加限制，通过向模型添加排除条件来排除一些可能的分式解，而大多数使用割平面的算法在优化过程中都会产生附加的约束。作为关于建模的书籍，本书仅关注在原始模型中添加排除条件。

10.2.5　间断变量

有时需要将连续变量限制为连续值的片段，例如：

$$x=0 \text{ 或 } a \leqslant x \leqslant b \text{ 或 } x=c \tag{10.71}$$

其中，$0<a<b<c$。

可采用 9.4 节中针对析取约束介绍的简单方法，用 0-1 变量表示三种（或更多）可能性中的每一种，而式（9.79）类型的约束强行使 x 满足条件。

Brearley（1975）提出了一种替代表达形式，遵循了 Thomas 等人（1978）提出的关于有逻辑限制的混料问题的一个更通常的表达形式，即

$$x=ay_1+by_2+c\delta_2 \tag{10.72}$$

$$\delta_1+y_1+y_2+\delta_2=1 \tag{10.73}$$

其中，δ_1 和 δ_2 是 0-1 变量，y_1 和 y_2 为（非负）连续变量。

很明显，条件（10.71）可以泛化或特化。半连续变量为一个常见的特殊情况，即

$$x=0 \text{ 或 } x \geqslant a \qquad (a>0) \tag{10.74}$$

要对此建模，必须为 x 指定一个上界（M），给出表达形式：

$$x=ay_1+My_2 \tag{10.75}$$

$$\delta+y_1+y_2=1 \tag{10.76}$$

其中，δ 是 0-1 变量，y_1 和 y_2 为（非负）连续变量。

10.2.6　析取约束的另一种表达形式

Jeroslow 和 Lowe（1984）给出了用于析取变量的一种替代表达形式，此外，还提出了"混合整数规划可表示性理论"，开始将整个主题置于系统基础之上。Jeroslow 的"析取表达形式"有相当大的理论价值，并且在大型模型中也展现出了实践价值。Jeroslow 和 Lowe（1985）分享了计算经验。

Jeroslow（1989）的讲稿全面探讨了该主题。

假设对式（9.77）等约束有某析取，其中每个 R_k 代表一组约束：

$$\sum_j a_{ijk}x_j \leqslant b_{ik}, \qquad i=1,2,\cdots,m_k \tag{10.77}$$

假设该析取中的每组约束（10.77）都有一个封闭的可行域。如有必要，可通过使用约束中数量的已知界限来实现，这也是传统表达形式的要求。事实上，即

使可行域非闭集，新的表述也不一定总需要使用此类界限。Jeroslow 和 Lowe（1984）给出了明确条件。

每个变量 x_j 被拆分为具有以下约束的单独变量 x_{jk}：

$$x_j = x_{j1} + x_{j2} + \cdots + x_{jN} \tag{10.78}$$

新变量替代了对应的一组约束 R_k 中的原始变量，并给出以下约束：

$$\sum_j a_{ijk} x_{jk} - b_{ik} \delta_k \leqslant 0, \quad i - 1, 2, \cdots, m_k \tag{10.79}$$

$$\sum_k \delta_k = 1 \tag{10.80}$$

其中，δ_k 为 0-1 整数变量。

约束（10.80）强制只有一个 δ_k 为 1，其他为 0。如果 δ_k 为 0，则约束（10.79）（可行域为闭集）强制相应的 x_{jk} 全部为零，因此对于每个 j 只有一个分量 x_{jk} 可以非零，通过约束（10.78）使其等于 x_j，因此保证约束对应于 R_k。

可以证明，如果每组约束（10.77）是 R_k 的一个锐化表达形式，那么所生成的析取表达形式也是锐化的，也就是说，线性规划松弛提供了可行整数解的凸包。例如，如果不等式（10.77）中的变量都是连续变量，则该属性成立。

9.2 节表明逻辑条件通常可用不止一种方式特化。布尔代数的一个知名结论是，任何命题都可用称为析取范式的标准形式表示，只使用"和"（·）、"或"（∨）以及"非"（～）这三种连接词，例如：

$$(R_{11} \wedge R_{12} \wedge \cdots \wedge R_{1m_1}) \vee (R_{21} \wedge R_{22} \wedge \cdots \wedge R_{2m_2}) \vee \cdots \vee (R_{N1} \wedge R_{N2} \wedge \cdots \wedge R_{Nm_2}) \tag{10.81}$$

由语句 R_{ij} 的"析取或合取"组成（其中一些可能是否定语句）。Jeroslow 表示，用这种析取范式来表达模型，然后使用其析取表达形式通常效果更好。鉴于任何（有界）整数变量都表示可能性析取这一事实，理论上可通过这种方式为任何整数规划创建一个锐化表达形式，例如：

$$x = 0 \vee x = 1 \vee x = 2 \vee \cdots \vee x = m \tag{10.82}$$

在实际应用中，由此表达形式创建的变量数可能会大得惊人，因为析取表达形式以上述方式将变量拆分为元件。通常必须采用折中方案，虽然并非锐化，但通常比传统表达形式更严格。表达形式通常可以用多种形式简化（如采取简化方法）。

Martin（1987）及 Williams 和 Brailsford（1997）探讨了通过引入附加变量获得更严格约束的可能性。

这里探讨 Jeroslow 的另外两个观点。他指出，就锐度来看，建议在具体表达整数规划表达形式之前应用连接词"和"，这与首先创建问题元件的整数规划表达

Note

形式，然后应用连接词"和"（将所有生成约束放在一起）形成对比，因为（在集合符号中）：

$$\mathrm{Con}\ (S \cap T) \subseteq \mathrm{Con}\ (S) \cap \mathrm{Con}\ (T) \tag{10.83}$$

其中，S 和 T 是集合，Con 为取凸包。

此外，当某些整数变量固定（通过分支定界算法）时，建议使用"遗传锐利"的表达形式，可保持其子模型也有"锐利性"。

10.2.7 对称

一个模型有时可以有大量等价解。例如，在指派问题中，当且仅当车辆 i 拜访客户 j 时，可能会有 $\delta_{ij} = 1$ 形式的变量，如果车辆相同，则 $\delta_{12} = 1$ 和 $\delta_{22} = 0$ 的解将等价于 $\delta_{12} = 0$ 和 $\delta_{22} = 1$ 的解。为了不增加生成重复解在计算上的代价，可以施加以下附加约束：

$$对于任意 j, \quad \delta_{1j} \geqslant \delta_{2j} \geqslant \cdots \geqslant \delta_{nj} \tag{10.84}$$

也可以将这些变量合并为 nj，代表拜访客户 j 的车辆数，但在某些情况下，此类变量的归并会削弱线性规划松弛。这种减少对称等价解生成的方法通常基于特定模型，但务必认识到整数规划中对称性在计算方面的缺点（与许多其他数学分支不同）。

10.3 从整数规划模型中获得的经济信息

根据 6.2 节的描述，除了线性规划问题的最优解，还可以从影子价格和可减少成本等量中获得重要的附加经济信息。双重线性规划模型也被证明在许多情况下具有重要的经济解释。此外，原始模型的解与其对偶关系密切。

需要简单地指出二元关系在整数规划中为何行不通。假设有一个整数规划最大化问题 P，而对应于 P 有线性规划问题 P'。只要 P' 是可行的且非无界，就有一个可解对偶问题 Q'。根据线性规划的对偶性可知

P' 的最大目标值 $= Q'$ 的最小目标值

通过对 P' 施加附加的整数要求，可得整数规划问题 P。显然，由于 P 比 P' 约束更强，可得

P 的最大目标值 $\leqslant P'$ 的最大目标值 $= Q'$ 的最小目标值

Note

Q' 的最小目标值是 P 的目标值可获得的最小上界，通过对 P 的约束进行一组估值来获得，这与对偶值为目标提供严格上界（通过最优值获得的界限）的线性规划情形形成对比。因此，P 的最大目标值与 P' 的最大目标值（或 Q' 的最小目标值）之间的差异有时称为对偶间隙，可衡量任何对偶值在用作影子价格时的不足程度（相当宽泛）。

本节试图从整数规划模型中获得经济信息，与从线性规划模型中获得的经济信息相对应。可以看出，在整数规划情形下，该信息更难获得，并且在某些情况下相当模棱两可。为了说明其难度，可考虑一个"产品组合"问题，其中模型中的变量代表要生产的各产品数量，而约束代表产能的限制，但只有让每款产品数量为整数才有意义。

例 10.9

$$\max \quad 12\gamma_1 + 5\gamma_2 + 15\gamma_3 + 10\gamma_4$$
$$\text{s.t.} \quad 5\gamma_1 + \gamma_2 + 9\gamma_3 + 12\gamma_4 \leqslant 15 \qquad (10.85)$$
$$2\gamma_1 + 3\gamma_2 + 4\gamma_3 + \gamma_4 \leqslant 10 \qquad (10.86)$$
$$3\gamma_1 + 2\gamma_2 + 4\gamma_3 + 10\gamma_4 \leqslant 8 \qquad (10.87)$$
$$\gamma_1, \ \gamma_2, \ \gamma_3, \ \gamma_4 \geqslant 0$$

式中，γ_i 是整数变量。

最优整数解为 $\gamma_1 = 2, \gamma_2 = 1, \gamma_3 = 0, \gamma_4 = 0$，所得目标值为 29。

作为比较，对应的线性规划问题的最优解为 $\gamma_1 = \dfrac{8}{3}, \gamma_2 = 0, \gamma_3 = 0, \gamma_4 = 0$，所得目标值为 32。

除线性规划问题的分式解外，还可获得以下问题的答案：

（Q1）增加已充分利用产能的边际价值是多少？

（Q2）非制成品的价格应涨多少才能使其值得生产？

根据 6.2 节的描述，Q1 的答案来自相应约束下的影子价格，代表了针对产能的估值，而一旦得到这些最优估值，就可通过简单的核算推导出最优生产策略。此外，这些影子价格隐含的所有产能的总估值与最优生产策略可得的利润相同。

遗憾的是，在整数规划模型下，产能可得的值并不会一定恰当。例如，约束（10.85）所代表的产能在整数规划最优解中没有充分利用。在线性规划问题中，如果约束容量松弛，如本例所示，其对应 6.2 节所述的免费物品，其影子价格为零。此类约束可从线性规划模型中省去，最优解不变。而在此情况下，若不改变最优解，则无法省略约束（10.85），因此可以对约束进行一些经济评估。由此可得整数规划约束的任何估值与线性规划中的影子价格之间的第一个必要的重大区别：

（A）如果约束具有正松弛，则不一定代表免费物品，因其可能具有正经济价值。

这么做的原因非常明显，尽管约束（10.85）中略微增加右侧值 15 没有任何好处，但显然将其增加至少 3 是有好处的，因为可以至少将两个 γ_3 代替两个 γ_1 和一个 γ_2 并入解。

即使承认对不满意和满意产能的估值为正，仍不可能以类似于 6.2 节所述的线性规划方式通过定价来找到决策方法，这可由下面的例子证明。

例 10.10

$$\max \quad 4\gamma_1 + 3\gamma_2 + \gamma_3 \tag{10.88}$$
$$\text{s.t.} \quad 2\gamma_1 + 2\gamma_2 + \gamma_3 \leqslant 7$$

其中，$\gamma_1, \gamma_2, \gamma_3 \geqslant 0$，且取整数值。

最优整数解为 $\gamma_1 = 3, \gamma_2 = 0, \gamma_3 = 1$。下面尝试对该解对应的约束进行分析估值。

假设赋予约束一个 π 的"影子价格"，那么为使 γ_3 可盈利，必须使 $\pi \leqslant 1$。然而，这意味着 $2\pi < 3$。根据最优解，γ_3 值得生产，但 γ_2 不值得生产。

该例子证实了整数规划约束的经济估值与线性规划中的影子价格相比，二者的第二个区别如下：

（B）就一般整数规划问题而言，对于允许以与线性规划案例类似的方式获得最优解的约束，不一定存在估值。

通过（B）中的"约束"，还必须考虑可行性约束 $\gamma_1 \geqslant 0$。

获得表示可行整数解凸包的约束，可摆脱上述整数规划模型所带来的困境（对于混合整数规划模型，当然要考虑表示整数变量的维度上具有整数坐标点的凸包，如 10.1 节所述）。然后可将模型视为线性规划问题，并获得有理想属性的影子价格。尽管获得整数解的凸包这一方法在计算上通常不切实际，但正如 10.3 节所述，也可应用于某些模型，从而获取有用的经济信息。这一点由一个特定问题，即分摊固定成本问题说明，如下面的例 10.12。尽管存在计算困难，但仍值得将其视为对当前问题的理论解。为更好地解释，对例 10.9 进行重构得到整数规划模型，对可行整数点的凸包使用约束，可得到下面的模型。

例 10.11

$$\max \quad 12\gamma_1 + 5\gamma_2 + 15\gamma_3$$
$$\text{s.t.} \quad \gamma_1 + \gamma_3 \leqslant 2 \tag{10.89}$$
$$\gamma_1 + \gamma_2 + \gamma_3 \leqslant 3 \tag{10.90}$$

$$2\gamma_1 + \gamma_2 + 3\gamma_3 \leqslant 5 \tag{10.91}$$

$$\gamma_3 \leqslant 1 \tag{10.92}$$

其中，$\gamma_1, \gamma_2, \gamma_3 \geqslant 0$ 且取整数值［当取一个整数值时，在约束（10.87）中 γ_4 显然被强制为零］。

新约束的影子价格为

约束（10.89）对应的影子价格为 2

约束（10.90）对应的影子价格为 0

约束（10.91）对应的影子价格为 5

约束（10.92）对应的影子价格为 0

请注意，由于例 10.11 为退化的情况，存在替代影子价格，如 6.2 节所述。

遗憾的是，对于如何将定义例 10.9 中凸包的新约束（10.89）～新约束（10.92）重新关联回原始约束（10.85）～原始约束（10.87）还尚不清楚，因此很难用上述影子价格对原始模型的物理约束得出有意义的估值。Gomory 和 Baumol（1960）已尝试将割平面算法应用于整数规划模型，连续添加约束，直到获得整数解，然后为原始约束和新约束求得影子价格，再由新约束的影子价格回推至原始约束。但为原始约束所得的估值并不唯一，且取决于应用切割平面算法的方式。此外，必须在其原始约束中包括可行性约束 $\gamma_i \geqslant 0$，因此，最终这些约束的经济估值可能非零。在其线性规划中，这种估值可视为变量 γ_i 上的可减少成本，这么做毫无困难，而最优解将去除可减少成本为正的变量。采用该方法的整数规划中，可行性条件 $\gamma_i \geqslant 0$ 的经济价值完全可能非零（表明在某种意义上 $\gamma_i \geqslant 0$ 为一个"紧"约束），且 γ_i 可在正最优解中，将赋予可行性约束的经济估值视为与 γ_i 的不可分割性相关的成本，可证明这一点。γ_i 不仅应根据对稀缺产能的使用来收费，且鉴于其只能为整数形式，还应该附加收费。

诸如 $\gamma_i \geqslant 0$ 等约束在戈莫里-鲍莫尔系统中的估值可能非零，但 γ_i 本身可能不为零，这是整数规划中戈莫里-鲍莫尔价格与线性规划中的影子价格之间更普遍的差异之一。一个特例如下：

（C）整数规划约束所代表的免费物品，其戈莫里-鲍莫尔价格不一定为零。

这种差异并不像最初看起来那么大，因为在线性规划中也可能出现类似情况。根据 6.2 节的描述，鉴于退化现象，存在替代对偶解，其中一些可能会为多余约束提供非零值的影子价格（作为替代），这也表明，戈莫里-鲍莫尔价格的非唯一性问题并不仅限于整数规划。显然，线性规划也存在退化问题，尽管其程度要轻得多。

这里说明当前很流行的一类方法：其可从混合整数规划模型中得到有限经济信息。该方法仅需从解树中给出最优整数解对应的线性规划子问题，但此类信息很可能并不可靠，因为整数变量只能离散地改变，而经济信息来自边际变动的影响。其他整数变量（特别是 0-1 变量）将由评估解树过程中施加的界限来确界，其变动对这些变量的影响无法评估。

这种方法将所有整数变量"固定"在其最优值上，只考虑边际变动对连续变量的影响。这么做之所以值得推荐，是因为整数变量通常代表重大经营决策。鉴于人们已接受这些决策，基本运营模式中边际变动的经济影响可能会有吸引力。

第二部分中的"电价（发电）"问题提供了一个对混合整数规划模型约束进行"评估"的示例，以不同税费出售电力的比率隐晦地对约束进行估价，而第四部分则根据模型解探讨了这么做的不同方法。

尽管从整数规划模型中获得有意义的附属经济信息存在困难，但在某些情况下，可通过重构模型来获得有用信息。Williams（1981）探讨了这一点，而下面的示例将通过运用 10.2 节中的思路来重构模型以说明这一点，该思路的提出者 Rhys（1970）介绍了此处所研究的，涉及分摊固定成本的问题。

例 10.12 在图 10.3 的网络中，各节点代表资金投入及相关成本，而弧线代表经济活动及相关估计收入，为开展活动（弧线），需同时使用弧线两端节点所代表的资源。问题是如何在与连接节点的弧线相关的活动中，以最佳方式分摊与节点相关的资金投入（固定）成本，如节点 D 的资金成本应如何在弧线 AD、BD、CD 和 DE 之间分摊？将节点视为车站，而弧线视为车站之间的铁路，不失为看待该问题的一种生动形式。

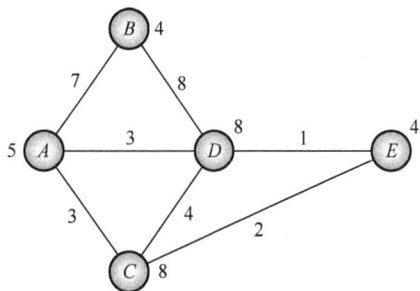

图 10.3 资金投入的网络

为证实如何通过重构整数规划模型获得所需经济信息，首先考虑一个特定问题。

假设要决定削减哪些节点（车站），以使整个网络（铁路系统）尽可能盈利，但要牢记削减节点（站）需要去除所有通向它的弧（线）。使用以下 0-1 变量，可将此问题表述为整数规划问题：

$$\delta_i = \begin{cases} 1, & \text{若保留节点} i \\ 0, & \text{若去除节点} i \end{cases}$$

$$\delta_{ij} = \begin{cases} 1, & \text{若保留弧}(i,j) \\ 0, & \text{若去除弧}(i,j) \end{cases}$$

式中，i,j 为 A、B、C、D 和 E。

最大化的目标函数为

$$-5\delta_A - 4\delta_B - 8\delta_C - 8\delta_D - 4\delta_E + 7\delta_{AB} + 3\delta_{AC} + 3\delta_{AD} + 8\delta_{BD} + 4\delta_{CD} + \delta_{DE} + 2\delta_{CE} \quad (10.93)$$

要建模的条件为需要某些节点的某些弧线，则有

$$\delta_{ij} = 1 \rightarrow \delta_i = 1, \delta_j = 1 \quad (10.94)$$

10.1 节表明，此条件可用两种方式建模，使用如下一个约束

$$-\delta_i - \delta_j + 2\delta_{ij} \leqslant 0 \quad (10.95)$$

或两个约束

$$-\delta_i + \delta_{ij} \leqslant 0$$
$$-\delta_j + \delta_{ij} \leqslant 0 \quad (10.96)$$

第二种表达形式的优点是，模型将成为全幺模矩阵，且可作为线性规划问题求解，从而生成一个整数最优解。而在几何层面上，已通过约束（10.96）明确可行整数点的凸包。由于现在是一个线性规划问题，可在约束下获得明确定义的影子价格。而在此示例中，影子价格的解释如下。

$-\delta_i + \delta_{ij} \leqslant 0$ 的影子价格是节点 i 的投资成本额，应该由弧(i,j)的收入来满足。

同样，$-\delta_j + \delta_{ij} \leqslant 0$ 的影子价格是节点 j 的投资成本额，应该由弧(i,j)的收入来满足。

显然，已找到了一种在弧之间分摊节点投资成本的方法。任何活动若不能满足其所需的投资成本，则应停止。通过投资成本的分配可得到营利性最好的网络。使用图 10.3 中网络上给出的数字得出的影子价格，如表 10.1 所示。

例如，可以看出节点 C 将收到来自 AC 的 3、来自 CD 的 4 和来自 CE 的 0，显然节点 C 不再可行，必须被剔除。对所有其他节点应用类似的参数，可得到如图 10.4 所示的最优网络。

线性规划二元性存在一个有趣现象，即以其他方式在弧之间划分各节点的投资成本，无法生成盈利更好的网络，且很可能生成盈利更差的网络。

表 10.1　约束条件与相应的影子价格

约束	影子价格	约束	影子价格
$-\delta_A + \delta_{AB} \leq 0$	5	$-\delta_D + \delta_{BD} \leq 0$	6
$-\delta_B + \delta_{AB} \leq 0$	2	$-\delta_C + \delta_{CD} \leq 0$	4
$-\delta_A + \delta_{AC} \leq 0$	0	$-\delta_D + \delta_{CD} \leq 0$	0
$-\delta_C + \delta_{AC} \leq 0$	3	$-\delta_C + \delta_{CE} \leq 0$	0
$-\delta_A + \delta_{AD} \leq 0$	0	$-\delta_E + \delta_{CE} \leq 0$	2
$-\delta_D + \delta_{AD} \leq 0$	3	$-\delta_D + \delta_{DE} \leq 0$	0
$-\delta_B + \delta_{BD} \leq 0$	2	$-\delta_E + \delta_{DE} \leq 0$	1

综上所述，从整数规划模型中获取相应的经济信息，目前并无整体令人满意的方法。而上面给出的方法在线性规划案例中通常被证明是非常有价值的。这一主题的当前研究仍有很大不足，Williams（1979，1997）更深入地探讨了该主题；Appa（1997）表示，在混合整数规划模型中固定整数变量的值后，有时可利用所得线性规划模型的结构对偶性；Greenberg（1998）的书目也可供相关研究人员参考。

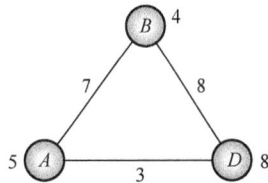

图 10.4　最优网络

10.4　模型灵敏度分析及稳定性分析

根据 6.3 节的描述，在建立并求解线性规划模型后，了解答案对模型数据变化的敏感程度非常重要，可通过确定目标和右端项范围的方法深入分析。此外，还可在某种程度上就如何构建模型以便更有效求解进行讨论。本节关注的内容与 6.3 节一致，只是这里针对的是整数规划模型。

10.4.1　灵敏度分析与整数规划

用表示可行整数点凸包的约束来代替原有约束，是对模型目标系数进行灵敏度分析的一种理论方法，由此可将其视为线性规划模型，并按 6.3 节所述明确目标取值范围。

若纯整数规划模型的重构很容易产生凸包约束，则灵敏度分析会相当简单，否则，重构就不是可行的方法，也无法确定右端项数值范围。

对于通过分支定界法求解的混合整数规划模型，可在给出最优整数解的节点处对线性规划子问题进行灵敏度分析，也可将整数变量固定为其最优值，并对问题的连续部分进行灵敏度分析。与从整数规划模型中获取经济信息的方法类似，这些方法显然具有相同的缺点，如 10.3 节所述。

在整数规划中使用改变后的系数再次求解模型并比较最优解，是唯一真正令人满意的灵敏度分析方法。显然，通过先前解的知识，应该能够缩短后续模型的求解时间。

10.4.2 建立稳定的模型

在线性规划模型中，目标函数的最优值会随着右端项和目标函数系数的变化而改变，但整数规划模型可能不会这样。下面探讨一个非常简单的示例。

例 10.13

$$\max \quad 40\delta_1 + 35\delta_2 + 15\delta_3 + 8\delta_4 + 9\delta_5$$
$$\text{s.t.} \quad 8\delta_1 + 8\delta_2 + 5\delta_3 + 4\delta_4 + 3\delta_5 \leqslant 16 \qquad (10.97)$$

其中，$\delta_1, \delta_2, \delta_3, \delta_4, \delta_5$ 是 0-1 变量。

该模型的最优解是 $\delta_1 = 1$ 和 $\delta_2 = 1$，其余变量为 0，目标值为 75。

但如果略微减少右端项值 16，则最优解将变为 $\delta_1 = 1, \delta_4 = 1, \delta_5 = 1$，从而可得目标值为 57。

目标函数的最优值显然不是右端项的连续函数，许多实际情况并非如此。假设约束（10.97）代表预算限制，0-1 变量代表资本投资，而预算的小幅减少不太可能导致从根本上改变计划。更有可能的情况是，预算会因成本增加而略微增加，或其中一项投资成本会略微削减。如果是这样，则应该在模型中表示这一点（这一点很重要）。就目前而言，上面的例子其实是该情形下一个不够好的模型。

使用 3.3 节所述方法重塑约束（10.97），支持以一定成本违反原约束。将剩余（连续）变量 u 添加到约束（10.97）中，并在目标中给出成本（如 20），可得以下模型：

$$\max \quad 40\delta_1 + 35\delta_2 + 15\delta_3 + 8\delta_4 + 9\delta_5 - 20u$$
$$\text{s.t.} \quad 8\delta_1 + 8\delta_2 + 5\delta_3 + 4\delta_4 + 3\delta_5 - u \leqslant 16 \qquad (10.98)$$

对于右端项值 16，最优解仍是 $\delta_1 = \delta_2 = 1$，可得目标值为 75。

如果右端项值 16 略微减少，u 的效果是以 20 的单位成本"将预算增加"到 16。例如，如果右端项值下降到 15.5，则 u 将变为 0.5，相同最优解将保留，但目标会下降 10，变为 65。随着右端项值进一步减小，目标最优值将继续逐渐下降，直到右端项值达到 15.1，然后解 $\delta_1 = 1, \delta_4 = 1, \delta_5 = 1$ 成为选择的最优解。如果右端项值进一步减小，将平移至该解——最优解。可以看出，这种在具有一定成本的问题上添加剩余变量的方法对模型有两个理想的效果：

（1）最优目标值成为右端项的连续函数。

（2）最优解值不会随着右端项的变化而"突然"变化，相应问题可称为右端项"半连续"函数。

在某些应用场景下，可能还想添加一个松弛（连续）变量 v；在目标中给定 v 一个成本（如 8），可得以下模型：

$$\max \quad 40\delta_1 + 35\delta_2 + 15\delta_3 + 8\delta_4 + 9\delta_5 - 20u - 8v$$
$$\text{s.t.} \quad 8\delta_1 + 8\delta_2 + 5\delta_3 + 4\delta_4 + 3\delta_5 - u + v = 16 \tag{10.99}$$

该主题在此不再深入探讨，因为已在 6.3 节中针对线性规划问题进行了全面介绍，但务必注意强制整数规划模型最优解随数据系数"连续"变化的好处。显然，对于混合整数规划模型中出现的许多逻辑类约束，使用上述方法是没有意义的。在某些混合整数规划模型中，无须进一步重新表述就可证明其连续性是成立的。Williams（1989）更深入地探讨了该主题。

10.5 整数规划的使用

（1）本节扼要地总结前 3 章提出的一些要点，作为快速使用指南。如果实际应用具有 8.2 节所述的任何特征，则值得考虑使用整数规划模型。

（2）在决定构建整数规划模型前，应预估其可能的规模。如果整数变量超过几百个，除非问题具有特殊结构，否则整数规划的计算成本可能过高。

（3）强烈建议仔细检查该问题所致整数规划模型的结构。如果模型是纯整数规划模型且具有全幺模结构，则可以使用线性规划，并在合理时间内求解涉及数千个约束和变量的模型。如果模型是纯整数规划模型但并非全幺模结构，那么是否很容易转换为已知全幺模结构值得研究，如 10.2 节所述。对于混合整数规划模型，如果无直接方法生成全幺模结构，通常可更严格地约束相应的线性规划问题。如果整数规划模型具有 9.5 节提到的其他特殊结构，则有关该类问题的文献和计算经验值得研究，以了解其难度。

（4）在完整建模前，建议先为问题的小型版本建模，并在该模型上进行实验，以了解求解难度。建议尝试重构 10.2 节中的模型（如有必要），并应用 8.3 节中提到的求解策略。

（5）在进行上述研究后，如果问题作为整数规划模型难以求解，则必须使用一些启发式方法。关于运筹学问题的各种启发式算法的文献有很多，但该主题超出了本书范畴。对于应该使用整数规划模型的问题，若求解困难，则值得花时间研究启发式算法，以求得一个相当好的解，但可能不是最优解。然后可以在树搜索中利用该优良解作为目标函数的切点值，如 8.3 节所述。

（6）对于已建立的整数规划模型，应使用明智的求解策略，如果可能的话，要利用对实际应用的了解，这在 8.3 节中已简要提及，但该主题超出了本书作为建模书籍的范畴。Forrest 等人（1974）对该主题进行了详细论述。

最后需要指出的是，整数规划的理论和计算一直在发展进步，这使得求解更大、更复杂的模型成为可能。

第11章

生产计划数学规划系统的实现

11.1 验收与实施

本书大部分内容都集中在数学规划模型的表达形式和解的解释上，但在模型的解真正影响实际决策前，通常还要经历一个阶段，即验收与实施。若完整经历过了建模、求解、解的解释、验收与实施等所有阶段，很多人就会发现最后两个阶段最困难，在某些情况下，他们可能对这一点束手无策。读者可以从本章所探讨的经验中学到很多。显然，问题将取决于所涉及的组织类型及应用场景，建议将用于生产计划的数学规划模型分为短期、中期和长期规划模型。

短期规划模型可能只是用于回答特定问题答案的"一次性"模型，如是否建造新工厂，某通信网络的最佳设计方案是什么？如果这些问题不太可能再遇到，那么验收与实施通常就没必要过多讨论，可以使用模型生成的解，也可不用。对于每天或每周固定出现的短期规划问题，可能存在实施难题。首先应该指出，在某些情况下，数学规划模型可能无法实际使用。例如，某些复杂配送或车间排序问题可能本质上是"动态的"，变化可能一直存在，可能有新订单，机器也可能出故障，所以制订一个一劳永逸的计划几乎不可能。为使此类计划适应每个变化，可能需要不断重新运行模型。除非变更不频繁且模型求解相对较快，否则重复运

Note

行没有意义。这种情况下，可能要用到特殊用途的自适应速决规则（可能不是最优的）。一些常见短期决策问题通常可通过数学规划模型求解。例如，日常混料问题可能具备这一特点。有时，化肥供应商或食品加工商会针对单个订单或混合物实施小型线性规划模型，在这种情况下，该方法肯定已通过验收。为求解组织问题，可能还必须将数据自动转换为标准类型的模型，以便通过计算机（可能是小型终端）快速求解。使用这种短期规划模型几乎不会引发其他实施问题，因为一旦通过验收，使用起来就相当简单了。

人们通常认为中期规划涉及一个月到一至两年的时间。迄今为止，数学规划针对中期规划的应用最广泛。一旦中期规划模型得到求解并定期使用，可能会被纳入长期规划模型，并可能形成一个长期规划的起点，长期规划模型可长至六年。是否接受长期规划模型的结论，判断标准与中期规划模型是类似的，但往往会更为敏感，两者可以结合使用。

针对运筹学研究结论的验收和实施问题，相关研究很多。Rivett（1968）对应该考虑的因素给出了清晰而实用的说明，重点是，要让潜在决策者在早期阶段参与建模项目。如果他们接触了定义和建模的问题，将更可能接受和理解模型的最终用途，而不是在后期才恍然大悟。高层管理人员的过早参与存在风险，管理人员详细探讨技术问题可能会延缓模型的开发，但他们通常从不关心技术细节。然而更糟的是，建模项目可能会在早期阶段因细节上的分歧而下马，但与在最后时刻被拒绝的风险相比，这些风险通常值得承担。让高层管理人员参与往往绝非易事，他们需要了解数学规划模型的潜在能力，但他们可能既缺乏详细的技术知识，也不了解公司一些具体的运营细节，而一些细节可能需要纳入模型中，就要让一两位相应层级的管理人员参与建模项目，并定期向其他人展示。当然，还需避免另一风险，即避免夸大模型。如果迷信模型能回答所有问题，那么幻想很快就会破灭。

当一个新的数学规划模型所给答案证实了已做的决定时，意味着通过了验收。例如，一项重要的投资决策可能是以其他方式做出的。如果模型的答案证实了这一点，则可确保最终会经常使用数学规划模型。

已经有人提出，有时可通过建模练习明确识别以前未意识到的关系，在这种情况下，建模练习过程可能与得到的答案一样有价值。由此对管理产生的影响，使得数学规划模型的使用更容易接受。

要想成功应用通常的数学规划系统，通常需要组织上的调整，这会在 11.2 节探讨。

Note

针对英国石油公司大规模长期规划的数学规划模型的开发和验收，Stewart（1971）给出了非常全面和实用的说明。

Harvey（1970）分析了在应用模型结果时决定成败的因素。根据调查结果，他区分了管理和决策问题的若干特征，这些特征决定模型实施的成败。Miller 和 Starr（1960）的书中也全面探讨了实施问题。

Cornell（1979）对线性规划产生的令人失望的结果的三个工业问题进行了洞察分析，他根据这些经验得出结论并提出建议。

最后，如 2.3 节所述，数学规划方法很可能会被纳入"决策支持系统"的软件中，该类软件一般规模较大，通常会针对特定应用定制，而建模的大部分工作将由此转移到计算机系统上，当然，有必要在此类系统的设计和实现中纳入建模方面的专业知识。

11.2 组织职能的统一

公司规划研究的一个优点是可借此描述清楚组织中各部门和职能之间的诸多关联。生产和营销是较典型的例子，而在许多制造业中，二者相差甚远，结果有时会偏离目标。生产人员可能试图以合理的生产力水平满足订单要求，而营销人员则可能关注销售量的最大化，而不是利润贡献最大的产品。产品组合类模型的最大优点之一是迫使营销人员考虑生产成本，结果几乎总会将生产的产品范围缩小到最有效生产的范围。在此类模型实践中，结合营销可能会带来额外的困难。正如 3.2 节所述，首先忽略营销方面有时在策略上更容易接受，而建模只是为了以最低的生产成本满足所有市场预计需求。当此类模型开始正常使用时，考虑到利润贡献，也很容易延伸以确定销售数量。公司的营销部门通常无法量化其数据，更不愿意接受模型给出的答案，但事实上，其个人目标可能与公司目标有出入。Stewart（1971）介绍了一个为英国天然气委员会建立的线性规划模型，该模型被视为对营销几乎无用，具体模型如图 11.1 所示。

为了说明可纳入数学规划模型的各公司职能，图 11.1 展示了如何在模型中包含采购、运营和计划职能，该模型由 Williams 和 Redwood（1974）提出，包含虚线框内的所有职能。作为一个多周期、多品牌模型，用于帮助决定在商品市场上怎样购买食用油并将其混合到食品中。不同职能和部门参与构建与使用此模型，有可能会迫使组织在一定程度上统一，这将在 11.3 节探讨。

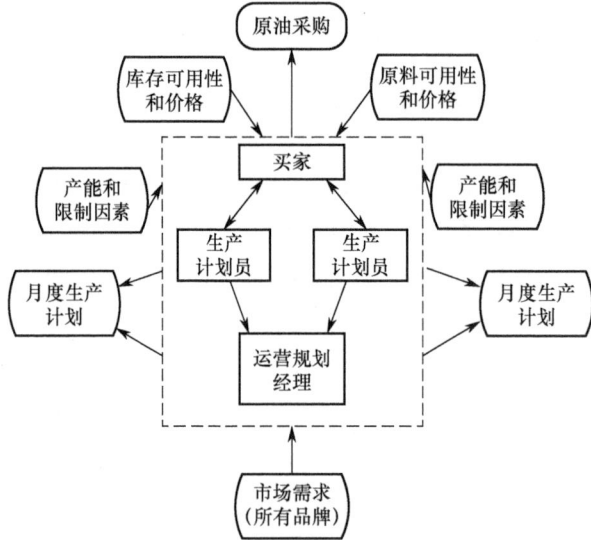

图 11.1　为英国天然气委员会建立的线性规划模型

　　尽管通过模型显式地识别组织内部的相互关系具有积极意义，但这通常需要为模型的数据与应用建立额外的协调机制。此类协调往往需设立专门岗位甚至小型部门，而管理或会计部门因其具备全局视野，常能有效承担这一角色。

　　需要注意的是，通过企业模型得出的决策可能会引发一些争议性结果：由于模型以企业整体目标为导向，其可能与部门个体目标产生冲突。例如，前文已指出，市场部门可能被迫缩减产品线及总量以提升公司整体利润。此类潜在争议进一步凸显了争取高层管理者支持对模型驱动规划的重要性。4.1 节通过一个简单的例子展示了企业目标如何导致个别工厂利润下降以实现公司整体利益最大化，其背后潜在的政治影响亦不言而喻。

　　尽管推动不同部门紧密协作可能存在明显困难，但采用规划模型仍能带来显著优势。将海量数据与信息整合至单一计算机模型中，可大幅提升操作便利性。各部门可获取计算机运算结果中与其相关的部分，从而减少沟通障碍与信息不兼容问题。此外，企业模型的一项副产品通常是部门间互动的增强——各部门会关注其他部门向模型输入的信息，因为其可能影响本部门给出的建议计划。

　　4.1 节已提及多阶段规划模型的正确使用方法。此类模型既能提供当前阶段的实时运营信息，也能生成未来阶段的预规划信息。通常，模型在每个阶段至少重新运行一次，基于输入的最新未来预估数据，来持续输出运营与规划信息的整合结果。

Note

11.3　集中还是分权

企业级模型显然会将组织内诸多通常分散于不同部门（甚至地理上分隔）的要素纳入其运行轨道。由此产生的集中规划倾向在某种程度上看似理想，如 4.1 节的小型案例所示：当公司下属工厂独立运作时，可能制订出次优计划。前文亦指出，模型往往能揭示部门间的深层依存关系。尽管这些特性具有一定价值，但过度集中化可能会适得其反。事实上，过度集中化带来的递增劣势，已成为阻碍数学规划模型规模持续扩大的关键因素。

理论上，4.2 节讨论的分解方法提供了一种解决方案——无须将所有组织细节纳入单一全局模型。然而遗憾的是，分解方法的计算难题尚未完全攻克，目前其技术成熟度尚不足以支持普遍实践应用。此外，数学分解方法与组织可接受的分散规划模式往往并不兼容。Atkins（1974）对此议题已作深入探讨。

Stewart（1971）提出了一个令人意外的观点：英国石油公司（BP）通过使用长期规划模型，反而实现了某种程度的分权化。具体而言，各分部在自主制订计划前能够获取完整信息，而非仅限于总部掌握。这使得分部能够承担更多责任。另外，分部需在总部设定的全局目标框架内运作，而非自行选择目标。然而，员工感受到他们是在一个以模型形式存在的独立系统中，而非单纯服从总部指令，这种模式在一定程度上提升了集中化的可接受度。

如第 6 章所述，线性规划模型的解可提供海量信息，但对企业级模型而言，信息过剩可能引发问题。关键在于确保各部门仅获取相关信息，否则将陷入信息过载。6.5 节讨论的自动报告生成器显然至关重要——此类工具可按部门需求将信息分模块输出，从而定向地支持决策。

在模型构建者、数据贡献者与结果使用者（管理者）之间保持恰当平衡是至关重要的。在大型组织中，各方极易脱节，导致关键数据未能及时应用或生成了错误的结果。理想情况下，管理层应习惯于以"假设分析"（What If）模式使用模型——提出问题后，模型构建者能通过新的运算或优化分析来快速响应。

应用中应强加的集中化或分权化程度，显然取决于组织特性及其终极目标，故难有普适性准则。然而，识别集中化问题本身就具有重要意义。有趣的是，数学规划模型曾在社会主义国家广泛应用于国民经济计划，而西方国家则多限于企业级应用。

11.4　数据采集与模型维护

数据采集是首次构建大型数学规划模型时的主要任务。完成初始建设后，组织需建立定期提供与更新数据的机制。数据收集工作必然涉及大量劳动，由于数据来源分散于不同部门，通常需要进行标准化处理。若模型需长期使用，则此类标准化与协调工作最终须由专人或专门部门负责。如先前所述，管理或会计部门通常是承担此职责的合适机构。

负责定期数据采集与标准化的专门人员必须处于能够实时获取所有变更信息的位置。这些变更可能涉及：市场预测数据、生产能力变动、生产工艺技术革新及原材料成本波动等。确保所有信息及时纳入模型并保持随时更新绝非易事。有时还需对数据进行预处理，如销售预测可能产生于定期开展的预测工作，这可能需要先期计算。还需将成本数据转换为适用格式（如确保仅使用变动成本）。借助现代软件包，可通过电子表格进行数据准备、处理与展示，求解结果有时也可采用电子表格形式进行便捷地呈现。

将数据库的使用与定期更新（包含所有相关统计信息）与数学规划模型结合运用具有重要价值。这类数据库也可在组织内部用于其他用途。但必须确保其架构设计与所使用的数学规划模型保持兼容。大多数商业数学规划套装软件可通过数据库整合为更大型计算机软件系统（如决策支持系统）的组成部分。

与众多计算机应用场景类似，这类系统的使用并不会减少对员工的需求，相反，它会改变所需员工的类型，有时甚至会增加总人数。显然，若要使模型应用真正有效，必须对数据采集和模型维护工作给予足够的重视和投入。其效益应体现在两个方面：可行的政策选项更加广泛，以及这些选项的可靠性也显著提升。

第二部分

第12章

问题集

这部分给出数学规划建模的 29 个典型问题，它们的排列顺序无关紧要，有些问题很容易表达，求解也没有难度，而另一些问题则在表达或求解两方面至少有一项比较困难，有些问题可用线性规划求解，其他问题则需要利用整数规划或可分离规划求解。

建议读者在查阅第三部分和第四部分提出的表达形式和解法之前，先尝试用表达式描述感兴趣的问题，并用计算机软件分析模型，或尝试对某些问题采取直觉（启发式）方法求解；然后将答案与第四部分给出的最优解进行比较。

若读者希望按照推荐的方法，使用计算机软件求解模型，强烈建议使用如 3.5 节和 4.3 节所述的矩阵生成器/语言。这样能够让他们专注于模型的结构，同时有助于错误检测，并大大减少数据准备的工作量。

12.1 食品加工 1

某食品是通过精炼粗制油并混合在一起制成的，粗制油分为以下两类：

植物油	VEG 1
	VEG 2

非植物油	OIL 1
	OIL 2
	OIL 3

购买每种油时都可选择立即交付（1 月）或在市场上购买期货以在下月交付。目前在期货市场的价格（以英镑/吨为单位）如表 12.1 所示。

表 12.1 食品加工问题中食品的价格（英镑/吨）

月份	VEG 1	VEG 2	OIL 1	OIL 2	OIL 3
1 月	110	120	130	110	115
2 月	130	130	110	90	115
3 月	110	140	130	100	95
4 月	120	110	120	120	125
5 月	100	120	150	110	105
6 月	90	100	140	80	135

最终产品售价为每吨 150 英镑。

植物油和非植物油精炼需要不同的生产线。每个月植物油的精炼量不超过 200 吨，非植物油的精炼量不超过 250 吨，且精炼过程不会减重，精炼成本可忽略不计。

每种粗制油最多可储存 1000 吨备用，植物油和非植物油的储存成本均为每月每吨 5 英镑，最终产品和精炼油均不能储存。

最终产品的硬度存在技术限制，而在测量硬度的单位中需介于 3 和 6 之间。假设硬度是线性混合的，且粗制油的硬度如下：

VEG 1	8.8
VEG 2	6.1
OIL 1	2.0
OIL 2	4.2
OIL 3	5.0

为实现利润最大化，公司应采取什么样的采购和制造政策？

现在，每种粗制油存量为 500 吨，要求 6 月底粗制油依然有这么多库存。

该问题及后续问题基于人造黄油生产商 Van den Bergs 和 Jurgens 建立的大型模型，并在 Williams 和 Redwood（1974）的文章中进行了研究。

12.2　食品加工 2

希望对食品加工问题施加以下附加条件：

（1）食品在任何一个月内不得使用超过 3 种油。

（2）如果一个月内用完某种油，用量至少为 20 吨。

（3）如果在一个月内使用 VEG 1 或 VEG 2 中的任一种，则还必须使用 OIL 3。

延伸食品加工模型以包含这些限制条件，并找到新的最优解。

12.3　工厂生产计划 1

某机械加工厂在以下机器上生产 7 种产品（PROD 1～PROD 7）：4 台磨床、2 台立钻、3 台卧钻、1 台钻孔机和 1 台刨床。每种产品对利润都有一定贡献（单位为英镑，单位售价减去原料成本）。表 12.2 给出了利润贡献值（单位为英镑）及每种产品生产安排所需的单位生产时间（小时）。一表示产品不需要安排。

表 12.2　工厂生产计划 1 问题中的相关数据

项目	PROD 1	PROD 2	PROD 3	PROD 4	PROD 5	PROD 6	PROD 7
利润贡献值	10	6	8	4	11	9	3
研磨	0.5	0.7	—	—	0.3	0.2	0.5
垂直钻孔	0.1	0.2	—	0.3	—	0.6	—
水平钻孔	0.2	—	0.8	—	—	—	0.6
扩孔	0.05	0.03	—	0.07	0.1	—	0.08
刨平	—	—	0.01	—	0.05	—	0.05

在本月（1 月）和随后的 5 个月中，某些机器将停机进行维护，包括：

月份	需停机维护的机器
1 月	1 台磨床
2 月	2 台卧钻
3 月	1 台钻孔机
4 月	1 台立钻
5 月	1 台磨床和 1 台立钻
6 月	1 台刨床和 1 台卧钻

每月每种产品有销售限制，如表 12.3 所示。

表 12.3　每月每种产品的销售限制（件）

月份	PROD 1	PROD 2	PROD 3	PROD 4	PROD 5	PROD 6	PROD 7
1 月	500	1000	300	300	800	200	100
2 月	600	500	200	0	400	300	150
3 月	300	600	0	0	500	400	100
4 月	200	300	400	500	200	0	100
5 月	0	100	500	100	1000	300	0
6 月	500	500	100	300	1100	500	60

每种产品一次最多可以储存 100 件，每件每月储存成本为 0.5 英镑。目前没有库存，但希望在 6 月底每种产品的库存为 50 件。

假设工厂工人每周工作 6 天，每天工作 8 小时，两班倒，这里不考虑排序问题。

为了使总利润最大化，工厂应该在何时生产哪些产品？建议考虑价格上涨和购买新机器的价值。

注：该问题及后续问题基于为 Holman Brothers 的康沃尔工程公司（已不存在）建立的大型模型。

12.4　工厂生产计划 2

在工厂规划问题中，目的是确定每台机器停机维护的最佳月份，而不规定停机时间。

除磨床外，6 台机器中的每台都必须在 1 个月内停机维护，并且在任意 6 个月内只能有两台机器要停机。

使用扩展模型来进行辅助决策，确定灵活性价值高低的停机维护时间方案。

12.5　人力规划

某公司正在经历一系列变化，这些变化将影响其未来几年的人力需求。由于安装了新机器，对非熟练工的需求减少，但对熟练工和半熟练工的需求增加。除

Note

此之外，预计下一年贸易情况将出现下滑，这将减少对所有类别工人的需求，未来 3 年的人力需求预计如表 12.4 所示。

表 12.4　未来 3 年的人力需求预计（人）

	非熟练工	半熟练工	熟练工
目前人数	2000	1500	1000
第 1 年	1000	1400	1000
第 2 年	500	2000	1500
第 3 年	0	2500	2000

公司希望确定未来 3 年内其关于以下方面的策略：

（1）招聘。

（2）再培训。

（3）裁员。

（4）短期工作。

劳动力可能会自然流失，如部分工人在第一年就离职了，而在此之后，流失比率要小得多。考虑到这一点，可以按以下方式计算不同工作年限的流失率：

	非熟练工（%）	半熟练工（%）	熟练工（%）
工作少于一年	25	20	10
工作多于一年	10	5	5

假设最近公司没有进行人员招聘，目前劳动力中的所有工人都已就业一年以上。

12.5.1　招聘

可以从外部招聘有限数量的工人，各类别可招聘人数如下：

非熟练工	半熟练工	熟练工
500 人	800 人	500 人

12.5.2　再培训

每年可以再培训多达 200 名非熟练工，使其成为半熟练工，每位工人的培训费用为 400 英镑。由于在工作中进行了一些培训，为使半熟练工成为熟练工而进行的再次培训的数量不超过熟练工的四分之一，且再培训一名半熟练工需要 500 英镑。

此外，存在工人可能降级为非熟练工的情况，因此会导致有 50% 的此类工人离开公司，尽管这种情况不会给公司带来任何额外成本（此种流失是上述"自然流失"的补充）。

12.5.3　裁员

非熟练工裁员支出为 200 英镑，半熟练或熟练工的裁员支出为 500 英镑。

12.5.4　人员过剩

整个公司最多可雇用 150 名以上的工人，但每位员工每年的附加成本如下：

非熟练工	半熟练工	熟练工
1500 英镑	2000 英镑	3000 英镑

12.5.5　短期工作

每个技能类别最多可安排 50 名工人从事短期工作。成本（每位员工每年）如下：

非熟练工	半熟练工	熟练工
500 英镑	400 英镑	400 英镑

短期工作的员工的技能水平可达到全职员工的一半。

该公司宣称目标是尽量减少裁员，问题是：应该如何运作才能做到这一点？

如果策略是尽量减少成本，能节省多少附加费用呢？可以由此推断每年节省的成本。

12.6　炼油优化

炼油厂购买两种原油（原油 1 和原油 2），这些原油需经过蒸馏、重整、裂化和混合 4 项工艺，以生产所售的汽油和燃料。

12.6.1　蒸馏

蒸馏是根据沸点将每种原油分离为轻石脑油、中石脑油、重石脑油、轻油、重油和渣油的馏分。其中，轻石脑油、中石脑油和重石脑油的辛烷值分别为 90、

80 和 70。每种原油每桶的蒸馏分离成分如下：

	轻石脑油	中石脑油	重石脑油	轻油	重油	渣油
原油 1	0.1	0.2	0.2	0.12	0.2	0.13
原油 2	0.15	0.25	0.18	0.08	0.19	0.12

注：蒸馏过程中存在少量损耗。

12.6.2 重整

石脑油既可以直接用于混合成不同等级的汽油，也可以采用重整工艺，生产出一种名为重整汽油的产品，其辛烷值为 115。每桶不同石脑油的重整汽油产量如下：

（1）1 桶轻石脑油可生产 0.6 桶重整汽油。

（2）1 桶中石脑油可生产 0.52 桶重整汽油。

（3）1 桶重石脑油可生产 0.45 桶重整汽油。

12.6.3 裂化

轻油和重油这两种油既可以直接用于混合成航空煤油或燃油，也可以采用催化裂化工艺，由催化裂化器生产裂解油和裂解汽油，后者的辛烷值为 105。具体产量如下：

（1）1 桶轻油可生产 0.68 桶裂解油和 0.28 桶裂解汽油。

（2）1 桶重油可生产 0.75 桶裂解油和 0.2 桶裂解汽油。

裂解油用于混合航空煤油或燃油；裂解汽油用于混合汽油；渣油可用于生产润滑油或混合航空煤油和燃油，1 桶渣油可生产 0.5 桶润滑油。

12.6.4 混合

12.6.4.1 汽油（汽车燃料）

汽油有两种类型：普通汽油和优质汽油，这两种油均由石脑油、重整汽油和裂解油混合而成。唯一的相关质量规定是普通汽油的辛烷值必须至少为 84，而优质汽油的辛烷值必须至少为 94。假设辛烷值按体积呈线性混合。

12.6.4.2 航空煤油

关于航空煤油的质量规定，其蒸气压不得超过 $1\,kg/cm^2$。轻石脑油、重石脑油、裂解油和渣油的蒸气压分别为 $1.0\,kg/cm^2$、$0.6\,kg/cm^2$、$1.5\,kg/cm^2$ 和 $0.05\,kg/cm^2$。可再次假设蒸气压按体积呈线性混合。

12.6.4.3 燃油

生产燃料油时，轻油、裂化油、重油和渣油必须按 10：4：3：1 的比例进行混合。

生产过程中使用的原油数量和工艺存在供应量和容量限制，具体如下：

（1）原油 1 的日供应量为 20000 桶。

（2）原油 2 的日供应量为 30000 桶。

（3）每天最多可蒸馏 45000 桶原油。

（4）每天最多可重整 10000 桶石脑油。

（5）每天最多可裂解 8000 桶油。

（6）润滑油的日产量必须在 500～1000 桶之间。

（7）优质汽车燃料产量必须至少是常规汽车燃料产量的 40%。

最终产品销售的利润贡献（以便士/桶为单位）如下：

产品种类	利润贡献
优质汽油	700
普通汽油	600
航空煤油	400
燃油	350
润滑油	150

如何规划该炼油厂的作业使总利润最大化？

12.7 采矿

一家矿业公司将在未来 5 年内继续在某个地区运营，该地区有 4 座矿山，但在任何一年内最多可运营 3 座。尽管矿山在某一年可能无法运营，但仍需要保持"营业"状态，即如果在未来一年运营，则需要支付开采权使用费。显然，如果某矿山不再开工，可永久关闭，便不再需要支付开采权使用费。每个保持"营业"状态的矿山每年应支付的开采权使用费如下：

矿山	开采权使用费
矿山 1	500 万英镑
矿山 2	400 万英镑
矿山 3	400 万英镑
矿山 4	500 万英镑

每座矿山一年可开采的矿石量有上界，这些上界数值具体如下：

矿山	矿石上界
矿山 1	2×10^6 吨
矿山 2	2.5×10^6 吨
矿山 3	1.3×10^6 吨
矿山 4	3×10^6 吨

来自不同矿山的矿石质量参差不齐，但质量测量标准一样，因此将矿石混合时会导致质量水平出现混合。例如，如果将等量的两种矿石组合，则所得矿石的质量测量值将介于原矿二者之间。以这些单位衡量，各矿山的矿石质量水平为

矿石	质量水平
矿山 1	1.0
矿山 2	0.7
矿山 3	1.5
矿山 4	0.5

每年，有必要结合每座矿山的矿石总产量来生产规定质量的混合矿石，对于每一年，其质量水平要求为

年份	质量水平
第 1 年	0.9
第 2 年	0.8
第 3 年	1.2
第 4 年	0.6
第 5 年	1.0

最终混合矿石的售价为每年 10 英镑/吨，未来年度的收入和支出必须以每年 10%的比例上涨。

问题是公司每年应该开采哪些矿山，具体开采量应为多少？

这一问题来自一个更大的实际问题，在 20 世纪 70 年代，英国瓷土有限公司希望每年开采 20 座矿山中的 4 座，需要确定具体应开采哪些矿山。该模型被证明求解难度极大。

12.8　农场规划

某农场主想规划未来 5 年其 200 英亩农场的生产。

目前，农场主拥有 120 头奶牛，包括 20 头小母牛和 100 头产奶牛，其中，每头小母牛需要 2/3 英亩的牧场，每头奶牛则需要 1 英亩的牧场。一头奶牛平均每年生产 1.1 头犊牛，其中有一半是公牛，这些公牛几乎会立即以平均每头 30 英镑的

Note

价格出售，剩下的小母牛可以立即以每头 40 英镑的价格出售，也可以一直养到两岁成为产奶牛。计划所有奶牛在 12 岁时以平均每头 120 英镑的价格出售，尽管小母牛每年可能损失 5%，奶牛每年损失 2%。假设有 10 头奶牛年龄为初生到 11 岁之间。本年度已确定出售小母牛的数量并已实施。

　　一头奶牛的牛奶年收入为 370 英镑，目前最多可饲养 130 头奶牛。为超过该数量的每头奶牛提供牛棚将需要额外支出——每头奶牛 200 英镑。每头产奶牛每年需要 0.6 吨谷物和 0.7 吨甜菜，而谷物和甜菜都可在场里种植，每英亩土地可生产 1.5 吨甜菜，但只有 80 英亩土地适合种植谷物，可分为 4 组，产量如下：

组别	土地数量	产量
第 1 组	20 英亩	1.1 吨/英亩
第 2 组	30 英亩	0.9 吨/英亩
第 3 组	20 英亩	0.8 吨/英亩
第 4 组	10 英亩	0.65 吨/英亩

　　谷物的购买价为每吨 90 英镑，售价为每吨 75 英镑；甜菜的购买价为每吨 70 英镑，售价为每吨 58 英镑。

　　劳动力需求如下：

对象	劳动力需求
每头小母牛	每年 10 小时
每头产奶牛	每年 42 小时
每英亩种谷物	每年 4 小时
每英亩种甜菜	每年 14 小时

其他成本包括：

对象	其他成本
每头小母牛	每年 50 英镑
每头产奶牛	每年 100 英镑
每英亩种谷物	每年 15 英镑
每英亩种甜菜	每年 10 英镑

　　该农场劳动力成本为每年 4000 英镑，劳动时长为 5500 小时，超过这个数量的劳动力将需要额外支付每小时 1.2 英镑。

　　该农场主在未来 5 年内应该如何经营以实现利润最大化？任何额外的支出都将由 10 年期贷款支付，年利率为 15%。利息和本金偿还将分 10 次，每年等额分期付款，且任何一年的现金流都不能为负。此外，在 5 年期结束时，农场主既不希望奶牛总数减少 50% 以上，也不希望增加 75% 以上。

12.9　经济规划

某经济体由煤炭、钢铁和运输业三大行业构成。每个行业生产时（一个单位产值视为 1 英镑），需要来自其自身行业及其他行业的投入，表 12.5 给出了单位产出所需的投入（以"英镑"为单位）。该经济体存在时间延迟，因此 $t+1$ 年的产出需要 t 年的投入。

表 12.5　单位产出所需的投入

投入项（t 年）	$t+1$ 年单位产出所需投入量		
	煤炭	钢铁	运输
煤炭	0.1	0.5	0.4
钢铁	0.1	0.1	0.2
运输	0.2	0.1	0.2
人力	0.6	0.3	0.2

未来几年，某行业产出也可用于为其自身或其他行业形成产能，表 12.6 给出了增加单位产能（价值 1 英镑的附加产能）所需的投入。某行业 t 年的投入会导致 $t+2$ 年的产能（永久）增加。

表 12.6　增加单位产能所需的投入

投入项（t 年）	$t+2$ 年单位产出所需投入量		
	煤炭	钢铁	运输
煤炭	0.0	0.7	0.9
钢铁	0.1	0.1	0.2
运输	0.2	0.1	0.2
人力	0.4	0.2	0.1

商品库存可能会每年都有。表 12.7 中给出了目前的（视作第 0 年）库存量和产能（以"百万英镑"为单位）。每年的人力资源有限，均为 4.7 亿英镑。

表 12.7　目前的库存量和产能

	第 0 年	
	库存量	产能
煤炭	150	300
钢铁	80	350
运输	100	280

Note

目标是调查未来 5 年经济可能出现的不同增长模式，最好能了解追求以下目标所产生的增长模式：

（1）在 5 年结束时最大限度地提高总产能，同时满足其他行业的消费需求（不考虑第 0 年的消费），即每年 6000 万英镑的煤炭、6000 万英镑的钢铁和 3000 万英镑的运输产能。

（2）在第 4 年和第 5 年最大化总产量（而非生产能力），且忽略每年来自其他行业的需求。

（3）在满足（1）中外部需求的同时，最大化相应时间内总人力需求（此处不考虑人力资源限制）。

12.10　分散部署问题

一家大公司计划将其部分部门迁出伦敦，如此做会带来房价更便宜、政府激励、人力成本低等好处，迁出成本都已估算，部门间通信成本也会增加，现需要确定各部门的可能设立位置。

问题是：如何设立每个部门的位置，以尽量减少每年的总成本？

该公司由 5 个部门（A、B、C、D 和 E）组成，可搬迁至布里斯托和布莱顿，可能在伦敦保留一个部门，且每个城市（包括伦敦）的部门数量不超过 3 个。

每个部门搬迁带来的好处（以每年千英镑计）如下：

迁入地	A	B	C	D	E
布里斯托	10	15	10	20	5
布莱顿	10	20	15	15	15

通信成本的形式为 $C_{ik}D_{jl}$，其中 C_{ik} 表示部门 i 和 k 之间每年的通信量，D_{jl} 表示城市 j 和 l 之间的单位通信成本，C_{ik} 和 D_{jl} 由下表给出：

	C_{ik} 通信量（每年）				
部门	A	B	C	D	E
A	—	0.0	1.0	1.5	0.0
B	—	—	1.4	1.2	0.0
C	—	—	—	0.0	2.0
D	—	—	—	—	0.7

Note

	D_{jl}单位通信成本（英镑）		
	布里斯托	布莱顿	伦敦
布里斯托	5	14	13
布莱顿	—	5	9
伦敦	—	—	10

12.11　曲线拟合

已知变量 y 取决于变量 x，已为 x 和 y 统计了一组对应值，如表 12.8 所示。

表 12.8　x 和 y 的一组对应值

x	0.0	0.5	1.0	1.5	1.9	2.5	3.0	3.5	4.0	4.5
y	1.0	0.9	0.7	1.5	2.0	2.4	3.2	2.0	2.7	3.5
x	5.0	5.5	6.0	6.6	7.0	7.6	8.5	9.0	10.0	
y	1.0	4.0	3.6	2.7	5.7	4.6	6.0	6.8	7.3	

（1）拟合"最佳"直线 $y = bx + a$ 到这组数据点，目标是使 y 的每个观测值与线性关系预测值的绝对偏差总和最小。

（2）拟合"最佳"直线，目标是使所有观测到的 y 值与线性关系预测值的最大偏差最小。

（3）使用与（1）和（2）中相同的目标，将"最佳"二次曲线 $y = cx^2 + bx + a$ 拟合到这组数据点。

12.12　逻辑设计问题

给定逻辑电路的输入和输出数量，其中输入为脉冲，加至逻辑电路的输入端，输出为 2 种情况：输出（记作信号 1）或不输出（记作信号 0）。输入脉冲与输出类型相同，即 1（正输入）或 0（无输入）。

本例中，逻辑电路由或非门构成，它由两个输入和一个输出组成。其属性为：当且仅当两个输入的值都为 0 时，输出（信号 1）为正。可通过将此类门与来自某个门的输出相连，搭建电路来实现任何所需的逻辑功能。例如，图 12.1 所示的电路将以真值表方式响应输入 A 和 B。

Note

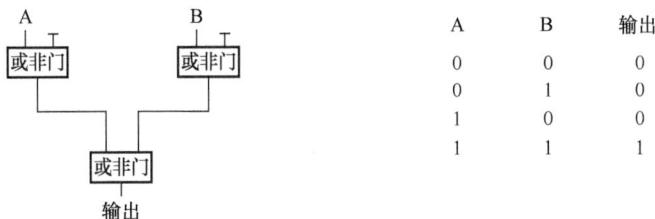

图 12.1 电路及对应的真值表

A	B	输出
0	0	0
0	1	0
1	0	0
1	1	1

此处的问题是，如何使用最少数量的或非门搭建一个电路，以实现图 12.2 中真值表对应的逻辑功能。Williams（1974）探讨了该问题并给出了更多参考文献。

不允许"扇入"和"扇出"，也就是说，来自某个或非门的一个以上的输出不能导致一个输入，一个输出也不能导致一个以上的输入。

可以始终假设图 12.3 中所示的"最大"网络的"子网"为最优设计。

输入		输出
A	B	
0	0	0
0	1	1
1	0	1
1	1	0

图 12.2 真值表对应的输入输出关系

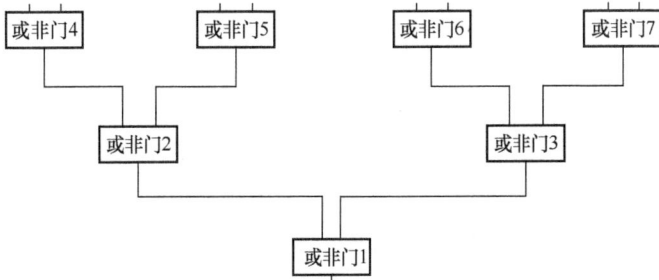

图 12.3 真值表对应的逻辑功能

12.13 市场分割

一家大型企业下设两个分部 D1 和 D2，负责向零售商供应石油和轻质油。该问题是英国石油公司与壳牌集团当年被迫拆分（史上最大规模企业拆分案例之一）时所面临难题的简化版本，其原始模型在 1972 年被证明无法求解。

现需将每个零售商分配给 D1 或 D2 分部，被分配的分部将成为该零售商的供应商。分配方案需尽可能满足以下条件：

- D1 控制 40%的市场份额。
- D2 控制剩余 60%的市场份额。

Note

涉及的 23 家零售商编号为 M1 至 M23，每家均有预估的石油和轻质油市场份额。地理分布如下：

- 区域 1：M1～M8。
- 区域 2：M9～M18。
- 区域 3：M19～M23。

零售商按增长潜力分为两类：

- A 类：具有良好增长前景。
- B 类：其他零售商。

每家零售商拥有特定数量的交货点（具体数据见表 12.9）。需在以下每个维度实现 D1/D2 的 40/60 分割比例：

（1）交货点总数。

（2）石油市场控制量。

（3）区域 1 石油市场份额。

（4）区域 2 石油市场份额。

（5）区域 3 石油市场份额。

（6）A 类零售商数量。

（7）B 类零售商数量。

两者的份额均允许±5%的浮动，即各维度实际分配比例允许在 35/65 至 45/55 区间浮动。

建模的首要目标为验证问题是否存在可行解，若存在多个解，则优化目标为：①最小化各维度与 40/60 基准的百分比偏差总和；②最小化各维度中的最大百分比偏差。

表 12.9　市场分配案例中的相关数据

	零售商	石油市场（×10^6 加仑）	交货地点	轻质油市场（×10^6 加仑）	增长类别
区域 1	M1	9	11	34	A
	M2	13	47	411	A
	M3	14	44	82	A
	M4	17	25	157	B
	M5	18	10	5	A
	M6	19	26	183	A
	M7	23	26	14	B
	M8	21	54	215	B
	M9	9	18	102	B
	M10	11	51	21	A

续表

	零售商	石油市场 （×10^6 加仑）	交货地点	轻质油市场 （×10^6 加仑）	增长类别
区域2	M11	17	20	54	B
	M12	18	105	0	B
	M13	18	7	6	B
	M14	17	16	96	B
	M15	22	34	118	A
	M16	24	100	112	B
	M17	36	50	535	B
	M18	43	21	8	B
区域3	M19	6	11	53	B
	M20	15	19	28	A
	M21	15	14	69	B
	M22	25	10	65	B
	M23	39	11	27	B

12.14　露天采矿

　　某公司已获准在 200 英尺×200 英尺的方形地块内进行露天采矿，因受限于土壤的滑动角而使开挖侧面坡度不能超过 45 度。该公司已估算不同深度、不同地点的矿石价值。考虑到滑动角的限制，该公司决定将该问题视为长方体开采问题，每个矿块的水平距离为 50 英尺×50 英尺，垂直距离为 25 英尺。如果选择这些矿块相互叠放，如图 12.4 中的垂直剖面所示，则只能开采位于一个上翻锥体的矿块（在三维表示中，图 12.4 将显示每个较低矿块上方的四个矿块）。

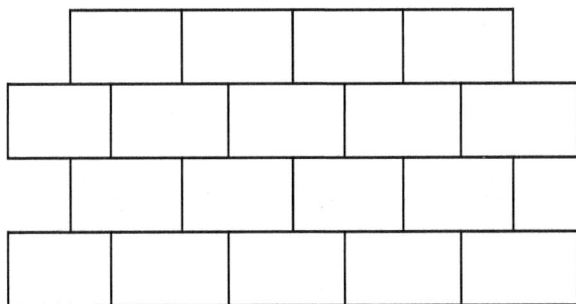

图 12.4　露天采矿地块的垂直剖面

　　如果将矿石估价以最大锥体中每个可开采矿块的纯金属百分比计，则可得以下数值：

层级 1（表面）

1.5	1.5	1.5	0.75
1.5	2.0	1.5	0.75
1.0	1.0	0.75	0.5
0.75	0.75	0.5	0.25

层级 2（25 英尺深）

4.0	4.0	2.0
3.0	3.0	1.0
2.0	2.0	0.5

层级 3（50 英尺深）

12.0	6.0
5.0	4.0

层级 4（75 英尺深）

6.0

开采成本随深度增加而增加。在连续层级中开采矿块的成本如下：

层级 1	3000 英镑
层级 2	6000 英镑
层级 3	8000 英镑
层级 4	10000 英镑

从"100%价值矿块"得到的收入将是 20 万英镑，此处每个矿块的收入与矿石价值成正比。

要求通过建模确定要开采的最佳矿块，目标是最大化收入-成本。

南非的露天铸铁开采是该问题的现实背景。

12.15 电价（发电）

一些电厂需满足一天内的以下电力需求：

时段	电力需求
晚上 12 点—早上 6 点	15000 兆瓦
早上 6 点—早上 9 点	30000 兆瓦
早上 9 点—下午 3 点	25000 兆瓦
下午 3 点—下午 6 点	40000 兆瓦
下午 6 点—晚上 12 点	27000 兆瓦

发电机组有 3 种类型：1 型 12 台、2 型 10 台和 3 型 5 台，每台发电机必须在最低和最高水平之间工作，以最低水平运行时每台发电机成本按每小时计算。此外，发电机在高于最低水平运行时，每兆瓦会产生附加小时成本，而启动发电机也需要成本。表 12.10 给出了所有这些信息（成本以英镑为单位）。

除满足预计需求外，还必须有足够的发电机随时可用，以满足额外的最高15%的需求。要实现这一目标，必须在允许范围内调整正在运行的发电机的输出。

表 12.10 不同发电机组的成本数据

类型	最低水平	最高水平	每小时 最低成本	高于最低水平运行时 每兆瓦小时成本	启动成本
1 型	850 兆瓦	2000 兆瓦	1000 英镑	2 英镑	2000 英镑
2 型	1250 兆瓦	1750 兆瓦	2600 英镑	1.30 英镑	1000 英镑
3 型	1500 兆瓦	4000 兆瓦	3000 英镑	3 英镑	500 英镑

问题是：为最小化总成本，要确定哪些类型的发电机应该在一天中的哪些时段工作？

还要确定一天中每个时段的发电边际成本是多少，即相应地，明确应该收取的电价？

此外，如果要降低 15%的储备，最终能节省多少成本，即这种供应保障成本是多少？

12.16 水电问题

本节问题是 12.15 节电价（发电）问题的扩展。除火力发电机外，水库还运行 2 台水力发电机——A 型和 B 型各一台，水力发电机运行时的功率固定，每台水力发电机的相关成本包括固定启动成本和每小时运行成本。发电机的特性数据如表 12.11 所示。

表 12.11 发电机的特性数据

	运行水平	每小时成本	每小时水库深度降低	启动成本
水力发电机 A	900 兆瓦	90 英镑	0.31 米	1500 英镑
水力发电机 B	1400 兆瓦	150 英镑	0.47 米	1200 英镑

出于环境上的考虑，水库深度必须保持在 15～20 米。此外，每晚午夜水库深度必须为 16 米，可用火力发电机将水抽入水库，而将水库水位提高 1 米需 3000 兆瓦时电力，且假设降雨不会影响水库水位。

任何时候，都必须能满足电力需求的可能增加量，最高为 15%。可通过以下组合来实现：开启水力发电机（即使会导致水库深度低于 15 米）；使用火力发电机输出，用于将水抽入水库；将火力发电机的运行水平提升到最大，注意无法立即开启热力发电机来满足需求增加，但水力发电机可以。

问题是：一天中，各类发电机应该在哪些时段工作，以及如何管理水库才能使总成本最小？

12.17 三维立方体装球问题

如图 12.5 所示，27 个单元以 $3 \times 3 \times 3$ 的形式排列成一个三维阵列。

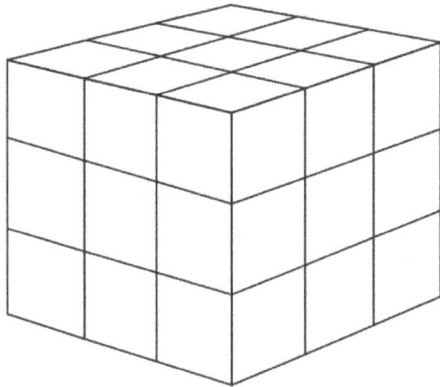

图 12.5 三维立方体示意图

如果 3 个单元格位于同一水平线、垂直线或同一对角线上，则认为它们位于同一行。对角线存在于每个水平和垂直截面上，并连接立方体的相应顶点（共 49 行）。

给定 13 个白球（用圈表示）和 14 个黑球（用叉表示），如何将它们放置在各单元格中，使得同色球的行数最小。

12.18 优化约束条件

在整数规划问题中，存在以下约束：
$$9x_1 + 13x_2 - 14x_3 + 17x_4 + 13x_5 - 19x_6 + 23x_7 + 21x_8 \leqslant 37$$
该约束中的变量都为 0-1 变量，即只能取值 0 或 1。

找到约束的"最简"版本问题，其目标是找到涉及这些变量的另一个约束，在逻辑上与原始约束等价，但右侧绝对值应尽可能小（所有系数与原始系数符号相近）。

如果目标是找到一个等效约束，使系数绝对值之和（除右端项外）为最小值，如何优化该约束条件？

12.19　指派问题 1

某公司有 2 座工厂，1 座在利物浦，1 座在布莱顿。此外，在纽卡斯尔、伯明翰、伦敦和埃克塞特拥有 4 个带存储设施的仓库。该公司将其产品销售给 6 位客户（C1、C2、C3、C4、C5、C6）。客户可由仓库或工厂直接供货（见图 12.6 和表 12.12）。

工厂	仓库	客户
利物浦	纽卡斯尔	C1
	伯明翰	C2
		C3
布莱顿	伦敦	C4
	埃克塞特	C5
		C6

图 12.6　不同地点的客户

表 12.12　供应商数据（英镑/吨）

供应给	供应商					
	利物浦 工厂	布莱顿 工厂	纽卡斯尔 仓库	伯明翰 仓库	伦敦 仓库	埃克塞特 仓库
仓库						
纽卡斯尔	0.5	—				
伯明翰	0.5	0.3				
伦敦	1.0	0.5				
埃克塞特	0.2	0.2				
客户						
C1	1.0	2.0	—	1.0	—	—
C2	—	—	1.5	0.5	1.5	—
C3	1.5	—	0.5	0.5	2.0	0.2
C4	2.0	—	1.5	1.0	—	1.5
C5	—	—	—	0.5	0.5	0.5
C6	1.0	—	1.0	—	1.5	1.5

注：表格中的—表示某供应商无法为某仓库或客户提供送货服务。

配送成本（由公司承担）是已知的，由表 12.12 给出（以交付货物时的单价计算）。

某些客户已明确表示倾向于从合作已久的工厂或仓库供货，其首选供应商如下：

客户	首选供应商
C1	利物浦（工厂）
C2	纽卡斯尔（仓库）
C3	无偏好
C4	无偏好
C5	伯明翰（仓库）
C6	埃克塞特或伦敦（仓库）

每座工厂每月产能如下（无法超出）：

工厂	产能
利物浦	150000 吨
布莱顿	200000 吨

每个仓库都有每月最大吞吐量（无法超出）：

仓库	最大吞吐量
纽卡斯尔	70000 吨
伯明翰	50000 吨
伦敦	100000 吨
埃克塞特	40000 吨

每位客户每月的需求量如下（务必满足）：

客户	需求
C1	50000 吨
C2	10000 吨
C3	40000 吨
C4	35000 吨
CS	60000 吨
C6	20000 吨

公司希望确定以下内容：

（1）什么样的配送模式可实现总成本最小化？

（2）增加工厂产能和仓库吞吐量对配送成本有何影响？

（3）成本、产能和需求的微小变化会对配送模式产生什么影响？

（4）是否能够满足客户对供应商的所有偏好？如果可以，所需的附加成本是多少？

12.20 仓库选址（指派问题 2）

在 12.19 节的指派问题中，公司计划在布里斯托和北安普敦开设新仓库，并扩建伯明翰仓库。

公司不希望拥有 4 个以上的仓库，如有必要，可以关闭纽卡斯尔或埃克塞特（或两者）。

表 12.13 给出了可能新建的仓库和扩建后的伯明翰仓库的每月成本（包含利息）及潜在的每月吞吐量。

表 12.13　仓库的成本和吞吐量

仓库	成本 （千英镑）	吞吐量 （千吨）
布里斯托	12	30
北安普敦	4	25
伯明翰（扩建）	3	20

表 12.14 给出了关闭纽卡斯尔和埃克塞特仓库每月可节省的费用。

表 12.14　关闭两个仓库每月可节省的费用

仓库	节省的费用（千英镑）
纽卡斯尔	10
埃克塞特	5

表 12.15 给出了新仓库涉及的配送成本（单位为英镑/吨）。

表 12.15　新仓库涉及的配送成本

供应给	供应商			
	利物浦工厂	布莱顿工厂	布里斯托仓库	北安普敦仓库
新仓库				
布里斯托	0.6	0.4		
北安普敦	0.4	0.3		
客户				
C1	—	—	1.2	—
C2	—	—	0.6	0.4
C3	（如指派问题给定的）		0.5	—
C4			—	0.5
C5	—	—	0.3	0.6
C6	—	—	0.8	0.9

为实现总成本最小化，应建造哪些新的仓库？是否应扩建伯明翰仓库？是否应关闭埃克塞特或纽卡斯尔仓库？最佳分配模式是什么？

12.21 农产品定价

某国政府想确定乳制品、牛奶、黄油和奶酪的价格，所有这些产品的生产原料都直接或间接来源于该国生产的生鲜奶，这种生鲜奶包含脂肪和干物质两种成分。减去生产用的脂肪和干物质数量（用于出口或农场消耗）后，每年总共可生产 60 万吨脂肪和 75 万吨干物质，全部可用于生产供国内消费的牛奶、黄油和两种奶酪。

各类乳制品的构成百分比如表 12.16 所示。

表 12.16　各类乳制品的构成百分比

乳制品	脂肪（%）	干物质（%）	水（%）
牛奶	4	9	87
黄油	80	2	18
奶酪 1	35	30	35
奶酪 2	25	40	35

过去一年该国国内消费量和产品价格如表 12.17 所示。

表 12.17　过去一年该国国内消费量和产品价格

	牛奶	黄油	奶酪 1	奶酪 2
国内消费（千吨）	4820	320	210	70
价格（英镑/吨）	297	720	1050	815

需求的价格弹性反映了消费者需求与每种产品价格之间的联系，其数值是根据过去的统计数据计算出来的。产品的价格弹性值 E 定义为

$$E = \frac{需求下降的百分比}{价格下降的百分比}$$

对于上述两种奶酪，消费者的需求将根据相对价格存在一定程度的替代，通过需求相对于价格的交叉弹性衡量。从产品 A 到产品 B 的交叉弹性值 E_{AB} 定义为

$$E_{AB} = \frac{对A需求提高的百分比}{价格提高的百分比}$$

表 12.18 给出了各类乳制品的价格弹性值和交叉弹性值。

表 12.18　各类乳制品的价格弹性值和交叉弹性值

牛奶	黄油	奶酪 1	奶酪 2	奶酪 1 到奶酪 2	奶酪 2 到奶酪 1
0.4	2.7	1.1	0.4	0.1	0.4

优化目标是要确定使总收入最大化的价格水平与对应需求量。

需要注意的是，出于政策层面考虑，这里不接受特定价格指数的上涨。根据该指数的计算方式，需满足在新定价方案下，上一年消费量的总成本不得增加。此外，还有一点很重要，需明确测算因政治限制导致的潜在收入损失。

12.22 效率分析

一家汽车制造商希望评估其特许经销商的效率，这些经销商获得了销售其汽车的授权。拟使用的方法是数据包络分析（DEA），该技术的参考文献见 3.2 节。每个经销商都有一定数量的可测量"输入"。这些输入包括员工数量、展厅面积、分经济类别的潜在客户群体规模及分品牌车型的年询价量。每个经销商还有一定数量的可测量"输出"。这些输出包括分品牌车型的销售数量和年利润。表 12.19 列出了 28 家特许经销商的输入和输出详细数据。

DEA 的核心假设（尽管可以构建修改模型来改变此假设）是规模报酬不变是可能的，即经销商的输入翻倍应使得其所有输出翻倍。如果无法找到其他经销商的相应组合比例，来满足：其组合输入不超过被评估经销商的输入，但其输出应等于或超过被评估经销商的输出，那么该经销商被视为高效的。如果找到相应组合比例，则该经销商被视为低效，并可以识别参照经销商。

可以构建一个线性规划模型来识别高效和低效的经销商及其参照对象。

12.23 牛奶收集

一家小型牛奶加工公司需从 20 个农场收集牛奶并运回集散中心处理。该公司拥有一辆容量为 80000 升的罐车。其中 11 个农场为小型农场，需隔日收集牛奶一次；其余 9 个农场需每日收集牛奶。各农场相对于集散中心（编号为 1）的位置坐标及其收集要求见表 12.20。

需确定罐车每日最优路线，满足：①按要求访问所有"每日"农场；②按要求访问部分"隔日"农场；③在容量限制内运作。隔日需再次访问所有"每日"农场，并访问前一日未收集的"隔日"农场。

为方便起见，图 12.7 提供了该区域的地图。

表 12.19 特许经销商的输入和输出详细数据

序号	经销商	输入				输出				
		员工数量（人）	展厅空间（百平方米）	1类区域人口数量（千人）	2类区域人口数量（千人）	询价数-阿尔法车型（每百秒）	询价数-贝塔车型（每百秒）	销售-阿尔法车型（千人）	销售-贝塔车型（千人）	利润（百万英镑）
1	温彻斯特	7	8	10	12	8.5	4	2	0.6	1.5
2	安多弗	6	6	20	30	9	4.5	2.3	0.7	1.6
3	贝辛斯托克	2	3	40	40	2	1.5	0.8	0.25	0.5
4	普尔	14	9	20	25	10	6	2.6	0.86	1.9
5	沃金	10	9	10	10	11	5	2.4	1	2
6	纽伯里	24	15	15	13	25	1.9	8	2.6	4.5
7	朴次茅斯	6	7	50	40	8.5	3	2.5	0.9	1.6
8	奥尔斯福德	8	7.5	5	8	9	4	2.1	0.85	2
9	索尔兹伯里	5	5	10	10	5	2.5	2	0.65	0.9
10	吉尔福德	8	10	30	35	9.5	4.5	2.05	0.75	1.7
11	奥尔顿	7	8	7	8	3	2	1.9	0.70	0.5
12	威布里奇	5	6.5	9	12	8	4.5	1.8	0.63	1.4
13	多切斯特	6	7.5	10	10	7.5	4	1.5	0.45	1.45
14	布里德波特	11	8	8	10	10	6	2.2	0.65	2.2
15	韦茅斯	4	5	10	10	7.5	3.5	1.8	0.62	1.6
16	波特兰	3	3.5	3	20	2	1.5	0.9	0.35	0.5
17	奇切斯特	5	5.5	8	10	7	3.5	1.2	0.45	1.3
18	彼得斯菲尔德	21	12	6	6	15	8	6	0.25	2.9
19	佩特沃斯	6	5.5	2	2	8	5	1.5	0.55	1.55
20	米德赫斯特	3	3.6	3	3	2.5	1.5	0.8	0.20	0.45
21	雷丁	30	29	120	80	35	20	7	2.5	8
22	南安普敦	25	16	110	80	27	12	6.5	3.5	5.4
23	伯恩茅斯	19	10	90	22	25	13	5.5	3.1	4.5
24	亨利	7	6	5	7	8.5	4.5	1.2	0.48	2
25	梅登黑德	12	8	7	10	12	7	4.5	2	2.3
26	法勒姆	4	6	1	1	7.5	3.5	1.1	0.48	1.7
27	罗姆西	2	2.5	1	1	2.5	1	0.4	0.1	0.55
28	灵伍德	2	3.5	2	2	1.9	1.2	0.3	0.09	0.4

Note

表 12.20　农场相对于集散中心的位置坐标及其收集牛奶需求

农场	位置（10 英里）		频率	收集牛奶需求（千升）
	东	北		
1（集散中心）	0	0	—	—
2	−3	3	每天	5
3	1	11	每天	4
4	4	7	每天	3
5	−5	9	每天	6
6	−5	−2	每天	7
7	−4	−7	每天	3
8	6	0	每天	4
9	3	−6	每天	6
10	−1	−3	每天	5
11	0	−6	每隔一天	4
12	6	4	每隔一天	7
13	2	5	每隔一天	3
14	−2	8	每隔一天	4
15	6	10	每隔一天	5
16	1	8	每隔一天	6
17	−3	1	每隔一天	8
18	−6	5	每隔一天	5
19	2	9	每隔一天	7
20	−6	−5	每隔一天	6
21	5	−4	每隔一天	6

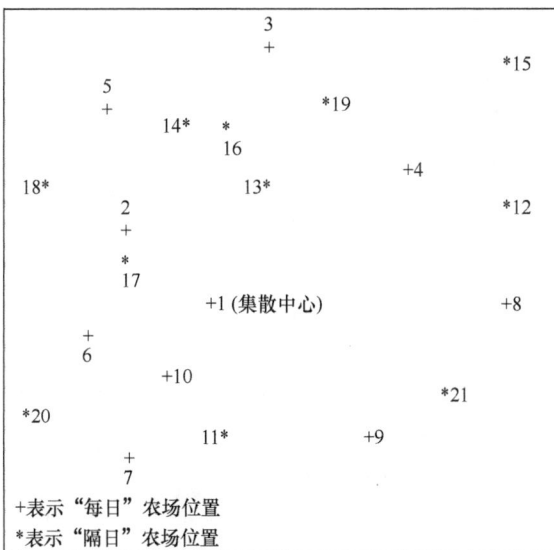

图 12.7　所考虑区域的地图

12.24　收益管理

某航空公司在销售飞往特定目的地的航班机票，该航班将在 3 周后起飞。最多可以使用 6 架飞机，每架飞机使用费用为 5 万英镑。每架飞机的座位配置为

（1）37 个头等舱座位。

（2）38 个商务舱座位。

（3）47 个经济舱座位。

任何一类座位中最多有 10%的座位可以转到相邻类别。

现要为每类座位定价，一周和两周后还有机会更新价格。一旦客户购买了机票，则无法取消。

为简化管理，每个座位等级可以有 3 个价格水平选项（必须选择其中一个），不同类别可选择不同层级的选项，针对当前时段（第 1 时段）和未来两个时段，不同舱位的价格选项如表 12.21 所示。

表 12.21　不同舱位的价格选项（英镑）

座位等级	选项 1	选项 2	选项 3	时段
头等舱	1200	1000	950	
商务舱	900	800	600	第 1 时段
经济舱	500	300	200	
头等舱	1400	1300	1150	
商务舱	1100	900	750	第 2 时段
经济舱	700	400	350	
头等舱	1500	900	850	
商务舱	820	800	500	第 3 时段
经济舱	480	470	450	

不同舱位的需求不确定，且会受价格影响。针对每个时段，将需求水平划为 3 种情形，根据其概率分布预测这些需求，每个时段 3 种情形的概率如下：

情形	概率
情形 1	0.1
情形 2	0.7
情形 3	0.2

不同舱位在不同时段下的预测需求如表 12.22 所示。

表 12.22　不同舱位在不同时段下的预测需求

座位等级	价格选项 1	价格选项 2	价格选项 3	时段—情形
头等舱	10	15	20	第 1 时段 情形 1
商务舱	20	25	35	
经济舱	45	55	60	
头等舱	20	25	35	第 1 时段 情形 2
商务舱	40	42	45	
经济舱	50	52	63	
头等舱	45	50	60	第 1 时段 情形 3
商务舱	45	46	47	
经济舱	55	56	64	
头等舱	20	25	35	第 2 时段 情形 1
商务舱	42	45	46	
经济舱	50	52	60	
头等舱	10	40	50	第 2 时段 情形 2
商务舱	50	60	80	
经济舱	60	65	90	
头等舱	50	55	80	第 2 时段 情形 3
商务舱	20	30	50	
经济舱	10	40	60	
头等舱	30	35	40	第 3 时段 情形 1
商务舱	40	50	55	
经济舱	50	60	80	
头等舱	30	40	60	第 3 时段 情形 2
商务舱	10	40	45	
经济舱	50	60	70	
头等舱	50	70	80	第 3 时段 情形 3
商务舱	40	45	60	
经济舱	60	65	70	

为实现预期收益最大化，需确定当前时段的价格水平、每个舱位的售票数量（取决于需求）、临时预订机票数量，以及未来时段出售的临时价格水平和座位数量，应通过合理排班来满足所有可能情形组合下的要求。

事后可知（要到下一个时段开始时），不同时段的需求（取决于选择的价格水平）如表 12.23 所示。

表 12.23　不同时段的需求

座位等级	价格选项 1	价格选项 2	价格选项 3	时段
头等舱	25	30	40	第 1 时段
商务舱	50	40	45	
经济舱	50	53	65	
头等舱	22	45	50	第 2 时段
商务舱	45	55	75	
经济舱	50	60	80	
头等舱	45	60	75	第 3 时段
商务舱	20	40	50	
经济舱	55	60	75	

　　根据第 1 时段设定价格后产生的实际需求，在第 2 时段开始时重新运行模型，以得到第 2 时段的价格水平和第 3 时段的临时价格水平。

　　在第 3 时段开始时，重新运行模型来重复此过程，得出最终的售价。

　　将此售价与第 1 时段开始时通过定价使收益最大化获得的售价对比，发现后者满足预期需求。

12.25　汽车租赁 1

　　一家小型的汽车租赁公司在格拉斯哥、曼彻斯特、伯明翰和普利茅斯设有仓库。除周日休息外，该公司在一周中其余每天都有业务，其需求估计值如表 12.24 所示，无须满足所有需求。

表 12.24　不同时间汽车租赁的需求估计值（辆）

	格拉斯哥	曼彻斯特	伯明翰	普利茅斯
周一	100	250	95	160
周二	150	143	195	99
周三	135	80	242	55
周四	83	225	111	96
周五	120	210	70	115
周六	230	98	124	80

车辆可租赁 1、2 或 3 天，并于次日上午归还至原租赁网点或其他网点。例如：

- 周四的 2 天租赁：车辆须于周六上午归还。
- 周五的 3 天租赁：车辆须于次周二上午归还。
- 周六的 1 天租赁：车辆须于次周一上午归还。
- 周二上午的 2 天租赁：车辆须于次周四上午归还。

租赁期限与租车起点及归还目的地无关。根据历史数据，该公司统计的租赁期限分布为

- 55%的车辆：租期 1 天。
- 20%的车辆：租期 2 天。
- 25%的车辆：租期 3 天。

各网点租出车辆及归还至指定网点的百分比估算值如表 12.25 所示。

表 12.25　各网点租出车辆及归还至指定网点的百分比估算值（%）

从	到			
	格拉斯哥	曼彻斯特	伯明翰	普利茅斯
格拉斯哥	60	20	10	10
曼彻斯特	15	55	25	5
伯明翰	15	20	54	11
普利茅斯	8	12	27	53

对公司而言，租车边际成本（"磨损"、管理等）估计为

租车时间	边际成本
租 1 天	20 英镑
租 2 天	25 英镑
租 3 天	30 英镑

拥有车辆的"机会成本"（资金利息、存储成本、维修成本等方面）为每周 15 英镑。

此外，无论距离多远，未损坏的汽车都可以从一个网点转移到另一个网点，而汽车在转移当天不能出租。表 12.26 给出了不同网点间车辆的转移成本（英镑）。

表 12.26　不同网点间车辆的转移成本（英镑）

从	到			
	格拉斯哥	曼彻斯特	伯明翰	普利茅斯
格拉斯哥	—	20	30	50
曼彻斯特	20	—	15	35
伯明翰	30	15	—	25
普利茅斯	50	35	25	—

客户归还的车辆中有 10%存在损坏。发生此情况时，客户需支付 100 英镑免赔额（无论实际损坏程度如何，该公司通过保险全额承担维修费用）。此外，受损车辆需转移至维修点，并于次日完成修复。转移受损车辆的成本与正常车辆相同（当车辆已在维修点时转移成本为零）。受损车辆转移需耗时 1 天（维修点已就位的情况除外）。

仅有两个网点配备维修能力，其维修能力为

网点	维修能力
曼彻斯特	12 辆/天
伯明翰	20 辆/天

车辆修复后，次日即可在该维修点重新投入租赁，或可转移至其他网点（需耗时 1 天）。因此，周三上午归还的受损车辆会在周三当天转移至维修点（若非当前网点），而周四完成修复的车辆将从周五上午起可在该维修点租赁。

租赁价格取决于租期天数及是否同网点归还，具体价格如表 12.27 所示。

表 12.27　不同情况下的租赁价格（英镑）

租期	还至同一网点	还至另一网点
租 1 天	50	70
租 2 天	70	100
租 3 天	120	150

只要在周一早上还车，周六租车可享受 20 英镑的折扣，视为租 1 天。

为简单起见，假设每天开始时按以下顺序处理：

（1）租户归还当天到期车辆。

（2）将受损车辆及时送到维修点。

（3）接收从其他网点调配来的车辆。

（4）发送转移车辆。

（5）出租可用车辆。

（6）如果是维修点，则维修后的汽车可正常出租。

公司需制定稳态解决方案，使得每周同一天各网点的预期车辆数相同，以实现周利润最大化。

要优化的问题是：公司应拥有多少辆汽车，以及每日开始时车辆应如何分布于各网点？

实际建模时，并不要求车辆数量强制为整数，可接受四舍五入的小数解。

Note

12.26 汽车租赁 2

在 12.25 节所述问题的解的基础上，该公司希望了解在哪些方面最值得提高维修能力。下面给出每周固定成本下各维修点维修能力的提升程度。

维修方案的选项如下：

（1）以每周 18000 英镑的固定成本将伯明翰维修点的维修能力提高 5 辆/天。

（2）以每周 8000 英镑的固定成本将伯明翰维修点的维修能力进一步提高 5 辆/天。

（3）以每周 20000 英镑的固定成本将曼彻斯特维修点的维修能力提高 5 辆/天。

（4）以每周 8000 英镑的固定成本将曼彻斯特维修点的维修能力进一步提高 5 辆/天。

（5）以每周 19000 英镑的固定成本在普利茅斯成立一个维修点，每天能维修 5 辆车。

如果选择上述任一选项，则必须完整实施，即不能部分地执行。此外，仅当第一次扩展实施后，才能在维修站进一步扩展。例如，如果没有选择选项（1），则不能选择选项（2）。如果选择选项（2），则视为同时选择了选项（1），算作两个选项，类似的规定也适用于曼彻斯特网点，其最多可执行 3 个选项。

12.27 遗失行李的配送

一家拥有 6 辆小型货车的公司与多家航空公司签订合同，约定在每天下午 6 点从希思罗机场取回伦敦地区顾客丢失或延误抵达的行李。合同规定，每位顾客必须在晚上 8 点之前拿到行李。该公司需要一个模型，以便每晚快速求解，以了解最少需使用的小型货车数量，以及每辆车应向哪些顾客送行李及按什么顺序送。每辆货车没有实际的容量限制，所有需要在两小时内送达的行李都可放在一辆货车里。求解所需最小货车数量后，可将每辆货车花费的时间最小化。

表 12.28 给出了某特定一晚，需要运抵的地点和往返时间（以分钟为单位），不考虑卸货时间。为方便起见，视希思罗机场为第一地点。

Note

表 12.28　特定一晚需要运抵的地点和往返时间（分钟）

希思罗	20	25	35	65	90	85	80	86	25	35	20	44	35	82
	哈罗	15	35	60	55	57	85	90	25	35	30	37	20	40
		伊灵	30	50	70	55	50	65	10	25	15	24	20	90
			霍本	45	60	53	55	47	12	22	20	12	10	21
				萨顿	46	15	45	75	25	11	19	15	25	25
					达特福德	15	15	25	45	65	53	43	63	70
						布罗姆利	17	25	41	25	33	27	45	30
							格林威治	25	40	34	32	20	30	10
								巴金	65	70	72	61	45	13
									哈默史密斯	20	8	7	15	25
										金斯顿	5	12	45	65
											里士满	14	34	56
												巴特西	30	40
													伊斯灵顿	27
														伍尔维奇

　　建立优化模型的目的，是使所需使用的货车数量达到最小，并计算如何在此最小值内，最大限度地缩短最长的运送时间。

12.28　蛋白质折叠

　　该问题基于 Forrester 和 Greenberg（2008）的一篇论文，主题是对某分子生物学问题进行简化，设蛋白质由一链氨基酸组成。就该问题而言，将氨基酸分为两

Note

种形式：亲水性（喜水）和疏水性（厌水）。图 12.8 给出了一个例子，疏水性氨基酸分子用深色标记。

图 12.8　蛋白质折叠的例子

　　此类链会自然折叠，以使尽可能多的疏水性氨基酸聚拢。图 12.9 给出了二维下链的最佳折叠，新匹配的用虚线标记。问题是预测最佳折叠（Forrester 和 Greenberg 还强加了一个条件，即将生成的蛋白质限制在给定的点阵中，但此处不强加此条件），可通过许多整数规划表达形式来建模，其中一些在上述参考文献中已探讨。13.28 节提出了另一种表达形式，这里的问题是针对一条由 50 个氨基酸组成的链，找到其最佳折叠方式，其中疏水性氨基酸位于 2、4、5、6、11、12、17、20、21、25、27、28、30、31、 33、37、44 和 46，如图 12.10 所示。

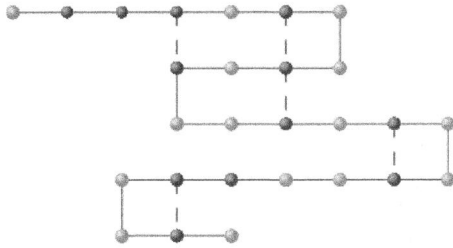

图 12.9　二维下链的最佳折叠

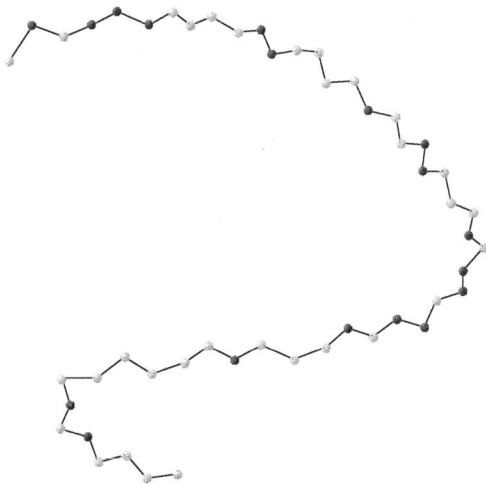

图 12.10　疏水性氨基酸的位置

12.29　蛋白质比较

该问题同样基于 Forrester 和 Greenberg（2008）论文中的一个案例，涉及测量两种蛋白质的相似性。蛋白质可通过（无向）图表示，其中节点代表氨基酸，当两个氨基酸处于彼此阈值距离内时存在边连接。这种图形表示称为蛋白质的接触图。

给定蛋白质的两个接触图，我们希望找到各自图中规模最大（以对应边的数量来衡量）的同构子图。每个蛋白质中的氨基酸都有一定顺序，需在子图中保持该顺序，这意味着比较中不允许出现交叉。

如图 12.11 所示，若第一个蛋白质接触图中存在 $i < k$，则当 i 对应第二个蛋白质中的 j 且 k 对应 l 时，第二个蛋白质中不得出现 $l < j$。

众所周知，即使对于中等规模的蛋白质，该问题也极难求解。

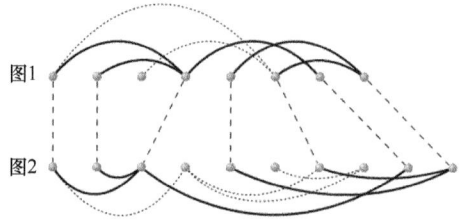

图 12.12 展示了两个小型接触图间的最优比较结果，共匹配 5 条对应边。

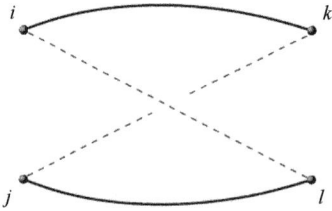

图 12.11　蛋白质中氨基酸的有序性　　图 12.12　两个小型接触图间的最优比较结果

此处问题是比较图 12.13 和图 12.14 中给出的接触图。

图 12.13　接触图 1

图 12.14　接触图 2

第三部分

第13章

问题的表达和进一步讨论

本章我们将就第二部分的每个问题，探讨其数学规划模型的表达形式，并提出相关建议。从某种意义上说，本书中的每一项表达形式都算是"好"的，因为事实证明，可以在合理的时间内通过计算机软件完成模型的求解。对于部分问题，当转换为不同的表达形式时会发现计算时间变长。需要强调的是，虽然本书中的表达形式是作者所熟悉的形式，但对于某些问题，可能存在更好的表达形式。事实上，本书后半部分的目的之一是探索具体问题建模的更多形式。

就本部分所述所有模型而言，均假定在计算机程序中使用以下算法之一：

（1）求解线性规划问题的改进单纯形算法。

（2）求解整数规划问题的分支定界算法。

（3）求解可分离规划问题的带有可分离拓展的改进单纯形算法。

这也是较广泛应用于商业软件的 3 种算法。

对于某些问题，更专业的算法可能更有效。在实际应用中，由于缺乏有效的计算机软件来处理大型模型，专业算法往往难以应用。但如果特定算法有明显优势，则应在给出表达形式时指出这一点。

对于模型（或其对偶）使用网络的表达形式，情况尤其如此，不过，在此情况下，仍可用上述 3 种算法之一合理、有效地求解模型。有时为了适应特定的算法（尤其是整数规划问题），需要以特定方式构建模型。本部分表述的模型都是假设使用上述 3 种算法之一。

同样，对于整数规划模型，建模时最好能考虑到特定的分支定界求解策略。完成求解后，还需要解释所采用的策略。

这里大多数模型都能很容易求解，其他难度较大的问题我们会详加说明。

13.1　食品加工 1

混料问题通常用线性规划方法求解，线性规划已被应用于寻找肥料、金属合金、黏土及多种食品的"最低成本"混合物，本书仅举几例。例如，Fisher 和 Schruben（1953）及 Williams 和 Redwood（1974）的论文中介绍了其应用场景。

本节提出的问题有两个方面。第一，是一系列简单的混料问题；第二，存在采购和储存问题。为了理解问题的表述方式，建议首先考虑仅一个月的混料问题，这是在 1.2 节中作为第二个示例提出的单周期问题。

13.1.1　单周期问题

如果粗制油不允许储存，1 月买什么、怎么调的问题可以表述如下：

最大化利润：$-110x_1 - 120x_2 - 130x_3 - 110x_4 - 115x_5 + 150y$

约束条件：VVEG $x_1 + x_2 \leqslant 200$

NVEG $x_3 + x_4 + x_5 \leqslant 250$

UHRD $8.8x_1 + 6.1x_2 + 2x_3 + 4.2x_4 + 5x_5 - 6y \leqslant 0$

LHRD $8.8x_1 + 6.1x_2 + 2x_3 + 4.2x_4 + 5x_5 - 3y \geqslant 0$

CONT $x_1 + x_2 + x_3 + x_4 + x_5 - y = 0$

其中，VVEG、NVEG 为约束条件对应的名称，具体含义可参见 2.3 节。变量 x_1、x_2、x_3、x_4、x_5 分别代表应购买的粗制油数量，即 VEG 1、VEG 2、OIL 1、OIL 2 和 OIL 3 的数量，y 代表应该生产的产品数量。

目标是最大化利润，即销售产品所得的收入减去粗制油的成本。

前两个限制分别代表了精炼植物油和非植物油的有限产能。

接下来的两个约束描述产品的硬度处于上界 6 和下界 3 之间的要求，正确模拟这些限制非常重要。一个常见的可能不当的表达形式为

$$8.8x_1 + 6.1x_2 + 2x_3 + 4.2x_4 + 5x_5 \leqslant 6$$

以及

$$8.8x_1 + 6.1x_2 + 2x_3 + 4.2x_4 + 5x_5 \geqslant 3$$

此类约束显然在维度上是错误的。左边的表达式是硬度乘以数量的维度，而右边的数字是硬度。用表达式 x_i/y 来表示各原料占总体的比例（而不是绝对量 x_i），替代上述两个不等式中的变量 x_i。当进行此类替换时，所得的不等式可以轻松以线性形式重新表示为约束 UHRD 和 LHRD。

最后，有必要确保最终产品的质量与原料质量相等，这由最后一个约束 CONT 实现，使权重具备连续性。

除代表粗制油成本的目标系数外，其他月份的单周期问题与 1 月类似。

13.1.2 多周期问题

每月购买多少原料储存以备后用的决策可表达为线性规划模型，为此要建立"多周期"模型。每月需要区分每种粗制油的购买、使用和储存的数量，且必须用不同变量表示。假设每个连续月份购买、使用和储存的 VEG 1 的数量用以下变量表示：

第一个月的相应变量	第二个月的相应变量	第 n 个月的相应变量
BVEG 11	BVEG 12	依此类推
UVEG 11	UVEG 12	依此类推
SVEG 11	SVEG 12	依此类推

这里有必要通过以下关系将这些变量联系在一起：

第 $(t-1)$ 个月储存的数量 + 在第 t 个月购买的数量

= 第 t 个月使用的数量 + 第 t 个月储存的数量

最初（第 0 个月）和最后（第 6 个月）储存的原料数量为常数（500）。上述涉及 VEG 1 的关系产生以下约束：

$$\text{BVEG } 11 - \text{UVEG } 11 - \text{SVEV } 11 = -500$$
$$\text{SVEG } 11 + \text{BVEG } 12 - \text{UVEG } 12 - \text{SVEV } 12 = 0$$
$$\text{SVEG } 12 + \text{BVEG } 13 - \text{UVEG } 13 - \text{SVEV } 13 = 0$$
$$\text{SVEG } 13 + \text{BVEG } 14 - \text{UVEG } 14 - \text{SVEV } 14 = 0$$
$$\text{SVEG } 14 + \text{BVEG } 15 - \text{UVEG } 15 - \text{SVEV } 15 = 0$$
$$\text{SVEG } 15 + \text{BVEG } 16 - \text{UVEG } 16 = 500$$

必须为其他 4 种粗制油指定类似的约束。

将 SVEG 10 和 SVEG 16 等变量引入模型并将其值固定为 500 可能更方便。

在目标函数中，对于"购买"变量，可给定每个月适当的粗制油成本，而对于"储存"变量，则给定 5 英镑的成本（或"利润"–5 英镑）。必须定义单独变量 PROD 1、

PROD 2 等来表示每个月要生产的产品数量,这些变量利润均为 150 英镑。

生成的模型将具有以下维度及单个目标函数:

$6 \times 5 = 30$ 个	购买变量
$6 \times 5 = 30$ 个	使用变量
$5 \times 5 = 25$ 个	存储变量
6	产品变量
总计 91 个	变量

$6 \times 5 = 30$ 个	混合约束(如单周期)
$6 \times 5 = 30$ 个	与存储相连的约束
总计 60 个	约束

需要说明的是,此类模型可能用于中期规划。通过求解 1 月模型,可以确定 1 月的购买和混合计划,以及随后几个月的临时计划。而在 2 月,该模型可能会通过改进数据来求解,以给出 2 月的确定计划,以及随后几个月(包括 7 月)的临时计划。通过这种方式,可以有效地利用随后几个月的信息来制定当月运营策略。

13.2 食品加工 2

在混料问题中,规定的附加限制很常见,通常最好做到:①限制混合物中成分的数量;②排除少量的某种成分;③对成分组合施加"逻辑条件"。

这些限制不能通过通常的线性规划来建模,而整数规划是施加附加限制的主要方式。为了做到这一点,有必要在问题中引入 0-1 整数变量,如 9.2 节所述。对于问题中是否"使用"某成分,引入相应的 0-1 变量,用于表明混合物中是否有相应成分。例如,对应于成分 UVEG 11,引入了一个 0-1 变量 DVEG 11。这些变量通过两个约束联系在一起。假设 x_1 表示 UVEG 11 且 δ_1 表示 DVEG 11,则将以下附加约束添加到模型中:

$$x_1 - 200\delta_1 \leqslant 0$$
$$x_1 - 20\delta_1 \geqslant 0$$

由于 δ_1 只能取整数值 0 和 1,因此如果 $\delta_1 = 1$,x_1 只能非零(第 1 个月混合物中的 VEG 1),且必须至少达 20 吨。上述第一个不等式中常数 200 是 UVEG 11 的已知上界(一个月内使用植物油的总量不能超过 200),而其他成分引入了类似的 0-1 变量和相应的"链接"约束。假设 x_2, x_3, x_4 和 x_5 分别代表 UVEG 21、UOIL 11、UOIL 21 和 UOIL 31 的数量，则还需引入以下约束和 0-1 变量：

$$x_2 - 200\delta_2 \leqslant 0, \ x_2 - 20\delta_2 \geqslant 0$$
$$x_3 - 250\delta_3 \leqslant 0, \ x_3 - 20\delta_3 \geqslant 0$$
$$x_4 - 250\delta_4 \leqslant 0, \ x_4 - 20\delta_4 \geqslant 0$$
$$x_5 - 250\delta_5 \leqslant 0, \ x_5 - 20\delta_5 \geqslant 0$$

所有这些变量和约束在 6 个月内均重复出现。

这样一来，就自动施加问题陈述中的条件①，而条件②可由以下约束施加：

$$\delta_1 + \delta_2 + \delta_3 + \delta_4 + \delta_5 \leqslant 3$$

类似可表达出其他 5 个月的相应约束。

条件③可通过两种可能的方式施加，通过单个约束：

$$\delta_1 + \delta_2 - \delta_5 \leqslant 0$$

或通过成对约束：

$$\delta_1 - \delta_5 \leqslant 0$$
$$\delta_2 - \delta_5 \geqslant 0$$

使用第二对约束可获得计算优势，因为在连续性问题中该表达式更严谨（参见 10.1 节）。当然，其他 5 个月也有类似限制。

该模型已通过以下方式扩充：

6× 5 =30 个	0-1 变量
总计30 个	附加变量（均为整数）
2 × 6× 5=60 个	连接约束
6 个	条件 1 的约束
2× 6=12 个	条件 3 的约束
总计78 个	附加约束

此外，还需对所有 30 个整数变量施加 1 的上界。

用户可尝试为变量指定优先级顺序，从而控制分支定界法中的树搜索，选择分支变量时优先考虑 6 个月份对应的 0-1 变量。

13.3 工厂生产计划 1

工厂生产计划是线性规划的一些常见应用的典型示例，目标是根据产能和营销限制找到最佳的"产品组合"。与食品加工问题一样，该问题有两类：单周期问题和多周期问题。

13.3.1　单周期问题

如果成品不允许入库，1 月的模型可以如下：

最大化利润：　　$10x_1 +$　$6x_2 +$　$8x_3 +$　$4x_4 +$　$11x_5 +$　$9x_6 +$　$3x_7$

条件：

GR	$0.5x_1 +$	$0.7x_2 +$			$0.3x_5 +$	$0.2x_6 +$	$0.5x_7$	$\leqslant 1152$
VD	$0.1x_1 +$	$0.2x_2 +$		$0.3x_4 +$		$0.6x_6$		$\leqslant 768$
HD	$0.2x_1 +$		$0.8x_3 +$				$0.6x_7$	$\leqslant 1152$
BR	$0.05x_1 +$	$0.03x_2 +$		$0.07x_4 +$	$0.1x_5 +$		$0.08x_7$	$\leqslant 384$
PL			$0.01x_3 +$		$0.05x_5 +$		$0.05x_7$	$\leqslant 384$

市场界限（上界）：　　500　　1000　　300　　300　　800　　200　　100

其中，GR、VD、HD、BR 和 PL 分别代表研磨、立钻、卧钻、镗孔和刨削，变量 x_i 代表要制造的 PROD i 的数量。

除市场界限和各类机器能力数据不同外，其他月份的单周期问题相似。

13.3.2　多周期问题

每月都要区分每种产品的制造数量、销售数量和储存数量，这些数量必须用不同变量表示。假设连续几个月生产、销售和储存的 PROD 1 的数量由以下变量表示：

第一个月的相应变量	第二个月的相应变量	第 n 个月的相应变量
MPROD 11	MPROD 12	依此类推
SPROD 11	SPROD 12	依此类推
HPROD 11	HPROD 12	依此类推

这里有必要通过以下关系将这些变量联系在一起：

第（$t-1$）个月储存的数量 + 在第 t 个月生产的数量

= 第 t 个月销售的数量+ 第 t 个月储存的数量

最初（第 0 个月）和最后（第 6 个月）储存的产品数量为 50。上述涉及 PROD 1 的关系产生以下约束：

$$MPROD\ 11 - SPROD\ 11 - HPROD\ 11 = 0$$

$$HPROD\ 11 + MPROD\ 12 - SPROD\ 12 - HPROD\ 12 = 0$$

$$HPROD\ 12 + MPROD\ 13 - SPROD\ 13 - HPROD\ 13 = 0$$

$$HPROD\ 13 + MPROD\ 14 - SPROD\ 14 - HPROD\ 14 = 0$$

Note

$$\text{HPROD } 14 + \text{MPROD } 15 - \text{SPROD } 15 - \text{HPROD } 15 \quad = 0$$
$$\text{HPROD } 15 + \text{MPROD } 16 - \text{SPROD } 16 \quad = 50$$

这里必须为其他 6 种产品指定类似的约束。也可以更方便地确定变量 HPROD 16、HPROD 26 等，并将其值"固定"为 50。

在目标函数中，为这些变量赋予适当的"单位利润"数值，以及-0.5 的"持有"成本（如储存费等）系数。

生成的模型维度信息如下：

$6 \times 7 = 42$ 个	制造变量
$6 \times 7 = 42$ 个	销售变量
$6 \times 7 = 42$ 个	持有变量
总计 126 个	变量
$6 \times 5 = 30$ 个	能力约束
$6 \times 7 = 42$ 个	每月连接约束
总计 72 个	约束

此外，每月对 7 种产品都设置了市场限制和持有量限制，总共给出了 84 个上界。

13.4　工厂生产计划 2

与工厂生产计划 1 问题相比，该问题所需要的附加决策需运用整数规划。作为典型案例，下面说明如何通过添加带有附加约束的整数变量来拓展线性规划模型。

为方便起见，对各类机器进行编号，如下所示：

编号	机器类型
1 型	磨床
2 型	立钻
3 型	卧钻
4 型	钻孔机
5 型	刨床

13.4.1　附加变量

通过以下解释引入整数变量 γ_{it}：

$$\gamma_{it} = \text{第 } t \text{ 个月维修后停工的 } i \text{ 型机器数量}$$

$$i = \begin{cases} 4,5, & \gamma_{it}\text{的上界为1} \\ 1,2, & \gamma_{it}\text{的上界为2} \\ 3, & \gamma_{it}\text{的上界为3} \end{cases}$$

此类整数变量总共有 30 个。

13.4.2　修正的约束

原始模型中的加工能力约束必须进行更改，因为现在的加工能力将取决于 γ_{it} 的值。例如，在 t 月的研磨能力（以小时为单位）为

$$1536 - 384\gamma_{it}$$

其他机器的容量由类似表达式表示。由于整数变量 γ_{it} 可移到不等式的左侧，因此，1 月的单期模型将变为

最大化利润：　$10x_1 + 6x_2 + 8x_3 + 4x_4 + 11x_5 + 9x_6 + 3x_7$

条件：

GR	$0.5x_1 +$	$0.7x_2 +$			$0.3x_5 +$	$0.2x_6 +$	$0.5x_7 + 384\gamma_{11}$	$\leqslant 1536$
VD	$0.1x_1 +$	$0.2x_2 +$		$0.3x_4 +$		$0.6x_6$	$+ 384\gamma_{21}$	$\leqslant 768$
HD	$0.2x_1 +$		$0.8x_3 +$				$0.6x_7 + 384\gamma_{31}$	$\leqslant 1152$
BR	$0.05x_1 +$	$0.03x_2 +$		$0.07x_4 +$	$0.1x_5 +$		$0.08x_7 + 384\gamma_{41}$	$\leqslant 384$
PL			$0.01x_3 +$		$0.05x_5 +$		$0.05x_7 + 384\gamma_{51}$	$\leqslant 384$

市场上界仍将与新整数变量的上界一起施加。

这一多周期模型的扩展形式与原问题形式相似。

为确保每台机器（除磨床外）每 6 个月停机维护一次，可通过以下约束实现：

$$\sum_{t=1}^{6} \gamma_{it} = \begin{cases} 2, & i = 1,2 \\ 3, & i = 3 \\ 1, & i = 4 \\ 1, & i = 5 \end{cases}$$

因此，新模型有 5 个附加约束。

显然，原问题的解意味着新问题的可行（尽管可能不是最优）解，所得最佳目标值在树搜索中可有效用作切点值。

或者，也可以用 0-1 变量来表示每台机器在特定月份是否停机维护，但这种表达中有更多变量，并且会存在 10.1 节中提到的缺点，即在树搜索中产生等价替代解。

13.5 人力规划

线性规划在人力规划中的应用案例已有较多成果发表。好的参考文献有使用线性目标规划方法的 Davies（1973）、Price 与 Pisco（1972），以及 Huayda（1975）等发表的相关文章。

为阐述此处提出的问题，我们假定所有事件均发生于每年第一天。显然，实际情况与该假设并不一致，但由于应用线性规划时只能在各离散时间点上表示出相应数量，所以必须进行此类假设。

假设每年第一天同时发生以下变化：

（1）所有类别都将招募工人。

（2）其中特定比例人员将立即离职（服务期不足一年的）。

（3）去年劳动力中将有特定比例离职（服务期超过一年的）。

（4）特定数量工人将（同时）接受再培训。

（5）特定数量工人将被宣布为冗余人员。

（6）特定数量工人将转为短期工作。

13.5.1 变量

劳动力人数：

t_{SKi} ＝第 i 年雇用的熟练工人数

t_{SSi} ＝第 i 年雇用的半熟练工人数

t_{USi} ＝第 i 年雇用的非熟练工人数

招聘人数：

u_{SKi} ＝第 i 年招聘的熟练工人数

u_{SSi} ＝第 i 年招聘的半熟练工人数

u_{USi} ＝第 i 年招聘的非熟练工人数

再培训人数：

v_{USSSi} ＝在第 i 年再培训为半熟练工的非熟练工人数

v_{SSSKi} ＝在第 i 年再培训为熟练工的半熟练工人数

降级人数：

v_{SKSSi} ＝在第 i 年降级为半熟练工的熟练工人数

$v_{\text{SKUS}i}$ =在第 i 年降级为非熟练工的熟练工人数

$v_{\text{SSUS}i}$ =在第 i 年降级为非熟练工的半熟练工人数

裁员人数：

$w_{\text{SK}i}$ =第 i 年被裁的熟练工人数

$w_{\text{SS}i}$ =第 i 年被裁的半熟练工人数

$w_{\text{US}i}$ =第 i 年被裁的非熟练工人数

短期工作数：

$x_{\text{SK}i}$ =第 i 年从事短期工作的熟练工人数

$x_{\text{SS}i}$ =第 i 年从事短期工作的半熟练工人数

$x_{\text{US}i}$ =第 i 年从事短期工作的非熟练工人数

人员过剩人数：

$y_{\text{SK}i}$ =第 i 年过剩的熟练工人数

$y_{\text{SS}i}$ =第 i 年过剩的半熟练工人数

$y_{\text{US}i}$ =第 i 年过剩的非熟练工人数

13.5.2　约束条件

此问题中连续性约束可表达为

$$t_{\text{SK}i} = 0.95t_{\text{SK}i-1} + 0.9u_{\text{SK}i} + 0.95v_{\text{SSSK}i} - v_{\text{SKSS}i} - v_{\text{SKUS}i} - w_{\text{SK}i}$$

$$t_{\text{SS}i} = 0.95t_{\text{SS}i-1} + 0.8u_{\text{SS}i} + 0.95v_{\text{USSS}i} - v_{\text{SSSK}i} + 0.5v_{\text{SKSS}i} - v_{\text{SSUS}i} - w_{\text{SS}i}$$

$$t_{\text{US}i} = 0.9t_{\text{US}i-1} + 0.75u_{\text{US}i} - v_{\text{USSS}i} + 0.5v_{\text{SKUS}i} + 0.5v_{\text{SSUS}i} - w_{\text{US}i}$$

留用半熟练工对应的约束为

$$v_{\text{SSSK}i} - 0.25t_{\text{SK}i} \leqslant 0$$

人员过剩约束为

$$y_{\text{SK}i} + y_{\text{SS}i} + y_{\text{US}i} \leqslant 150$$

三年的人力需求为

$$t_{\text{SK}i} - y_{\text{SK}i} - 0.5x_{\text{SK}i} = 1000, 1500, 2000(i = 1, 2, 3)$$

$$t_{\text{SS}i} - y_{\text{SS}i} - 0.5x_{\text{SS}i} = 1400, 2000, 2500(i = 1, 2, 3)$$

$$t_{\text{US}i} - y_{\text{US}i} - 0.5x_{\text{US}i} = 1000, 500, 0(i = 1, 2, 3)$$

13.5.3　初始条件

初始条件为 $t_{\text{SK}0} = 1000,\ t_{\text{SS}0} = 1500,\ t_{\text{US}0} = 2000$。

Note

一些变量设有上界，具体如下（针对 $i = 1, 2, 3$）：

招聘	短期工作	再培训
$u_{SKi} \leqslant 500$	$x_{SKi} \leqslant 50$	$v_{USSSi} \leqslant 200$
$u_{SSi} \leqslant 800$	$x_{SSi} \leqslant 50$	
$u_{USi} \leqslant 500$	$x_{USi} \leqslant 50$	

为最小化裁员，目标函数为

$$\sum_i (w_{SKi} + w_{SSi} + w_{USi})$$

为最小化成本，目标函数为

$$\sum_i (400v_{USi} + 500v_{SSSKi} + 200w_{USi} + 500w_{SSi} + 500w_{SKi} + 500x_{USi} +$$

$$400x_{SSi} + 400x_{SKi} + 1500y_{USi} + 2000y_{SSi} + 3000y_{SKi})$$

这个表达式有 24 个约束和 60 个变量，以及 21 个变量的简单上界。

对于大多数软件而言，为方便起见，会将两个目标作为"非约束"行合并到模型中，然后可通过控制程序在一台计算机上优化这两个目标。在某些软件中，可通过控制程序形成一个复合目标，对不同的原始目标进行一定的线性组合，也可以将目标之一视为约束。对于本例中只有两个目标的模型，可将其中一个视为约束并对其右端项进行参数规划，这是验证其效果的有效方法之一。

13.6 炼油优化

石油工业是线性规划模型的主要应用领域之一，该问题是其典型应用场景的一个非常小的版本。通常，所使用的模型会包含数千个约束，并且可能将不止一个炼油厂连接在一起，从而给出如 4.1 节所述的结构化模型。Manle（1956）介绍了线性规划在石油工业中的应用。

13.6.1 变量

鉴于此类模型中有很多类变量，为方便起见，建议在表述说明中使用缩写名。以下变量表示物料（以桶为单位）的相应变量：

CRA　　　原油 1

CRB　　　原油 2

LN　　　　轻石脑油

MN	中石脑油
HN	重石脑油
LO	轻油
HO	重油
R	渣油
LNRG	用于生产重整汽油的轻石脑油
MNRG	用于生产重整汽油的中石脑油
HNRG	用于生产重整汽油的重石脑油
RG	重整汽油
LOCGO	用于生产裂化油和裂化汽油的轻油
HOCGO	用于生产裂化油和裂化汽油的重油
CG	裂解汽油
CO	裂解油
LNPMF	用于生产优质汽车燃料的轻质石脑油
LNRMF	用于生产普通汽车燃料的轻质石脑油
MNPMF	用于生产优质汽车燃料的中石脑油
MNRMF	用于生产普通汽车燃料的中石脑油
HNPMF	用于生产优质汽车燃料的重石脑油
HNRMF	用于生产普通汽车燃料的重石脑油
RGPMF	用于生产优质汽车燃料的重整汽油
RGRMF	用于生产普通汽车燃料的重整汽油
CGPMF	用于生产优质汽车燃料的裂解汽油
CGRMF	用于生产普通汽车燃料的裂解汽油
LOJF	用于生产航空煤油的轻油
HOJF	用于生产航空煤油的重油
RJF	用于生产航空煤油的渣油
COJF	用于生产航空煤油的裂解油
RLBO	用于生产润滑油的渣油
PMF	优质发动机燃料
RMF	普通发动机燃油
JF	航空煤油

FO　　　　燃油

LBO　　　润滑油

此类变量共有 36 个。

13.6.2　约束条件

1. 供应量

原油的有限供应量给出简单上界约束，即

$$CRA \leqslant 20000$$

$$CRB \leqslant 30000$$

2. 能力

蒸馏能力约束为

$$CRA + CRB \leqslant 45000$$

重整能力约束为

$$LNRG + MNRG + HNRG \leqslant 10000$$

裂化能力约束为

$$LOCGO + HOCGO \leqslant 8000$$

生产润滑油的相关规定给出以下上下界约束，即

$$LBO \geqslant 500$$

$$LBO \leqslant 1000$$

3. 连续性

轻质石脑油的生产数量取决于所用原油的数量，同时考虑每种原油在蒸馏下的分解方式，可表示为

$$-0.1CRA - 0.15CRB + LN = 0$$

MN、HN、LO、HO 和 R 存在类似的约束。

重整汽油的生产数量取决于重整过程中使用的石脑油的数量，对应约束可表示为

$$-0.6\,LNRG - 0.52\,MNRG - 0.45\,HNRG + RG = 0$$

生产的裂化油和裂化汽油的数量分别取决于使用的轻油和重油的数量，对应约束可表示为

$$-0.68\,LOCGO - 0.75\,HOCGO + CO = 0$$

$$-0.28\,LOCGO - 0.2\,HOCGO + CG = 0$$

生产（和销售）的润滑油量是所用渣油量的 0.5 倍，可表示为

$$-0.5RLBO + LBO = 0$$

用于重整和混合的轻质石脑油的数量等于供应量，可表示为

$$-LN + LNRG + LNPMF + LNRMF = 0$$

MN 和 HN 也存在类似的限制。

用于裂化和混合的轻油数量等于供应量。

对于燃料油的混合，轻油的比例固定为 10/18，无须引入单独的变量，该比例由变量 LO 确定，可表示为

$$-LO + LOCGO + LOJF + 0.55\,FO = 0$$

HO、CO 和 R 存在类似约束，也涉及固定比例的 FO、CG 和 RG。

优质汽车燃料的产量等于其成分的总量，可表示为

$$-LNPMF - MNPMF - HNPMF - RGPMF - CGPMF + PMF = 0$$

RMF 和 JF 也存在类似的限制。

优质汽车燃料产量必须至少是常规汽车燃料产量的 40%，可表示为

$$PMF - 0.4\,RMF \geqslant 0$$

4．质量水平要求

有必要规定优质车用燃料的辛烷值不低于 94，由以下约束实现：

$$-90\,LNPMF - 80\,MNPMF - 70\,HNPMF - 115\,RGPMF$$
$$- 105\,CGPMF + 94\,PMF \leqslant 0$$

RMF 也有类似的限制。

对于航空煤油，由蒸气压施加约束，即

$$-LOJF - 0.6\,HOJF - 1.5\,COJF - 0.05\,RJF + JF \geqslant 0$$

该模型有 29 个约束，对 3 个变量有简单界限。

最后对燃油的混合问题给出进一步讨论，其中各成分（轻油、重油和裂化油和渣油）以固定比例混合，此处最好将生产 FO 视为一项活动。在石油工业中，更常见的是考虑炼油活动本身，研究炼油活动中量的关系。3.4 节讨论的模型表达式描述了炼油过程的极端处理模式，本节对应的是另一种特定的处理模式，其中各成分的比例会自动化确定。

13.6.3　目标函数

在炼油优化问题中，最终产品涉及利润或成本，这里给出了一个最大化的目标函数（以磅为单位）

$$7\,PMF + 6\,RMF + 4\,JF + 3.5\,FO + 1.5\,LBO$$

13.7 采矿

采矿问题具有组合特征，每年必须从 4 个供选矿山中最多选择 3 个进行开采，而每年有 15 种选择方法，5 年内则共有 15^5 种可能的开采方式。对于更复杂的问题，比如在 20 年内考虑 15 座矿山，可能性的数量将极为庞大，但通过整数规划和分支定界法，只需研究这些可能性中的一小部分。

引入 0-1 变量来表示特定年份是否开采矿山的决策，下面介绍了各类变量。

13.7.1 变量

设

$$\delta_{it} = \begin{cases} 1, & \text{如果第} t \text{年开采矿山} i \\ 0, & \text{否则} \end{cases}$$

本问题中，此类 0-1 整数变量有 20 个。

设

$$\gamma_{it} = \begin{cases} 1, & \text{如果第} t \text{年“经营”矿山} i（\text{应付开采权使用费}） \\ 0, & \text{否则} \end{cases}$$

在这里，此类 0-1 整数变量有 20 个。

另设

$$x_{it} = \text{第 } t \text{ 年矿山 } i \text{ 的产出}$$

则此类连续变量有 20 个。

设

$$q_t = \text{第 } t \text{ 年生产的混匀矿石数量（百万吨）}$$

则此类连续变量有 5 个。

因此，总共有 65 个变量，其中 40 个为整数变量。

13.7.2 约束条件

$$\text{对于任意} i, t, \quad x_{it} - M_i \delta_{it} \leq 0$$

式中，M_i 为矿山 i 的最大年产量，该约束表示如果矿山 i 在第 t 年未被开采，则该年矿山 i 就没有产出，此类约束有 20 个。

$$\text{对于任意} t, \quad \sum_{i=1}^{4} \delta_{it} \leq 3$$

该约束使得任一年份中开采的矿山数量不超过 3 个，这样的约束条件共有 5 个。

$$对于任意 i, t, \quad \delta_{it} - \gamma_{it} \leqslant 0$$

根据该约束，如果矿山 i 在第 t 年"关闭"，那么该年矿山 i 就不能被开采，此类约束有 20 个。

$$对于任意 i, t < 5, \quad \gamma_{it+1} - \gamma_{it} \leqslant 0$$

这迫使矿山 i 在首次关闭之后的所有年份都保持关闭状态，此类约束有 16 个。

$$对于任意 t, \quad \sum_{i=1}^{4} Q_i x_{it} - P_t q_t = 0$$

式中，Q_i 代表矿山 i 的矿石质量，P_t 是第 t 年所需的矿山质量，此类混合约束有 5 个。

$$对于任意 t, \quad \sum_{i=1}^{4} x_{it} - q_t = 0$$

该约束确保了每年混合矿石的吨位数等于各组分的总吨位数，此类约束有 5 个。

因此，总共有 71 个约束。

13.7.3　目标函数

总利润包括出售混合矿石的收入减去应付的开采权使用费，需要将其最大化，可以表示为

$$-\sum_{\substack{i=1,4 \\ t=1,5}} R_{it}\gamma_{it} + \sum_{t=1,5} I_t q_t$$

式中，R_{it} 表示在第 t 年以每年 10% 贴现时，对于矿山 i 来说的应付开采权使用费；I_t 表示第 t 年每吨混合矿石的售价。Williams（1978）探讨了该问题的此种表述相较于其他表述的优势。

此模型表明，在开采矿山的早期似乎有优势，但后期这种优势会消失。此外，收入贴现为早期开采矿山提供了优势。因此，本书建议的求解策略是对变量 δ_{it} 进行分支，且应优先考虑 t 的较小值。

13.8　农场规划

农场规划问题基于 Swart 等人（1975）提出的问题，这里仅考虑 5 年周期。由于模型规模很小，所以损失了一定的真实性，但考虑到农场问题的复杂性，简化是不可避免的。

表述该问题的方法有很多。在本节建议的表述中，引入了大量变量，其取值

Note

由模型约束有效固定，而这些变量代表了每年不同年龄的奶牛数量。例如，第 1
年 1 岁、2 岁等奶牛的数量将由第 0 年给出的初始奶牛数量决定，类似地，2 岁、
3 岁等的奶牛数量在第 0 年、第 2 年固定。因此，这些变量的所有取值可以计算得
出，无须引入模型中。虽然这样会使模型更紧凑，但更不容易理解，且手动计算似
乎也不方便，最好由计算机来完成。最令人满意的方法是简化模型或对模型进行预
处理，从而确定这些变量的固定值。第四部分中的相关解法分享了这样做的经验。

13.8.1　变量

x_{it} =第 t 年第 i 组土地上种植的谷物吨数

y_t =第 t 年种植的甜菜吨数

z_t =第 t 年购买的谷物吨数

s_t =第 t 年销售的谷物吨数

u_t =第 t 年购买的甜菜吨数

v_t =第 t 年销售的甜菜吨数

l_t =第 t 年招聘的附加劳动力（以 100 小时为单位）

m_t =第 t 年的资本支出（以 200 英镑为单位）

n_t =第 t 年出生时售出的小母牛数量

q_{jt} =第 t 年 j 岁奶牛的数量

r_t =第 t 年 0 岁奶牛的数量

p_t =第 t 年的利润

其中，$i = 1, 2, 3, 4$; $t = 1, 2, 3, 4, 5$ 且 $j = 1,2,\cdots,12$（还确定了一个变量 n_6，以
允许在第六年年初出售小母牛）。

与其他规划模型一样，有必要考虑离散的时间间隔，并假设每个间隔发生一
次变化。在此情况下，假设每年发生一次变化。

13.8.2　约束条件

连续变量：

$$\text{对于 } t=1,2,3, \quad q_{1,t+1}=0.95r_t$$
$$\text{对于 } t=1,2,3, \quad q_{2,t+1}=0.95q_{1t}$$
$$\text{对于 } j>1, t=1,2,3, \quad q_{j+1,t+1}=0.98q_{jt}$$
$$\text{对于任意 } t, \quad r_t=\frac{1.1}{2}\sum_{j=2,11}q_{jt}-n_t$$

初始条件（固定变量）：

$$\text{对于 } j=1,2，\quad q_{j1}=9.5$$

$$\text{对于 } j=3,4,\cdots,12，\quad q_{j1}=9.8$$

圈养的相关约束：

$$\text{对于任意 } t，\quad r_t + \sum_{j=1,11} q_{jt} \leqslant 130 + \sum_{k \leqslant t} m_k$$

谷物消耗的约束：

$$\text{对于任意 } t，\quad \sum_{j=2,11} q_{jt} \leqslant \frac{1}{0.6}\left(\sum_{i=1,4} x_{it} + z_t - s_t\right)$$

甜菜消耗的约束：

$$\text{对于任意 } t，\quad \sum_{j=2,11} q_{jt} \leqslant \frac{1}{0.7}(y_t + u_t - v_t)$$

谷物种植的约束：

$$\text{对于任意 } t，\quad x_{1t} \leqslant 1.1 \times 20$$

$$x_{2t} \leqslant 0.9 \times 30$$

$$x_{3t} \leqslant 0.8 \times 20$$

$$x_{4t} \leqslant 0.65 \times 10$$

英亩数的约束：

$$\text{对于任意 } t，\quad \frac{1}{1.1}x_{1t} + \frac{1}{0.9}x_{2t} + \frac{1}{0.8}x_{3t} + \frac{1}{0.65}x_{4t} + \frac{1}{1.5}y_t + \frac{2}{3}r_t + \frac{2}{3}q_{1t} + \sum_{j=2,11} q_{jt} \leqslant 200$$

劳动力的约束（以 100 小时为单位）：

对于任意 t，

$$0.1r_t + 0.1q_{1t} + 0.42\sum_{j=2,11} q_{jt} + 0.04\left(\frac{1}{1.1}x_{1t} + \frac{1}{0.9}x_{2t} + \frac{1}{0.8}x_{3t} + \frac{1}{0.65}x_{4t}\right) + \frac{0.14}{1.5}y_t \leqslant 55 + l_t$$

5 年周期完成后总计：

$$\sum_{j=2,11} q_{j5} \leqslant 175$$

$$\sum_{j=2,11} q_{j5} \geqslant 50$$

对于任意 t，利润可表达为

$$p_t = 30 \times \frac{1.1}{2}\sum_{j=2,11} q_{jt} + 40n_t \text{（销售小母牛）} + 120q'_{12,t} \text{（销售 12 岁母牛）} + 370\sum_{j=2,11} q_{jt}$$

（销售牛奶）$+ 75s_t$（销售谷物）$+ 58v_t$（销售甜菜）$- 90z_t$（购买谷物成本）$- 70u_t$

（购买甜菜成本）$- 120l_t - 4000$（劳动力成本）$-50r_t - 50q_{1t}$（小母牛成本）$-$

$$100 \sum_{j=2,11} q_{jt} \text{（产奶牛成本）} -15\left(\frac{1}{1.1}x_{1t}+\frac{1}{0.9}x_{2t}+\frac{1}{0.8}x_{3t}+\frac{1}{0.65}x_{4t}\right) \text{（种植谷物成本）} -$$

$$\frac{10}{1.5}y_t \text{（种植甜菜成本）} -39.71\sum_{k\leqslant t} m_k \text{（资本成本，每 200 英镑贷款年度还款额为}$$

39.71 英镑）

利润永远不会为负

$$\text{对于任意 } t, \ p_t \geqslant 0$$

此约束的主要影响是将资本支出限制为可用现金。

13.8.3 目标函数

为了使后面几年的资本支出与前几年一样"划算"，有必要考虑 5 年后的还款情况，因此给出了目标函数（需要最大化）：

$$\sum_{t=1,5} p_t - 39.71\sum_{t=1,5}(4+t)m_t$$

其值为 5 年以后还款所发生的费用，必须在 5 年后获得最终利润时返还。

总体上，本模型共有 84 个约束和 130 个变量。

13.9 经济规划

5.2 节中提到的动态里昂惕夫模型就是根据此问题生成的模型，而 Wagner（1957）也研究过一个相似模型。

13.9.1 变量

$x_{it}=$第 t 年 i 行业总产出 $[i=C$（煤炭）, S（钢铁）, T（运输）, $t=1,2,\cdots,5]$

$s_{it}=$第 t 年开始时 i 行业储量水平

$y_{it}=$第 t 年 i 行业附加产能开始生效（$t=2,3,\cdots,6$）

13.9.2 约束条件

1. 总投入

$$\sum_{j=1,3} c_{ij}x_{j,t+1} + \sum_{j=1,3} d_{ij}y_{j,t+1} + s_{it} - s_{i,t+1} \quad \text{（对行业 } i \text{ 的外部需求，对于任意 } i, t\text{）}$$

其中，s_{i0} 是给定的初始库存，c_{ij} 和 d_{ij} 分别是问题陈述中表 12.1 和表 12.2 的前 3 行中对应的投出/产出系数。

2. 人力成本

$0.6x_{C,t+1} + 0.3x_{S,t+1} + 0.2x_{T,t+1} + 0.4y_{C,t+2} + 0.2y_{S,t+2} + 0.1y_{T,t+2} \leqslant 470$，对于任意 t

3. 产能

$$x_{it} \leqslant （第 0 年）初始产能 + \sum_{l \leqslant t} y_{il}，对于任意 i, t$$

为了构建一个符合现实的模型，有必要考虑 5 年期结束后的情形，若忽略第 6 年及随后年份的外部需求，第 5 年将不考虑任何投入。因此，假设外部需求在第 5 年及以后保持不变，库存水平也保持不变，并且在第 5 年之后产能不会增加。为了确定第 5 年每个行业的投入，只需求解静态里昂惕夫模型：

$$\sum_{j} c_{ij}x_j = x_i - （行业 i 的内部需求），对于任意 i$$

式中，x_i 代表行业 i 在第 5 年及以后的（静态）产出。

以下 3 个方程给出了变量的下界，分别为

$$x_C \geqslant 116.4$$
$$x_S \geqslant 105.7$$
$$x_T \geqslant 92.3$$

在上述总输出约束中，当 $t \geqslant 6$ 时，x_{it} 将大于等于以上数值，同时 y_{it} 将被设为 0。

13.9.3　目标函数

1. 最大化

$$\sum_{i, l \leqslant 5} y_{il}$$

2. 最大化

$$\sum_{i, t=4,5} x_{it}$$

根据该目标，外部需求设为 0。

3. 最大化

$$\sum_{t} \left(0.6x_{Ct+1} + 0.3x_{St+1} + 0.2x_{Tt+1} + 0.4y_{Ct+2} + 0.2y_{St+2} + 0.1y_{Tt+2} \right)$$

根据该目标，可忽略人力约束。

总体上，该模型有 45 个变量和 42 个约束。

13.10 分散部署问题

分散部署问题是 9.5 节中描述的二次指派问题的拓展形式，Lawler（1974）介绍了求解这类问题的方法，而此处提出的问题基于了 Bell 和 Tomlin（1972）的研究成果，该模型将通过线性化二次项并简化为 0-1 整数规划来求解。

13.10.1 变量

$$\delta_{ij} = \begin{cases} 1, \text{如果部门} i \text{位于城市} j[i = A, B, C, D, E, j = L(\text{伦敦}), S(\text{布里斯托}), G(\text{布莱顿})] \\ 0, \text{否则} \end{cases}$$

此类 0-1 变量有 15 个。

$$\gamma_{ijkl} = \begin{cases} 1, \text{如果} \delta_{ij} = 1 \text{且} \delta_{kl} = 1 \\ 0, \text{否则} \end{cases}$$

γ_{ijkl} 仅针对 $i < k$ 及 $C_{ik} \neq 0$ 确定，此类 0-1 变量有 54 个。

13.10.2 约束条件

每个部门都必须恰好位于同一座城市，从而给出以下约束：

$$\text{对于任意} i, \quad \sum_j \delta_{ij} = 1$$

此类约束有 5 个，这些约束可视为 1 型的特殊有序集合，如 9.3 节所述。

任何城市都不得有 3 个以上部门，从而给出以下约束：

$$\text{对于任意} j, \quad \sum_j \delta_{ij} \leqslant 3$$

此类约束有 3 个。

利用变量 δ_{ij} 和上述两类约束，可建立一个模型，其目标函数包括一些二次项 $\delta_{ij}\delta_{kl}$。这些二次项可用 0-1 变量 γ_{ijkl} 代替，从而得到一个线性目标函数，但要注意将这些新变量与 δ_{ij} 变量正确关联。为此，对这些关系建模

$$\gamma_{ijkl} = 1 \to \delta_{ij} = 1, \quad \delta_{kl} = 1$$

以及

$$\delta_{ij} = 1, \quad \delta_{kl} = 1 \to \gamma_{ijkl} = 1$$

根据 9.2 节的内容，可用以下约束表述第一组条件：

$$\text{对于任意 } i,j,k>i,l, \quad \gamma_{ijkl} - \delta_{ij} \leqslant 0$$
$$\text{对于任意 } i,j,k>i,l, \quad \gamma_{ijkl} - \delta_{kl} \leqslant 0$$

此类约束有 108 个。

通过以下约束可达成第二组条件：

$$\text{对于任意 } i,j,k>i,l, \quad \delta_{ij} + \delta_{kl} - \gamma_{ijkl} \leqslant 1$$

此类约束有 54 个。

13.10.3　目标函数

目标是最大化

$$-\sum_{i,j} B_{ij}\delta_{ij} + \sum_{\substack{i,j,k,l \\ l<k}} C_{ik}D_{jl}\gamma_{ijkl}$$

其中，B_{ij} 是所获收益［当 $j=L$（伦敦）时，$B_{ij}=0$］，对应部门 i 位于城市 j 的情况，第二部分 12.10 节的表格中给出了对应的变量 C_{ik} 和 D_{jl}。

总体上本模型有 162 个约束和 69 个变量（全为 0-1 变量）。

此外，Bell 和 Tomlin 对模型的表述更简洁，相应的线性规划问题的约束数量要更少一些（参见 10.1 节），并且考虑了不同的约束形式，然后用分支策略来限制约束带来的复杂性。

13.11　曲线拟合

曲线拟合是 3.3 节中目标规划类表达形式的一种应用场景，在拟合过程中，每对组应的数据值 (x_i, y_i) 都会产生一个约束。对于 12.11 节中的情况（1）和情况（2），相应的约束为

$$bx_i + a + u_i - v_i = y_i, \qquad i=1,2,\cdots,19$$

式中，x_i 和 y_i 是常数（给定值）；b, a, u_i 和 v_i 为变量，其中，u_i 和 v_i 表示线性表达式中 y_i 值与实际观测值的差异量。将 a 和 b 设定为"自由"变量很重要，也就是说，负值和正值都可以取。

对于情况（1），目标是最小化

$$\sum_i u_i + \sum_i v_i$$

该模型共有 19 个约束和 40 个变量。

对于情况（2），有必要引入新的变量 z 及另外 38 个约束：

$$z - u_i \geq 0, z - v_i \geq 0, \quad i = 1, 2, \cdots, 19$$

在这种情况下，目标是最小化 z，而 z 的最小值显然正好等于 v_i 和 u_i 的最大值。

对于 12.11 节中的情况（3），有必要在第一组约束中引入一个新的（自由）变量 c，表达为

$$cx_i^2 + bx_i + a + u_i - v_i = y, \quad i = 1, 2, \cdots, 19$$

在统计问题中，最小化偏差平方和更为常见，因为所得曲线通常具有理想的统计特性。不过，在某些情况下，使用最小化绝对偏差之和的形式是可接受的，甚至更为可取。此外，可能会用线性规划求解此类问题，从而易于处理大量数据的计算。

从呈现效果的角度来看，最小化最大偏差具有一定的吸引力，其可以使得单个数据点偏离拟合曲线较远的可能性最小化。

13.12 逻辑设计

为简化表达形式，假设图 13.1 所示最大值的子网为最佳电路，并引入以下 0-1 整数变量：

$$s_i = \begin{cases} 1, & \text{如果存在或非门} i, \ i = 1, 2, \cdots, 7 \\ 0, & \text{否则} \end{cases}$$

$$t_{i1} = \begin{cases} 1, & \text{如果外部输入} A \text{是门} i \text{的输入} \\ 0, & \text{否则} \end{cases}$$

$$t_{i2} = \begin{cases} 1, & \text{如果外部输入} B \text{是门} i \text{的输入} \\ 0, & \text{否则} \end{cases}$$

其中，x_{ij} 为门 i 的输出，用于组合真值表第 j 行中指定的外部输入信号。

考虑以下约束：只有当或非门存在时才有外部输入，这些要求应由以下约束表达：

$$s_i - t_{i1} \geq 0, \quad s_i - t_{i2} \geq 0, \quad i = 1, 2, \cdots, 7$$

如果或非门有一个（或两个）外部输入接入，但只允许一个（或没有）或非门输入其中，这样的条件由以下约束施加：

$$s_j + s_k + t_{i1} + t_{i2} \leqslant 2 , \quad i = 1,2,3$$

其中，j 和 k 表示图 13.1 中通向 i 的任意两个或非门。

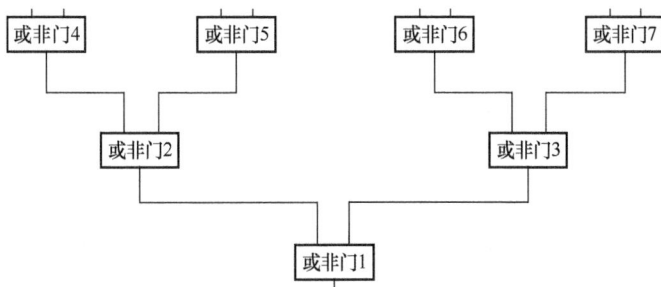

图 13.1　通向 i 的任意两个或非门

如果或非门 i 存在，则其输出信号必须是接入该门输入信号的正确逻辑函数（NOR）。设 α_{1j}（常数）为真值表第 j 行的外部输入信号 A 的值，α_{2j} 对应于外部输入信号 B 的值。这些条件表达式为

$$
\begin{aligned}
x_{jl} + x_{il} &\leqslant 1, & i = 1,2,3 \\
x_{kl} + x_{il} &\leqslant 1, & \\
\alpha_{1l} t_{i1} + x_{il} &\leqslant 1, & i = 1,2,\cdots,7 \\
\alpha_{2l} t_{i2} + x_{il} &\leqslant 1, & \\
\alpha_{1l} t_{i1} + \alpha_{2l} t_{i2} + x_{il} - s_i &\geqslant 0, & i = 4,5,6,7 \\
\alpha_{1l} t_{i1} + \alpha_{2l} t_{i2} + x_{jl} + x_{kl} + x_{il} - s_i &\geqslant 0, & i = 1,2,3
\end{aligned}
$$

上述 6 类约束是针对 $l = 1,2,3,4$ 定义的，其中 j 和 k 是通向图 13.1 中门 i 的或非门。由于 α_{ij} 是常数，上述一些约束对于特定的 l 值是可以忽略的。

对于或非门 1，x_{1l} 变量固定为真值表中指定的值，即

$$x_{11} = 0 , \quad x_{12} = 1 , \quad x_{13} = 1 , \quad x_{14} = 0$$

如果对于输入信号的任意组合，特定或非门的输出信号为 1，则该或非门必须满足以下条件：

$$s_i - x_{il} \geqslant 0 , \quad i = 1,2,\cdots,7 , \quad l = 1,2,3,4$$

为避免出现不包含或非门的简单解，必须施加一个约束，例如

$$s_1 \geqslant 1$$

目标是最小化 $\sum_i s_i$。

该模型有 154 个固定变量，同时包含冗余约束。

13.13　市场分配

市场分配问题可用一个整数规划模型来表述，其中 23 个零售商中每个都由一个 0-1 变量 δ_i 表示。如果 $\delta_i = 1$，表示零售商 i 被分配到 D1 部门；否则，该零售商将被分配到 D2 部门。可以将松弛变量和剩余变量引入到每个约束中，以提供所需的目标，即最小化与 40/60 分配比例所需"目标"的偏差总和。例如，在区域 3 的石油市场中，市场总体量为 100（共 10^6 加仑），分割为 40/60 的比例，对应的约束为

$$6\delta_{19} + 15\delta_{20} + 15\delta_{21} + 25\delta_{22} + 39\delta_{23} + y_1 - y_2 = 40$$

其中，y_1 和 y_2 为松弛变量和剩余变量，在第一个目标函数中的成本为 0.01。同时，对 y_1 和 y_2 设定了简单上界 5，而其他"目标"约束也可进行类似处理。

为定义第二个"最小最大"目标，需引入一个变量 z 及约束：

$$z - \frac{y_i}{w_i} \geq 0$$

对于任意的松弛变量和剩余变量 y_i，w_i 为与 y_i 相关联的 40% 目标约束的总量，而第二目标只是最小化 z。

就目前而言，所得模型有 18 个约束和 36 个变量，其中 23 个为 0-1 变量。虽然该模型是对问题的正确表述方式，但可能难以求解，因为任意两行可行的整数解间可能毫无关联，因此，对最优整数解的树搜索可能相当费力，正如 14.13 节的结果所示，该模型确实很难求得最优解。可按照 10.2 节所述方式，用"面"约束来替换一些约束，从而重新表述该问题。例如，上述目标约束等价于：

$$6\delta_{19} + 15\delta_{20} + 15\delta_{21} + 25\delta_{22} + 39\delta_{23} \geq 35$$
$$6\delta_{19} + 15\delta_{20} + 15\delta_{21} + 25\delta_{22} + 39\delta_{23} \leq 45$$

对于这些约束中的第一个，可通过从强覆盖中获得的以下约束来增强：

$$\delta_{20} + \delta_{22} + \delta_{23} \geq 1$$
$$\delta_{21} + \delta_{22} + \delta_{23} \geq 1$$
$$\delta_{19} + \delta_{22} + \delta_{23} \geq 1$$
$$\delta_{20} + \delta_{21} + \delta_{23} \geq 1$$

约束中的第二个可通过以下约束来增强：

Note

$$\delta_{20} + \delta_{23} \leqslant 1$$
$$\delta_{21} + \delta_{23} \leqslant 1$$
$$\delta_{22} + \delta_{23} \leqslant 1$$
$$\delta_{19} + \delta_{20} + \delta_{22} + \delta_{23} \leqslant 2$$
$$\delta_{19} + \delta_{21} + \delta_{22} + \delta_{23} \leqslant 2$$
$$\delta_{20} + \delta_{21} + \delta_{22} + \delta_{23} \leqslant 2$$

所有其他约束都可以用类似的方式处理，但遗憾的是，在 12.13 节的问题陈述中，此类"面"约束可从每个目标约束中推导出来，其数量被证明极其庞大。从第 3 个约束、第 4 个约束及上面的第 5 个约束中所得的数字虽然很大，但仍在可控范围内，此类约束共有 228 个，用 10.2 节所述方法可在很短时间内枚举出来。

这里有必要保留原始约束，因其松弛变量和剩余变量为每个目标约束添加了一些"面"约束。

遗憾的是，事实证明，这种增强的表达形式在很大程度上难以求解，因为其规模还可能扩大。

第三种处理方式是用单个更严格的约束来替换一些目标约束，Bradley 等人（1974）论述了对于一般 0-1 约束如何做到这一点。13.18 节中的问题"优化约束条件"提供了这种单一约束简化的示例，而 12.13 节中（3）～（5）的 3 个目标约束可写成 3 对约束：

$$9\delta_1 + 13\delta_2 + 14\delta_3 + 17\delta_4 + 18\delta_5 + 19\delta_6 + 23\delta_7 + 21\delta_8 \leqslant 60$$
$$9\delta_1 + 13\delta_2 + 14\delta_3 + 17\delta_4 + 18\delta_5 + 19\delta_6 + 23\delta_7 + 21\delta_8 \geqslant 46$$
$$9\delta_9 + 11\delta_{10} + 17\delta_{11} + 18\delta_{12} + 18\delta_{13} + 17\delta_{14} + 22\delta_{15} + 24\delta_{16} + 36\delta_{17} + 43\delta_{18} \leqslant 96$$
$$9\delta_9 + 11\delta_{10} + 17\delta_{11} + 18\delta_{12} + 18\delta_{13} + 17\delta_{14} + 22\delta_{15} + 24\delta_{16} + 36\delta_{17} + 43\delta_{18} \geqslant 75$$
$$6\delta_{19} + 15\delta_{20} + 15\delta_{21} + 25\delta_{22} + 39\delta_{23} \leqslant 45$$
$$6\delta_{19} + 15\delta_{20} + 15\delta_{21} + 25\delta_{22} + 39\delta_{23} \geqslant 35$$

使用上述方法可得出 6 个约束，这些约束与下面的约束条件具有等价的解集，但下面的约束在线性规划意义上"更为严格"。具体约束包括：

$$5\delta_1 + 7\delta_2 + 8\delta_3 + 9\delta_4 + 10\delta_5 + 10\delta_6 + 13\delta_7 + 12\delta_8 \leqslant 33$$
$$2\delta_1 + 3\delta_2 + 3\delta_3 + 4\delta_4 + 4\delta_5 + 4\delta_6 + 5\delta_7 + 5\delta_8 \geqslant 11$$
$$8\delta_9 + 8\delta_{10} + 13\delta_{11} + 14\delta_{12} + 14\delta_{13} + 13\delta_{14} + 17\delta_{15} + 19\delta_{16} + 28\delta_{17} + 34\delta_{18} \leqslant 75$$
$$8\delta_9 + 8\delta_{10} + 14\delta_{11} + 15\delta_{12} + 15\delta_{13} + 14\delta_{14} + 18\delta_{15} + 20\delta_{16} + 30\delta_{17} + 36\delta_{18} \geqslant 63$$
$$\delta_{19} + 2\delta_{20} + 2\delta_{21} + 3\delta_{22} + 4\delta_{23} \leqslant 5$$
$$\delta_{19} + 2\delta_{20} + 2\delta_{21} + 3\delta_{22} + 5\delta_{23} \geqslant 5$$

这些约束与上面对应具有最小右端项的约束等价。这些更严格的约束是用线性规划在很短时间内得出的，该方法的具体内容参见 13.18 节中的示例"优化约束条件"。

Note

仍有必要保留原始约束，以及目标函数中所需的松弛变量和剩余变量，这种重新表述被证明效果最好，14.13 节给出了计算经验和解释。

13.14　露天采矿

通过引入 0-1 变量 δ_i 并对矿块编号，露天采矿问题可表述为纯 0-1 规划问题：

$$\delta_i = \begin{cases} 1, & \text{若开采矿块} i \\ 0, & \text{否则} \end{cases}$$

如果要开采某矿块，那么位于它上面的 4 个矿块也必须开采。例如，假设编号使矿块 2～矿块 5 直接位于矿块 1 之上，然后该条件可通过以下 4 个约束来施加：

$$\delta_2 - \delta_1 \geqslant 0$$
$$\delta_3 - \delta_1 \geqslant 0$$
$$\delta_4 - \delta_1 \geqslant 0$$
$$\delta_5 - \delta_1 \geqslant 0$$

可对所有其他矿块（除了表面上的矿块）施加类似约束。

目标是最大化

$$\sum_i p_i \delta_i$$

其中，

$$p_i = \text{矿块 } i \text{ 的利润（收入－开采成本）}$$

该表述具有 10.1 节中所述的重要属性。每个约束都包含一个系数为+1 和一个系数为–1 的项，保证了矩阵为全幺模矩阵。如果作为连续线性规划模型求解，则最优解将自动为整数，因此，无须使用计算成本更高的整数规划方法。

鉴于该属性，可在合理时间内对升级版的该问题进行求解。如 10.1 节所述，该线性规划模型的对偶问题是一个网络流问题，可通过专门的网络流算法高效求解，具体参见 Williams（1982）的论文。

该模型有 56 个约束和 30 个变量，每个变量上界为 1。

13.15　电价（发电）

电价（发电）问题基于 Gaver（1963）介绍的模型，本书中使用以下表述。

Note

13.15.1　变量

n_{ij}＝ 在时段 j（j=1, 2, 3, 4, 5，是问题中列出的一天中的 5 个时段）内需正常工作的 i 型发电机组数

s_{ij}＝ 时段 j 内启动的 i 型发电机数量

x_{ij}＝ 时段 j 内 i 型发电机的总输出功率

其中，x_{ij} 为连续变量；n_{ij} 和 s_{ij} 均为一般整数变量。

13.15.2　约束条件

每个时段都必须满足需求量约束：

$$对于任意 j，\quad \sum_i x_{ij} \geqslant D_j$$

式中，D_j 为时段 j 内给定的电力需求。

发电机的输出务必在其工作的限制范围内：

$$对于任意 i 和 j，\ x_{ij} \geqslant m_i n_{ij}$$
$$对于任意 i 和 j，\ x_{ij} \leqslant M_i n_{ij}$$

式中，m_i 和 M_i 分别是 i 型发电机给定的最小输出电平和最大输出电平。

必须能够在不启动更多发电机的情况下满足附加保证负荷要求：

$$对于任意 j，\quad \sum_i M_i n_{ij} \geqslant \frac{115}{100} D_j$$

时段 j 内启动的发电机数量必须等于增加的数量：

$$对于任意 i 和 j，\ s_{ij} \geqslant n_{ij} - n_{i,j-1}$$

式中，n_{ij} 为在时段 j 内启动的发电机数量（当 j = 1 时，时段 j – 1 取值强制为 5）。

此外，所有整数变量都有简单上界，该上界对应于每类发电机的总数。

13.15.3　目标函数（取最大化）

$$成本 = \sum_{i,j} C_{ij}(x_{ij} - m_i n_{ij}) + \sum_{i,j} E_{ij} n_{ij} + \sum_{i,j} F_i s_{ij}$$

式中，C_{ij} 是超过最低电平运行带来的成本（每兆瓦每小时）乘以该时段的小时数；E_{ij} 是以最低电平运行的每小时成本乘以该时段的小时数；F_i 是 i 型发电机的启动成本。

该模型共有 55 个约束和 30 个简单上界，有 45 个变量，其中 30 个是一般整数变量。

13.16 水力发电问题

13.15 节所述模型可通过增加变量和约束进行拓展。

13.16.1 变量

$$h_{ij} = \begin{cases} 1, & \text{如果}i\text{型水力发电机在时段 } j \text{ 内工作} \\ 0, & \text{否则} \end{cases}$$

式中，$i = 1,2$。

$$t_{ij} = \begin{cases} 1, & \text{如果}i\text{型水力发电机在时段 } j \text{ 内启动} \\ 0, & \text{否则} \end{cases}$$

$l_j = $ 在时段 j 开始时的水库高度

$p_j = $ 在时段 j 内抽水的兆瓦数

13.16.2 约束条件

需求约束变为

$$\text{对于任意 } j, \quad \sum_i x_{ij} + \sum_i L_i h_{ij} - p_j \geq D_j$$

式中，L_i 是水电站 i 的运行水位。

抽水和发电引起的水库水位变化，可表示为

$$\text{对于任意 } j, \quad l_j - l_{j-1} - \frac{T_j p_j}{3000} + \sum_i T_j R_j h_{ij} = 0$$

式中，T_j 是时段 j 的小时数，R_j 是水力发电机 j 每小时引起的高度降低值。

附加保证符合要求变为

$$\text{对于任意 } j, \quad \sum_i M_i n_{ij} \geq \frac{115}{100} D_j - \sum_i L_i$$

在时段 j 内启动的水力发电机数量必须等于增加的数量：

$$\text{对于任意 } i \text{ 和 } j, \quad t_{ij} \geq h_j - h_{j-1}$$

13.16.3 目标函数（取最大化）

目标函数用下面表达式给出：

$$\sum_{i,j} K_i T_j h_{ij} + \sum_{i,j} G_i t_{ij}$$

式中，K_i 是水力发电机 i 每小时的成本，G_i 是水力发电机 i 的启动成本。该模型有 55 个约束、25 个上界限制和 75 个变量，其中 50 个变量为整数型变量。

13.17　三维立方体装球问题

之所以讨论该问题，是因为它体现了很多整数规划问题的共同特征。显然，在三维阵列中排列球的方式有很多种，且已证明此类问题作为整数规划模型难以求解。首先使用启发式方法求解有一定优势，然后可用得到的解来支持分支定界树的搜索过程（如 8.3 节所述）。Williams（1974）论述了该问题有两种可能的求解方法，此处列出了一些较为出色的成果。

13.17.1　变量

三维立方体的单元格编号为 1 到 27，为方便起见，可逐行逐节依次编号。引入与每个单元格相关联的 0-1 变量 δ_j，其解释如下：

$$\delta_j = \begin{cases} 1, & \text{如果单元格} j \text{包含一个黑球} \\ 0, & \text{如果单元格} j \text{包含一个白球} \end{cases}$$

此类 0-1 变量有 27 个。

三维立方体中有 49 条可能的线段，对于每条线段，将 0-1 变量 γ_i 与以下解释相关联：

$$\gamma_i = \begin{cases} 1, & \text{如果线段} i \text{中的所有球颜色相同} \\ 0, & \text{如果线段} i \text{中有不同颜色的球} \end{cases}$$

此类 0-1 变量有 49 个。

13.17.2　约束条件

要确保变量 γ_i 的值能真实代表上述条件，必须对以下条件进行建模：

$$\gamma_i = 0 \to \delta_{i1} + \delta_{i2} + \delta_{i3} \geq 1 \quad \text{且} \quad \delta_{i1} + \delta_{i2} + \delta_{i3} \leq 2$$

式中，$i1$、$i2$ 和 $i3$ 均是线段 i 上的单元格数，该条件可通过以下约束来建模：

$$\delta_{i1} + \delta_{i2} + \delta_{i3} - \gamma_i \leq 2$$
$$\delta_{i1} + \delta_{i2} + \delta_{i3} + \gamma_i \geq 1$$
$$i = 1, 2, \cdots, 49$$

Note

事实上，前文提到的约束并不能确保如果 $\gamma_i = 1$，则该线段中所有球的颜色都相同。很明显，该条件将由模型的最优性来保证。

为将黑球的数量限制为 14 个，需施加约束

$$\sum_j \delta_j = 14$$

共有 99 个约束。

13.17.3 目标函数

在三维立方体装球问题中，要让颜色相同球的"线"数量最小化，目标函数可表达为

$$\sum_i \gamma_i$$

该模型共有 99 个约束和 76 个 0-1 变量。

13.18 优化约束条件

Bradley 等人（1974）介绍了简化单个 0-1 约束的方法。本书采用其中的线性规划方法。为方便起见，将约束条件转化为系数为正且按取值降序排列的标准形式，可通过以下变量转换来实现：

$$y_1 = x_7, \quad y_2 = x_8, \quad y_3 = 1 - x_6, \quad y_4 = x_4$$
$$y_5 = 1 - x_3, \quad y_6 = x_5, \quad y_7 = x_2, \quad y_8 = x_1$$

转换后给出约束表达式，即

$$23y_1 + 21y_2 + 19y_3 + 17y_4 + 14y_5 + 13y_6 + 13y_7 + 9y_8 \leqslant 70$$

接下来，要找到该形式的另一个等价约束，即

$$a_1 y_1 + a_2 y_2 + a_3 y_3 + a_4 y_4 + a_5 y_5 + a_6 y_6 + a_7 y_7 + a_8 y_8 \leqslant a_0$$

式中，a_i 系数为线性规划模型中的变量。为找出原始约束的全部逻辑输入，需搜索被称为"roof（屋顶）"和"ceiling（天花板）"的指数子集。ceiling 是变量指数的"最大"子集，其对应系数的总和不超过约束表达式的右端项。此子集是最大的，从某种意义上讲，没有任何子集能正确地包含它，左侧字典序的子集也无法包含它。例如，子集{1, 2, 4, 8}是一个 ceiling，$23 + 21 + 17 + 9 \leqslant 70$，但任何能正确包含它的更大子集（如 {1, 2, 4, 7, 8}）或其"左侧"（如{1, 2, 4, 7}）并非 ceiling。roof 是指数的"最小"子集，其对应系数的总和超过右端项，此类子集是"最小的"，

子集的 "最大" 性质和 "最小" 性质是类似的，例如，子集 $\{2, 3, 4, 5\}$ 是一个 roof，$21 + 19 + 17 + 14 > 70$，但任何正确包含在其中的子集（如 $\{3, 4, 5\}$）或它的 "右侧" 子集（如 $\{2, 3, 4, 6\}$）并非 roof。

如果 $\{i_1, i_2, \cdots, i_r\}$ 是一个 ceiling，则新系数 a_i 意味着以下条件：

$$a_{i1} + a_{i2} + \cdots + a_{ir} \leqslant a_0$$

如果 $\{i_1, i_2, \cdots, i_r\}$ 是一个 roof，则新系数 a_i 意味着以下条件：

$$a_{i1} + a_{i2} + \cdots + a_{ir} \geqslant a_0 + 1$$

还需要保证系数的顺序，可通过一系列约束来实现，即

$$a_1 \geqslant a_2 \geqslant a_3 \geqslant \cdots \geqslant a_8$$

如果将这些约束与对应于 roof 或 ceiling 的每个约束一起给出，则能构成一组充分条件，保证新的 0-1 约束与原始 0-1 约束具有完全相同的可行 0-1 解集。

为了实现第一个目标，在上述约束下最小化 $a_0 - a_3 - a_5$。

对于第二个目标，则最小化 $\sum\limits_{i=1}^{8} a_i$。

例如，某组 ceiling 为 $\{\{1, 2, 3\}, \{1, 2, 4, 8\}, \{1, 2, 6, 7\}, \{1, 3, 5, 6\}, \{2, 3, 4, 6\}, \{2, 5, 6, 7, 8\}\}$，某组 roof 为 $\{\{1, 2, 3, 8\}, \{1, 2, 5, 7\}, \{1, 3, 4, 7\}, \{1, 5, 6, 7, 8\}, \{2, 3, 4, 5\}, \{3, 4, 6, 7, 8\}\}$，根据这些生成的模型有 19 个约束和 9 个变量。

如果约束涉及的是一般整数变量，而不是 0-1 变量，那么可先按照 10.1 节中描述的方式将约束转换为涉及 0-1 变量的约束，之后仍可以采用类似的方式简化问题。然而，有必要应用线性规划模型中的附加约束，来确保简化后的 0-1 形式中系数之间的关系正确，10.2 节介绍了如何做到这一点。

13.19　指派问题 1

指派问题可看作找出通过网络的最小费用流的问题，很多数学规划文献都对此类网络流问题进行了研究。Ford 和 Fulkerson（1962）提供了上述问题的通用参考文献，Ford 和 Fulkerson（1962）、Jason 和 Barnes（1980）、Glover 和 Klinsmann（1977）及 Bradley（1975）等均介绍了求解此类问题的专门算法。

可将此类指派问题表述为普通的线性规划模型，该类模型具有 10.1 节所述的全幺模属性，即只要确保右端项是整数，线性规划问题的最优解就是整数解。

我们选择将该问题构建为常规线性规划模型，以便采用标准修正单纯形法求

解。尽管使用专用算法具有理论优势，但此类问题的特殊性质——正是这些性质使得专用算法具有应用价值——幸运地使其作为常规线性规划问题易于求解。然而，当采用这种建模方式时，所得模型有时会非常庞大，此时使用专用算法更是必要的，因其能得到问题的紧凑表示形式。由于这里示例问题的规模极小，此处无须考虑此类问题。

工厂、仓库和客户编号如下：

工厂	1	利物浦
	2	布莱顿
仓库	1	纽卡斯尔
	2	伯明翰
	3	伦敦
	4	埃克塞特
客户	C1,C2,$\cdots$,C6	

13.19.1 变量

x_{ij}=工厂 i 发送到仓库 j 的产品数量，$i=1,2, j=1,2,3,4$

y_{ik}=工厂 i 发送到客户 k 的产品数量，$i=1,2, k=1,2,\cdots,6$

z_{jk}=仓库 j 发送到客户 k 的产品数量，$j=1,2,3,4, k=1,2,\cdots,6$

此类变量共有 44 个。

13.19.2 约束条件

工厂产能约束：

$$\sum_{j=1}^{2} x_{ij} + \sum_{k=1}^{6} y_{ik} \leqslant 总产能, \qquad i=1,2$$

运至仓库的数量约束：

$$\sum_{i=1}^{2} x_{ij} \leqslant 工厂 j 的产能, \qquad j=1,2,3,4$$

运出仓库的数量约束：

$$\sum_{k=1}^{6} z_{jk} = \sum_{i=1}^{2} x_{ij}, \qquad j=1,2,3,4$$

客户需求约束：

$$\sum_{i=1}^{2} y_{ik} + \sum_{j=1}^{4} z_{jk} = 需求量, \qquad k=1,2,\cdots,6$$

这里右侧需要给出产能、数量和需求的具体数量。

此类约束共有 16 个。

13.19.3　目标函数

第一个目标是最小化成本，由以下约束给出：

$$\sum_{j=1}^{4}\sum_{i=1}^{2}c_{ij}x_{ij} + \sum_{k=1}^{4}\sum_{i=1}^{2}d_{ik}y_{ik} + \sum_{k=1}^{6}\sum_{i=1}^{2}e_{jk}z_{jk}$$

其中，系数（i）表示工厂与仓库间发送的单位成本，系数 d_{ik} 表示工厂与客户间发送的单位成本，系数 e_{jk} 表示仓库与客户间发送的单位成本。

第二个目标将采用与第一个目标相同的形式，但此时 c_{ij}、d_{ik} 和 e_{jk} 的定义如下：

$$d_{ik} = \begin{cases} 0, & \text{如果客户} k \text{青睐工厂} i \\ 1, & \text{否则} \end{cases}$$

$$e_{jk} = \begin{cases} 0, & \text{如果客户} k \text{青睐仓库} j \\ 1, & \text{否则} \end{cases}$$

对于任意 i,j，$c_{ij} = 0$

对该目标同样要实现最小化。

13.20　仓库选址（指派问题 2）

指派问题的线性规划表达形式可以延伸到混合整数模型，以便做出是否建立或关闭仓库的附加决策。此处引入附加 0-1 整数变量，其解释如下：

$$\delta_1 = \begin{cases} 1, & \text{如果保留纽卡斯尔仓库} \\ 0, & \text{否则} \end{cases}$$

$$\delta_2 = \begin{cases} 1, & \text{如果扩建伯明翰仓库} \\ 0, & \text{否则} \end{cases}$$

$$\delta_3 = \begin{cases} 1, & \text{如果保留利物浦工厂} \\ 0, & \text{否则} \end{cases}$$

$$\delta_4 = \begin{cases} 1, & \text{如果保留埃克塞特仓库} \\ 0, & \text{否则} \end{cases}$$

$$\delta_5 = \begin{cases} 1, & \text{如果在布里斯托建仓库} \\ 0, & \text{否则} \end{cases}$$

$$\delta_6 = \begin{cases} 1, & \text{如果在北安普顿建仓库} \\ 0, & \text{否则} \end{cases}$$

此外，还引入了一些附加的连续变量 x_{i5}、x_{i6}、z_{5k} 和 z_{6k} 来表示进出新仓库的货物数量。

同时，模型加入以下约束。

（1）如果仓库关闭或未建造，则不能向其或由其供应货物：

$$\sum_{i=1}^{2} x_{ij} \leqslant T_j \delta_j$$

式中，T_j 是仓库 j 的容量。

（2）从伯明翰仓库供应的数量必须在扩建后的可能范围内：

$$\sum_{i=1}^{2} x_{i2} \leqslant 50 + 20\delta_2$$

（3）仓库数量不能超过 4 个（包括伯明翰和伦敦）：

$$\delta_1 + \delta_4 + \delta_5 + \delta_6 \leqslant 2$$

（4）在目标函数中，新的 x_{ij} 和 z_{jk} 变量被赋予了相应的成本，同时加入了涉及 δ_j 变量的相应表达式：

$$10\delta_1 + 3\delta_2 + 5\delta_4 + 12\delta_5 + 4\delta_6 - 15$$

该模型共有 21 个约束和 65 个变量（5 个为 0-1 整数变量）。

13.21　农产品定价

该问题源自 Louwes 等人（1963）的论文。

设 x_M、x_B、x_{C1} 和 x_{C2} 分别代表牛奶、黄油、奶酪 1 和奶酪 2 的消费量（以千吨计），而 p_M、p_B、p_{C1} 和 p_{C2} 分别代表各自的价格（以每吨 1000 英镑计）。

基于脂肪和干物质的有限供应量，产生以下两个约束：

$$0.04x_M + 0.8x_B + 0.35x_{C1} + 0.25x_{C2} \leqslant 600$$
$$0.09x_M + 0.02x_B + 0.3x_{C1} + 0.4x_{C2} \leqslant 750$$

价格指数限制如下（以 1000 英镑计）：

$$4.82p_M + 0.32p_B + 0.21p_{C1} + 0.07p_{C2} \leqslant 1.939$$

目标是最大化 $\sum_i x_i p_i$ 。

此外，x 变量与 p 变量通过价格弹性系数 E_M 和 E_B 相关联：

$$\frac{dx_M}{x_M} = -E_M \frac{dp_M}{p_M}, \quad \frac{dx_B}{x_B} = -E_B \frac{dp_B}{p_B}$$

$$\frac{\mathrm{d}x_{C1}}{x_{C1}} = -E_{C1}\frac{\mathrm{d}p_{C1}}{p_{C1}} + E_{C1C2}\frac{\mathrm{d}p_{C2}}{p_{C2}}, \quad \frac{\mathrm{d}x_{C2}}{x_{C2}} = -E_{C2}\frac{\mathrm{d}p_{C2}}{p_{C2}} + E_{C2C1}\frac{\mathrm{d}p_{C1}}{p_{C1}}$$

这些微分方程可通过积分运算，得出以 p 变量表达的 x 变量解析式。若将这些表达式代入前述约束条件及目标函数，将使得前两项约束及目标函数引入非线性部分，此类非线性项可进行分离处理，并采用 7.4 节所述的分段线性函数进行逼近。

为减少模型中的非线性数量，上述微分方程所隐含的关系可以近似为线性关系：

$$\frac{x_M - \overline{x}_M}{\overline{x}_M} = -E_M\frac{p_M - \overline{p}_M}{\overline{p}_M}, \quad \frac{x_B - \overline{x}_B}{\overline{x}_B} = -E_B\frac{p_B - \overline{p}_B}{\overline{p}_B}$$

$$\frac{x_{C1} - \overline{x}_{C1}}{\overline{x}_{C1}} = -E_{C1}\frac{p_{C1} - \overline{p}_{C1}}{\overline{p}_{C1}} + E_{C1C2}\frac{p_{C2} - \overline{p}_{C2}}{\overline{p}_{C2}}$$

$$\frac{x_{C2} - \overline{x}_{C2}}{\overline{x}_{C2}} = -E_{C2}\frac{p_{C2} - \overline{p}_{C2}}{\overline{p}_{C2}} + E_{C2C1}\frac{p_{C1} - \overline{p}_{C1}}{\overline{p}_{C1}}$$

其中，$\overline{x}$ 和 $\overline{p}$ 分别代表上一年的已知消费量及其价格，如果 x 和 p 的计算结果与 $\overline{x}$ 和 $\overline{p}$ 没有显著差异，则认为该近似法是合理的。

用上述近似线性关系替代前两个约束和目标函数中的 x 变量后，得到如下模型：

$$\max -6492p_M^2 - 1200p_B^2 - 220p_{C1}^2 - 34p_{C2}^2 + 53p_{C1}p_{C2} +$$
$$6748p_M + 1184p_B + 420p_{C1} + 70p_{C2}$$
$$\text{s.t.} \quad 260p_M + 960p_B + 70.25p_{C1} - 0.6p_{C2} \geqslant 782$$
$$584p_M + 24p_B + 55.2p_{C1} + 5.8p_{C2} \geqslant 35$$
$$4.82p_M + 0.32p_B + 0.21p_{C1} + 0.07p_{C2} \geqslant 1.939$$

此外，有必要确定变量 x 的非负性条件，其表达形式为

$$p_M \leqslant 1.039, \quad p_B \leqslant 0.987$$
$$220p_{C1} - 26p_{C2} \leqslant 420$$
$$-27p_{C1} + 34p_{C2} \leqslant 70$$

此时生成的是一个二次规划模型，这是因为目标函数中有二次项，此时可采用能得到局部最优值的特殊算法，如 Beale（1959）指出的算法。为使用标准软件求解该模型（如果没有二次规划工具），则需要将其转换为可分离形式，并通过分段线性表达式粗略估计非线性项。

为将模型变成可分离形式，可以去掉目标函数中的 $p_{C1}p_{C2}$。通过引入一个新变量 q 和以下约束来实现：

$$p_{C1} - p_{C2} - 0.194q = 0$$

允许 q 为负值很重要，如有必要，可以将其作为"自由"变量并入模型。

然后目标函数就可以写成可分离的形式：

$$-6492p_M^2 -1200p_B^2 -194p_{C1}^2 -8p_{C2}^2 -q^2 +6748p_M +1184p_B +420p_{C1} +70p_{C2}$$

可以证明，变换后模型是凸的（如 7.2 节所述），由于对非线性函数采用分段线性近似法，也就没有只能得到局部最优值的风险。事实上，使用常规的单纯形算法就足够了，可求得真正的（全局）最优值。

由于无法保证这种模型（如果价格弹性不同）总是凸的，因此有必要使用整数规划，以此保证全局最优或可分离规划以生成局部最优解。

第四部分给出的解基于网格方法，其中 p_i，$q\,p_i^2$ 和 q^2 以 0.05 的间隔进行网格化处理，只需在 p_i 和 q 的可取值范围内界定该网格。这些取值范围可通过检查模型的约束，或通过使用线性规划来连续地求最大化和最小化，从而找到变量 p_i 和 q 的值。

13.22　效率分析

数据包络分析（DEA）有诸多线性规划形式。Farrell（1957）、Charnes 等人（1978）和 Thanassoulis 等人（1987）对该主题进行了更全面的论述。本节给出的表述在 Land（1991）的文章中有详细说明。应该指出的是，该问题还有一个常用的对偶表述，前提是找到输入与输出的加权比，而该表述在上述参考文献中有介绍。

对于车库 j，假设其有 6 个输入（记为 a_{1j} 到 a_{6j}），3 个输出（记为 a_{7j} 到 a_{9j}）。如果选择一个特定的车库 k，需要找到 28 个车库的混合组合，使其组合输入不超过车库 k 的输入，但其组合输出会超过车库 k 的输出。设每个车库有 x_j 个单位，此时约束为

$$\sum_j a_{ij}x_j \leqslant a_{ik}\,,\quad i=1,2,\cdots,6$$

$$\sum_j a_{ij}x_j \geqslant a_{ik}w\,,\quad i=7,8,9$$

$$x_j,w \geqslant 0\,,\quad j=1,2,\cdots,28$$

如果选择使 w 最大化，则只需使 w 大于 1。选择一个混合车库，其组合输入不超过所研究的车库 k 的输入，但其组合输出超过车库 k 的某些输出，从而证明了车库 k 的效率低于该混合车库，此时 $1/w$ 通常被称为效率值。

如果无法找到此类混合车库，那么结果只能是使用车库中的某一个单位，导致 w 的值为 1。

为了求解该问题，需要对每个 k 值求解本模型 28 次，而利用一些建模/优化系统，可自动执行此操作。

13.23　牛奶收集

牛奶收集问题是旅行推销员问题的延伸，其基本表述参见 9.5 节，本节对 9.5 节内容进行了扩展。

13.23.1　变量

$$x_{ijk} = \begin{cases} 1, & \text{如果第 } k \text{ 天的行程直接在农场 } i \text{ 和 } j \text{ 之间（任意方向），} i < j, k = 1, 2 \\ 0, & \text{否则} \end{cases}$$

$$y_{ik} = \begin{cases} 1, & \text{如果在第 } k \text{ 天的行程中到访农场 } i, \ i = 11 \sim 21, \ k = 1, 2 \\ 0, & \text{否则} \end{cases}$$

13.23.2　约束条件

有限的罐车容量如下：

$$\text{对于 } k = 1, 2, \quad \sum_i K_i y_{ik} \leqslant C$$

式中，K_i 是农场 i 的每日取货需求，C 是罐车容量。

每隔一天到访一些农场的限制如下：

$$\text{对于 } i = 11 \sim 21, \quad y_{i1} + y_{i2} = 1$$

每次行程都需到访"每日"农场：

$$\text{对于 } i = 1 \sim 10, k = 1, 2, \quad \sum_{j>i} x_{ijk} + \sum_{j<i} x_{jik} = 2$$

选中的日子需要到访"隔日"农场：

$$\text{对于 } i = 11 \sim 21, k = 1, 2, \quad \sum_{j>i} x_{ijk} + \sum_{j<i} x_{jik} - 2y_{ik} = 0$$

考虑到第 10 章所述事项，这些约束对相关的线性规划实施了放宽处理，使模型更易求解：

$$\text{对于 } i = 11 \sim 21, j = 11 \sim 21, j > i, k = 1, 2, \ x_{ijk} - y_{ik} \leqslant 0$$
$$\text{对于 } i = 11 \sim 21, j = 1 \sim 21, j > i, k = 1, 2, \ x_{jik} - y_{ik} \leqslant 0$$

为防止出现不必要（且计算成本更高）的对称替代解（切换到访农场的日期），可将 $y_{11,1}$ 设置为 1，强制在第一天到访农场 11。

13.23.3　目标函数

$$\min \sum_{\substack{i,j \\ i<j}} c_{ij} x_{ij}$$

式中，c_{ij} 是农场 i 和农场 j 之间的距离。

该模型有 65 个约束和 442 个变量（均为 0-1 变量）。

由于该模型是对真实模型的一种松弛表达（已忽略子路径排除约束），在优化过程中，有必要以类似于旅行推销员问题中的解决方式添加约束，如 9.5 节所述。

13.24　收益管理

为求解该问题，需建立一个随机规划模型（如 1.2 节所述），这是一个三期模型。第一次求解模型，将得到出发后 3 周及所有可能情况下随后几周的推荐价格水平和销售额，为使预期收益最大化，需考虑这些情景的概率。1 周后，模型将重新运行，考虑到第 1 周的承诺销售额和收入，以重新确定所有可能的情况下第 2 周和第 3 周的推荐价格和销售额（有"追索权"），该过程将在 1 周后再次重复。

13.24.1　变量

$$p_{1ch} = \begin{cases} 1, & \text{如果在第1周为}c\text{舱选择价格选项}h \\ 0, & \text{否则}（c=1,2,3, \; h=1,2,3） \end{cases}$$

$$p_{2ich} = \begin{cases} 1, & \text{如果在第 2 周为第}c\text{舱选择价格选项}h\text{作为第 1 周情景}i\text{的结果} \\ 0, & \text{否则}（c=1,2,3, \; h=1,2,3, \; i=1,2,3） \end{cases}$$

$$p_{3ijch} = \begin{cases} 1, & \text{如果在第 3 周为类别}c\text{选择价格选项}h\text{作为第 1 周情景}i\text{和第 2 周} \\ & \text{情景}j\text{的结果} \\ 0, & \text{否则} \end{cases}$$

$s_{1ich}=$ 在价格选项 h 和情景 i 下第 1 周售出的 c 舱票数

$s_{2ijch}=$ 如果情景 i 在第 1 周、情景 j 在第 2 周成立，则在价格选项 h 下第 2 周售出的 c 舱票数

$s_{3ijkch}=$ 如果情景 i 在第 1 周、情景 j 在第 2 周、情景 k 在第 3 周成立，则在价格选项 h 下第 3 周售出的 c 舱票数

$r_{1ich}=$ 价格选项 h 和情景 i 下 c 舱第 1 周的收入

r_{2ijch} = 如果情景 i 在第 1 周、情景 j 在第 2 周成立，则在价格选项 h 下 c 舱第 2 周的收入

r_{3ijkch} = 如果情景 i 在第 1 周、情景 j 在第 2 周、情景 k 在第 3 周成立，则在价格选项 h 下 c 舱第 3 周的收入

u_{ijkc} = 连续几周在情景 i,j,k 下 c 舱的松弛容量

v_{ijkc} = 连续几周在情景 i,j,k 下 c 舱的过剩容量

n = 执行飞行任务的飞机数

这里有必要使 p 为 0-1 变量，但可将 s 变量视为连续变量，并对其值进行四舍五入处理。

13.24.2　约束条件

在某些情景下，如果选择了特定的价格选项，销售额将很难超过预估数值，而收入必须是价格和销售额的乘积，因此可通过 9.2 节所述方法对连续变量和 0-1 整数变量的乘积进行建模，从而施加以下约束条件。

$$r_{1ich} - P_{1ch}s_{1ich} \leq 0$$

对于任意 i, c, h,　$P_{1ch}s_{1ich} - r_{1ich} + P_{1ch}D_{1ich}P_{1ch} \leq P_{1ch}D_{1ich}$

$$r_{2ijch} - P_{2ich}s_{2ijch} \leq 0$$

对于任意 i, j, c, h,　$P_{2ich}s_{2ijch} - r_{2ijch} + P_{2ich}D_{2jch}P_{2ich} \leq P_{2ich}D_{2jch}$

$$r_{3ijkch} - P_{3ijch}s_{3ijkch} \leq 0$$

对于任意 i, j, k, c, h,　$P_{3ijch}s_{3ijkch} - r_{3ijkch} + P_{3ijch}D_{3kch}P_{3ijch} \leq P_{3ijch}D_{3kch}$

其中，P 和 D 分别代表相应时段、情景、舱级和选项下给定的价格和需求。

所有场景都必须符合座位量要求：

对于任意 i, j, k, c,　$s_{1ich} + s_{2ijch} + s_{3ijkch} + u_{ijkc} - v_{ijkc} - C_c n \leq 0$

其中，C_c 是每架飞机 c 舱的给定容量，且可在舱级之间进行调整：

$$v_{ijkc} - 0.1C_c \leq 0$$

对于任意 i, j, k, c,　$v_{ijkc} - 0.1C_c \leq 0$

对于任意 i, j, k,　$\sum_c u_{ijkc} - \sum_c v_{ijkc} = 0$

在每组场景下的每个舱级中都必须选择一个确切的价格选项：

对于任意 c,　$\sum_h p_{1ch} = 1$

对于任意 c,　$\sum_h p_{2ich} = 1$

对于任意 c, $$\sum_h p_{3ijch} = 1$$

上述约束集可以用 SOS1 集合来替换，而无须指明 p 变量为整数。

售出数量不能超过需求：

对于任意 i, c, h, $\qquad s_{1ich} \leqslant D_{1ich} p_{1ch}$

对于任意 i, j, c, h, $\qquad s_{2ijch} \leqslant D_{2jch} p_{2ich}$

对于任意 i, j, k, c, h, $\qquad s_{3ijkch} \leqslant D_{3kch} p_{3ijch}$

最多 6 架飞机可用：
$$n \leqslant 6$$

13.24.3　目标函数

$$\max \quad \sum_{i,c,h} Q_i r_{1ich} + \sum_{i,j,c,h} Q_i Q_j r_{2ijch} + \sum_{i,j,k,c,h} Q_i Q_j Q_k r_{3ijkch} - 50n$$

其中，Q_i 是情景 i 的概率。

该模型包括 1200 个约束、1 个界限和 982 个变量，其中 117 个是 0-1 整数变量，1 个是一般整数变量。

在数据定义中，需确保各场景中的需求量覆盖极端情况及最可能情形，同样地，模型解中推荐销售量将不超过最极端场景的预测量。从本例可以看出，最终需求量（基于后见之明）在部分情况下超出所有场景预测量，因此，该解将无法实现满足全部需求的销售量。

后续周次的模型（含追索权的情况）可以通过固定已过周次的价格与销售量，根据本模型拓展得到。

13.25　汽车租赁 1

可将汽车租赁问题建模为确定性线性规划问题，但这里建议将其建模为随机规划，为此，需获取数据来量化不确定的需求。

13.25.1　下标说明

i, j 表示地点（格拉斯哥、曼彻斯特、伯明翰、普利茅斯）。

t 表示星期（周一、周二、周三、周四、周五、周六）。

k 表示租赁天数（1, 2, 3）。

尽管这是一个"动态"问题，但应寻求稳态解，因此可将相应时间看作不断重复的"循环"，即一周中的星期一"紧随"上一个星期六之后；也就是说，如果 $t=$ 星期一，则 $t-1=$ 星期六。

13.25.2 给定数据的表达

其中使用的数量表述如下：

$D_{it}=$ 第 t 天网点 i 的估计租赁需求，具体数据参见表 12.24

$P_{ij}=$ 从网点 i 租用的汽车还到网点 j 的比例

$C_{ij}=$ 车辆从网点 i 转移到网点 j 的成本，见表 12.26

$Q_k=$ 租车 k 天的比例

$R_i=$ 网点 i 的维修能力

$RCA_k=k$ 天的租赁费，还至取车网点，见表 12.27

$RCB_k=k$ 天的租赁费，还至异地网点，见表 12.27

$RCC=$ 周六的租赁费，周一还至取车网点

$RCD=$ 周六的租赁费，周一还至异地网点

$CS_k=$ 对于任意 i,t，公司租车 k 天的边际成本

13.25.3 变量

$n=$ 拥有的车辆总数

$nu_{it}=$ 对于任意 i,t，在第 t 天开始时，网点 i 所有未受损车辆数

$nd_{it}=$ 对于任意 i,t，从第 t 天开始时，网点 i 受损车辆数

$tr_{it}=$ 对于任意 i,t，从第 t 天开始时，网点 i 租出的车辆数

$eu_{it}=$ 对于任意 i,t，第 t 天内，留在网点 i 的未受损车辆数

$ed_{it}=$ 对于任意 i,t，第 t 天内，留在网点 i 的受损车辆数

$tu_{ijt}=$ 对于任意 i,j,t，第 t 天开始时，网点 i 所有未受损将被转移到网点 j 的车辆数

$td_{ijt}=$ 对于任意 i,j,t，第 t 天开始时，网点 i 所有受损将被转移到网点 j 的车辆数

$rp_{it}=$ 对于任意 i,t，当天在网点 i 维修的受损车辆数

13.25.4 约束条件

第 t 天进入网点 i 的未受损车辆总数：

Note

对于任意 $i, t,\quad \sum_{jk} 0.9 P_{ji} Q_k \text{tr}_{j,t-k} + \sum_j \text{tu}_{ji,t-1} + \text{rp}_{i,t-1} + \text{eu}_{i,t-1} = \text{nu}_{it}$

第 t 天进入网点 i 的受损车辆总数为

对于任意 $i, t,\quad \sum_{jk} 0.1 P_{ji} Q_k \text{tr}_{j,t-k} + \sum_j \text{td}_{ji,t-1} + \text{ed}_{i,t-1} = \text{nd}_{it}$

第 t 天离开网点 i 的未受损车辆总数为

对于任意 $i, t,\quad \text{tr}_{it} + \sum_j \text{tu}_{ijt} + \text{rp}_{i,t-1} + \text{eu}_{it} = \text{nu}_{it}$

第 t 天离开网点 i 的受损车辆总数为

对于任意 $i, t,\quad \text{rp}_{i,t-1} + \sum_j \text{td}_{ijt} + \text{ed}_{it} = \text{nd}_{it}$

所有天内网点 i 的维修能力为

对于任意 $i, t\quad \text{rp}_{it} \leqslant R_i$

第 t 天网点 i 的需求为

对于任意 $i, t\quad \text{tr}_{it} \leqslant D_{it}$

车辆总数 n 等于周一从所有网点租用的为期 3 天的车辆数，加上周二租用的为期 2 天或 3 天的车辆数，再加上周三开始网点内所有受损和未受损车辆数。

对于任意 $i,\quad \sum_i (0.25\text{tr}_{i1} + 0.45\text{tr}_{i2} + \text{nu}_{i2} + \text{nd}_{i2}) = n$

13.25.5　目标函数

需注意，每辆出租车的利润中已计入 10 英镑附加费，该项反映出对归还时 10% 的受损车辆收取 100 英镑赔偿金的预期分摊成本。

$$\text{利润} = \sum_{itk, t \neq \text{SATURDAY}} P_{ii} Q_k (\text{RCA}_k - \text{CS}_k + 10) \text{tr}_{it} +$$

$$\sum_{ijtk, t \neq \text{SATURDAY}} P_{ij} Q_k (\text{RCB}_k - \text{CS}_k + 10) \text{tr}_{it} +$$

$$\sum_{i, t = \text{SATURDAY}} P_{ii} Q_1 (\text{RCC} - \text{CS}_1 + 10) \text{tr}_{it} +$$

$$\sum_{i, t = \text{SATURDAY}} P_{ij} Q_1 (\text{RCD} - \text{CS} + 10) \text{tr}_{it} +$$

$$\sum_{i, t = \text{SATURDAY}} P_{ii} Q_k (\text{RCA}_k - \text{CS}_k + 10) \text{tr}_{it} + \sum_{i, t = \text{SATURDAY}} P_{ij} Q_k (\text{RCB}_k - \text{CS}_k + 10) \text{tr}_{it} -$$

$$\sum_{ijt} C_{ij} \text{tu}_{ijt} - \sum_{ijt} C_{ij} \text{td}_{ijt} - 15n$$

该模型总共有 84 个约束和 337 个变量。

Note

这里不需要限制 w_{ijkl} 为非负，可将其视为"自由"变量，这样做有助于降低模型的求解难度。

13.26　汽车租赁 2

引入以下 0-1 变量，并解释如下：

$\delta_{B1} = 1$，表示伯明翰维修能力每天增加 5 辆。

$\delta_{B2} = 1$，表示伯明翰维修能力每天再额外增加 5 辆。

$\delta_{M1} = 1$，表示曼彻斯特维修能力每天增加 5 辆。

$\delta_{M2} = 1$，表示曼彻斯特维修能力每天再额外增加 5 辆。

$\delta_{P} = 1$，表示普利茅斯维修能力每天增加 5 辆。

在目标函数中加入以下表达式：

$$18000\delta_{B1} + 8000\delta_{B2} + 20000\delta_{M1} + 5000\delta_{M2} + 19000\delta_{P}$$

添加以下附加约束：

$$\delta_{B1} \geqslant \delta_{B2}, \delta_{M1} \geqslant \delta_{M2}, \delta_{B1} + \delta_{B2} + \delta_{M1} + \delta_{M2} + \delta_{P} \leqslant 3$$

以及伯明翰、曼彻斯特和普利茅斯的维修能力约束分别增加 $5\delta_{B1} + 5\delta_{B2}$，$5\delta_{M1} + 5\delta_{M2}$ 和 $5\delta_{P}$。

13.27　遗失行李的配送

我们将该问题构建为整数规划模型。此模型是 9.5 节所讨论旅行商问题（TSP）的扩展形式，可归类为车辆路径问题（VRP）的简化特例。在本问题中不考虑车辆容量约束和各配送点的时间窗限制（仅考虑总时长 2 小时的送达承诺）。然而，当地点数量规模稍大时，此问题求解难度仍然偏高，且易形成为超大规模模型。现有多种建模方法，但不同模型间的规模与求解难度差异显著。我们提出的模型在规模与计算可处理性上均具有实践价值。

尽管问题具有对称性（即 X 至 Y 距离恒等于 Y 至 X），但采用旅行商问题的非对称建模框架，实现了：当厢式货车完成全部配送后，其返回希思罗机场的"时间"被设定为 0，由此可确保仅末次配送前的总耗时计入 2 小时时限，因此，问题

Note

转化为：每辆车需从希思罗机场出发，寻求一条哈密顿路径（Hamiltonian path，区别于回路 circuit）。

13.27.1　变量

所有变量均为 0-1 变量或整数变量，解释如下：

- $x_{ijk} = 1$，对于任意 i, j, k，当且仅当货车 k 运送，且直接从地点 i 到 j 时取值为 1。
- $y_{ik} = 1$，对于任意 i, k，当且仅当货车 k 到达地点 i 时。
- $\delta_k = 1$，当且仅当使用货车 k。

13.27.2　目标函数

目标函数为最小化 $\sum_k \delta_k$，即最小化所用货车的数量。

13.27.3　约束条件

对于任意 $i > 1k$，如有 $y_{ik} \leqslant \delta_k$，表明如果货车 k 到达某地点，那么其一定会被使用。

对于任意 k，$\sum_{i<j} c_{ij} x_{ijk} + \sum_{i>j: j \neq 1} c_{ji} x_{jik} \leqslant 120$，表明如果没有货车行驶时间超过 2 小时，则不计算任何地点返回希思罗机场的时间。

对于任意 i（除了 $i = 1$ 时，对应为希思罗机场），$\sum_k y_{ik} = 1$，刻画出只有一辆货车抵达一个地点的条件。

$\sum_k y_{1k} \geqslant \sum_k \delta_k$（对应于每辆货车都须抵达希思罗机场）。

$\sum_i x_{ijk} = y_{ik}$（对于任意 j, k，对应：如果货车 k 到达地点 j，那么相应只有一个进入的"连接"）。

$\sum_i x_{jik} = y_{ik}$（对于任意 j, k，对应：如果货车 k 到达地点 j，那么相应只有一个离去的"连接"）。

为避免出现很多对称解（互换相同货车），可规定

$$\sum_i y_{i1} \geqslant \sum_i y_{i2} \geqslant \cdots \geqslant \sum_i y_{i6}$$

该模型有 290 个约束和 1356 个变量（均为整数）。

Note

这里是真实模型的松弛形式，其中已忽略子回路消除约束，实际中一般要添加此类约束，而在软件中，这类工作可自动实现。

在确定所需的最小货车数量即确定了变量 δ_k 的值后，可将松弛变量引入时间限制约束并最小化其最大值。

13.28 蛋白质折叠

定义以下二进制变量：

$x_{ij} = 1$，当且仅当疏水氨基酸 i 与氨基酸 j（$i < j$）匹配（不包括由于氨基酸在链中连续而产生的预定匹配）时。

$y_i = 1$，当且仅当蛋白质链中第 i 个和第（$i+1$）个氨基酸之间发生折叠时。

可以匹配每一对疏水氨基酸 i 和 j，如果：①它们不连续，即已经匹配；②链中彼此之间氨基酸的数量有偶数个；③i 和 j 之间恰好有一处折叠。这产生以下约束：

对于任意 k 和 i, j，$y_k + x_{ij} \leq 1$，这里：$i \leq k < j$ 且 $k \neq (i+j-1)/2$。

对于任意 i, j，$x_{ij} = y_{(i+j-1)/2}$，这里：（$i+j-1$）均为偶数。

目标函数为

$$\max \quad \sum_{ij} x_{ij}$$

该模型有 1190 个约束和 96 个二进制变量。

13.29 蛋白质比较

该问题有许多整数规划的表达形式［参考 Forrest 和 Greenberg（2008）的论文］，下面给出一个规模较大的模型，对于当前研究的实例来说，该模型是可求解的。

定义以下变量：

$x_{ij} = 1$，当且仅当 G 1 中的节点 i 与 G 2 中的节点 j 配对。

$w_{ijkl} = 1$，当且仅当（i, k）是 G 1 中的一条边，且这条边与 G 2 中的边（j, l）配对。

目标是

$$\max \quad \sum_{ijkl} w_{ijkl}$$

s.t. $\sum_i x_{ij} \leq 1$（对于任意 j，G1 中的任何节点都不能与 G2 中超过一个以上的节点配对）

$\sum_j x_{ij} \leq 1$，（对于任意 i，G2 中的任何节点都不能与 G1 中超过一个以上的节点配对）

$w_{ijkl} \leq x_{ij}$，$w_{ijkl} \leq x_{kl}$ ［如果边 (i, k) 和 (j, l) 配对，则相应的节点也应配对］

$x_{ij} + x_{kl} \leq 1$（如果 $i < k$ 但 $l < j$，则不能有交叉）

该模型有 2160 个约束和 179 个变量，无须规定 80 个 w_{ijkl} 变量为整数，因为模型将自动满足该条件，也没必要将 w_{ijkl} 约束为非负，可将其保持为"自由"变量。这样有助于降低模型求解难度。

第四部分

第14章

问题的解

本节给出了第二部分中问题的最优解，给出解的主要目的是帮助读者检查自己针对相同问题求得的解，本节给出的所有解都来自第三部分中提出的模型。如6.2节所述，有时可能存在不少的最优解，尽管目标函数的最优值必然是唯一的。

如果读者所得解与本节给出的不同，应尝试使用6.1节所述原理来验证一下。在许多情况下，采用本节给出的解符合现实，可表示当前建模情形下的决策实际情况，然后可根据该解来验证算得的不同解。

14.1 食品加工1

求解13.1节中的模型，得到表14.1，它给出了食品加工1模型对应的最优策略。

表 14.1 食品加工 1 模型对应的最优策略

月份	购买	使用	储存
1 月	无	22.2 吨 VEG 1	477.8 吨 VEG 1
		177.8 吨 VEG 2	322.2 吨 VEG 2
		250 吨 OIL 3	500 吨 OIL 1

续表

月份	购买	使用	储存
1 月	无		500 吨 OIL 2
			250 吨 OIL 3
2 月	250 吨 OIL 2	200 吨 VEG 2	477.8 吨 VEG 1
		250 吨 OIL 3	122.2 吨 VEG 2
			500 吨 OIL 1
			750 吨 OIL 2
3 月	无	159.3 吨 VEG 1	318.5 吨 VEG 1
		40.7 吨 VEG 2	81.5 吨 VEG 2
		250 吨 OIL 2	500 吨 OIL 1
			500 吨 OIL 2
4 月	无	159.3 吨 VEG 1	159.3 吨 VEG 1
		40.7 吨 VEG 2	40.7 吨 VEG 2
		250 吨 OIL 2	500 吨 OIL 1
			250 吨 OIL 2
5 月	500 吨 OIL 3	159.3 吨 VEG 1	500 吨 OIL 1
		40.7 吨 VEG 2	500 吨 OIL 3
		250 吨 OIL 2	
6 月	659.3 吨 VEG 1	159.3 吨 VEG 1	500 吨
	540.7 吨 VEG 2	40.7 吨 VEG 2	每种油
	750 吨 OIL 2	250 吨 OIL 2	（规定）

根据该策略得到的利润（销售收入-粗制油成本）为 107843 英镑，其包括上月的储存成本。

同时，该问题存在替代最优解。

14.2 食品加工 2

考虑 13.2 节中的模型，事实证明，该模型相对很难求解，而表 14.2 给出了该模型的最优解。

表 14.2 食品加工 2 模型的最优解

月份	购买	使用	储存
1 月	无	85.2 吨 VEG 1	414.8 吨 VEG 1
		114.8 吨 VEG 2	385.2 吨 VEG 2

月份	购买	使用	储存
1 月	无	250 吨 OIL 3	500 吨 OIL 1
			500 吨 OIL 2
			250 吨 OIL 3
2 月	190 吨 OIL 2	200 吨 VEG 2	414.8 吨 VEG 1
		230 吨 OIL 2	185.2 吨 VEG 2
		20 吨 OIL 3	500 吨 OIL 1
			460 吨 OIL 2
			230 吨 OIL 3
3 月	580 吨 OIL 3	85.2 吨 VEG 1	329.6 吨 VEG 1
		114.8 吨 VEG 2	70.4 吨 VEG 2
		250 吨 OIL 3	500 吨 OIL 1
			460 吨 OIL 2
			560 吨 OIL 3
4 月	无	155 吨 VEG 1	174.6 吨 VEG 1
		230 吨 OIL 2	70.4 吨 VEG 2
		20 吨 OIL 3	500 吨 OIL 1
			230 吨 OIL 2
			540 吨 OIL 3
5 月	无	250 吨 VEG 1	19.6 吨 VEG 1
		230 吨 OIL 2	70.4 吨 VEG 2
		20 吨 OIL 3	500 吨 OIL 1
			520 吨 OIL 3
6 月	480.4 吨 VEG 1	200 吨 VEG 2	每种油
	629.6 吨 VEG 2	230 吨 OIL 2	依规定 500 吨
	730 吨 OIL 2	20 吨 OIL 3	

　　根据该策略计算得出的利润（销售收入-粗制油成本）为 100279 英镑，但还有其他同样优秀的解决方案。该解是在检查了 645 个节点后得出的，总共检查了 2007 个节点来证明其最优性。

14.3　工厂生产计划 1

　　求解 13.3 节中的模型，表 14.3 给出了一种最优策略，利用该策略得到的总利润为 93715 英镑。

表 14.3 工厂生产计划 1 对应的最优策略

月份	生产（件）	销售（件）	储存（件）
1 月	500 PROD 1	500 PROD 1	
	888.6 PROD 2	888.6 PROD 2	
	382.5 PROD 3	300 PROD 3	82.5 PROD 3
	300 PROD 4	300 PROD 4	
	800 PROD 5	800 PROD 5	
	200 PROD 6	200 PROD 6	
2 月	700 PROD 1	600 PROD 1	100 PROD 1
	600 PROD 2	500 PROD 2	100 PROD 2
	117.5 PROD 3	200 PROD 3	100 PROD 5
	500 PROD 5	400 PROD 5	100 PROD 7
	300 PROD 6	300 PROD 6	
	250 PROD 7	150 PROD 7	
3 月		100 PROD 1	
		100 PROD 2	
	400 PROD 6	100 PROD 5	无
		400 PROD 6	
		100 PROD 7	
4 月	200 PROD 1	200 PROD 1	
	300 PROD 2	300 PROD 2	
	400 PROD 3	400 PROD 3	无
	500 PROD 4	500 PROD 4	
	200 PROD 5	200 PROD 5	
	100 PROD 7	100 PROD 7	
5 月	100 PROD 2	100 PROD 2	100 PROD 3
	600 PROD 3	500 PROD 3	100 PROD 5
	100 PROD 4	100 PROD 4	100 PROD 7
	1100 PROD 5	1000 PROD 5	
	300 PROD 6	300 PROD 6	
	100 PROD 7		
6 月	550 PROD 1	500 PROD 1	约定每个产品 50
	550 PROD 2	500 PROD 2	
	350 PROD 4	50 PROD 3	
		300 PROD 4	
	550 PROD 6	50 PROD 5	
		500 PROD 6	
		50 PROD 7	

在适当的约束下，可从影子价格中获得购买新机器的价值信息。当特定类型的机器满负荷运转时，特定月份的每小时附加价值如下：

月份	满负荷运转的机器	价值（英镑）
1 月	磨床	8.57
2 月	立钻	0.625
3 月	镗床	200[①]

注：①3 月未投入使用镗床，而上面的数据显示将其投入使用的价值很高，但这些数字仅给出能力增加的边际值，因此只能用作参考指标，如 6.2 节所述。

14.4 工厂生产计划 2

在工厂生产管理方面，求解 13.4 节中的模型，得到有多种最佳机器维护安排可供选择，其中一个安排如下，接下来几个月的机器停机维护计划如下：

1 月	—
2 月	一台立钻，一台卧钻
3 月	一台磨床，两台卧钻
4 月	一台磨床，一台钻孔机，一台刨床
5 月	一台立钻
6 月	—

这导致的产销计划如表 14.4 所示，而根据这些计划可实现总利润 108855 英镑。

因此，通过实施最佳维护安排，而不是"工厂生产计划"中强加的维护安排，可在 6 个月内获得 15140 英镑的收益。

表 14.4 工厂生产计划问题中的产销计划

月份	生产	销售	储存
1 月	500 吨 PROD 1	500 吨 PROD 1	无
	1000 吨 PROD 2	1000 吨 PROD 2	
	300 吨 PROD 3	300 吨 PROD 3	
	300 吨 PROD 4	300 吨 PROD 4	
	800 吨 PROD 5	800 吨 PROD 5	
	200 吨 PROD 6	200 吨 PROD 6	
	100 吨 PROD 7	100 吨 PROD 7	
2 月	600 吨 PROD 1	600 吨 PROD 1	无
	500 吨 PROD 2	500 吨 PROD 2	
	200 吨 PROD 3	200 吨 PROD 3	
	400 吨 PROD 5	400 吨 PROD 5	

续表

月份	生产	销售	储存
2月	300 吨 PROD 6	300 吨 PROD 6	
	150 吨 PROD 7	150 吨 PROD 7	
3月	400 吨 PROD 1	300 吨 PROD 1	100 吨 PROD 1
	700 吨 PROD 2	600 吨 PROD 2	100 吨 PROD 2
	100 吨 PROD 3		100 吨 PROD 3
	100 吨 PROD 4		100 吨 PROD 4
	600 吨 PROD 5	500 吨 PROD 5	100 吨 PROD 5
	400 吨 PROD 6	400 吨 PROD 6	
	200 吨 PROD 7	100 吨 PROD 7	100 吨 PROD 7
4月	无	100 吨 PROD 1	
	100 吨 PROD 2	100 吨 PROD 2	
	100 吨 PROD 3	100 吨 PROD 3	
	100 吨 PROD 4	100 吨 PROD 4	无
	100 吨 PROD 5	100 吨 PROD 5	
	100 吨 PROD 7	100 吨 PROD 7	
5月	100 吨 PROD 2	100 吨 PROD 2	
	500 吨 PROD 3	500 吨 PROD 3	
	100 吨 PROD 4	100 吨 PROD 4	无
	1000 吨 PROD 5	1000 吨 PROD 5	
	300 吨 PROD 6	300 吨 PROD 6	
6月	550 吨 PROD 1	500 吨 PROD 1	50 吨 PROD 1
	550 吨 PROD 2	500 吨 PROD 2	50 吨 PROD 2
	150 吨 PROD 3	100 吨 PROD 3	50 吨 PROD 3
	350 吨 PROD 4	300 吨 PROD 4	50 吨 PROD 4
	1150 吨 PROD 5	1100 吨 PROD 5	50 吨 PROD 5
	550 吨 PROD 6	500 吨 PROD 6	50 吨 PROD 6
	110 吨 PROD 7	60 吨 PROD 7	50 吨 PROD 7

该解在 191 个节点中获得。工厂生产计划解的最佳目标值为 93715 英镑，可将其用作目标切点值，因为它对应于已知整数解，而要证明该解的最优性，则共需要 3320 个节点。

14.5 人力规划

求解 13.5 节中的模型，目标是最小化裁员人数，综合策略如下。

招聘人数为

	非熟练工（人）	半熟练工（人）	熟练工（人）
第 1 年	0	0	0
第 2 年	0	649	500
第 3 年	0	677	500

再培训与降级人数为

	非熟练工到半熟练工（人）	半熟练工到熟练工（人）	半熟练到非熟练工（人）	熟练工到非熟练工（人）	熟练工到半熟练工（人）
第 1 年	200	256	0	0	168
第 2 年	200	80	0	0	0
第 3 年	200	132	0	0	0

裁员人数为

	非熟练工（人）	半熟练工（人）	熟练工（人）
第 1 年	445	0	0
第 2 年	164	0	0
第 3 年	232	0	0

短期工作人数为

	非熟练工（人）	半熟练工（人）	熟练工（人）
第 1 年	50	50	50
第 2 年	50	0	0
第 3 年	50	0	0

人员过剩数为

	非熟练工（人）	半熟练工（人）	熟练工（人）
第 1 年	130	18	0
第 2 年	150	0	0
第 3 年	150	0	0

通过实施上述策略，3 年内总共裁员 842 人，如果将目标调整为最小化成本，则最优策略如下。

招聘人数为

	非熟练工（人）	半熟练工（人）	熟练工（人）
第 1 年	0	0	55
第 2 年	0	800	500
第 3 年	0	800	500

再培训与降级人数为

	非熟练工到 半熟练工（人）	半熟练工到 熟练工（人）	半熟练到 非熟练工（人）	熟练工到 半熟练工（人）	熟练工到 半熟练工（人）
第 1 年	0	0	25	0	0
第 2 年	142	105	0	0	0
第 3 年	96	132	0	0	0

裁员人数为

	非熟练工（人）	半熟练工（人）	熟练工（人）
第 1 年	812	0	0
第 2 年	258	0	0
第 3 年	354	0	0

短期工作人数为

	非熟练工（人）	半熟练工（人）	熟练工（人）
第 1 年	0	0	0
第 2 年	0	0	0
第 3 年	0	0	0

人员过剩数为

	非熟练工（人）	半熟练工（人）	熟练工（人）
第 1 年	0	0	0
第 2 年	0	0	0
第 3 年	0	0	0

这一策略在 3 年内花费为 498677 英镑，总共裁员 1424 人。

显然，成本最小化而不是人数最少可节省 939706 英镑，但也会导致额外多增加 582 人被裁。

因此，每项工作平均可节省的成本（最小化裁员时）约为 1615 英镑。

14.6　炼油优化

通过求解 13.6 节中的模型，得到最优解，对应利润为 211365 英镑，模型中各变量最优值如下：

变量	取值	变量	取值
CRA	15000	MNPMF	3537
CRB	30000	MNRMF	6962
LN	6000	HNPMF	0
MN	10500	HNRMF	2993
HN	8400	RGPMF	1344
LO	4200	RGRMF	1089
HO	8700	CGPMF	1936
R	5550	CGRMF	0
LNRG	0	LOJF	0
MNRG	0	HOJF	4900
HNRG	5407	RJF	4550
RG	2433	COJF	5706
LOCGO	4200	RLBO	1000
HOCGO	3800	PMF	6818
CG	1936	RMF	17044
CO	5706	JF	15156
LNPMF	0	FO	0
LNRMF	6000	LBO	500

14.7　采矿

通过求解 13.7 节中的模型，得到最优解为每年开采以下矿山：

年份	开采矿山
第 1 年	矿山 1, 3, 4
第 2 年	矿山 2, 3, 4
第 3 年	矿山 1, 3
第 4 年	矿山 1, 2, 4
第 5 年	矿山 1, 2, 3

最优解对应的每年每座矿山开采的矿石数量如下（百万吨）：

年份	矿山 1	矿山 2	矿山 3	矿山 4
第 1 年	2.0	—	1.3	2.45
第 2 年	—	2.5	1.3	2.2
第 3 年	1.95	—	1.3	—
第 4 年	0.12	2.5	—	3.0
第 5 年	2.0	2.17	1.3	—

最优开采方案中，每年混合矿石产量（百万吨）如下：

年份	混合矿石产量
第 1 年	5.75
第 2 年	6.00
第 3 年	3.25
第 4 年	5.62
第 5 年	5.47

最优解对应的总利润为 1 亿 4684 万英镑。

14.8　农场规划

通过求解 13.8 节中的模型，得到最佳规划带来 5 年内总利润为 121719 英镑。每年详细计划如下：

年份	最优方案
第 1 年	在第 1 组土地上种 22 吨谷物
	种 91 吨甜菜
	购买 37 吨谷物
	出售 23 吨甜菜
	出售 31 头小母牛（剩下 23 头）

相应该年利润为 21906 英镑。

年份	最优方案
第 2 年	在第 1 组土地上种 22 吨谷物
	种 94 吨甜菜
	购买 35 吨谷物
	出售 27 吨甜菜
	出售 41 头小母牛（剩下 12 头）

相应该年利润为 21888 英镑。

年份	最优方案
第 3 年	在第 1 组土地上种 22 吨谷物
	在第 2 组土地上种 3 吨谷物
	种 98 吨甜菜
	购买 38 吨谷物
	出售 25 吨甜菜
	出售 57 头小母牛（剩下 0 头）

相应该年利润为 25816 英镑。

年份	最优方案
第 4 年	在第 1 组土地上种 22 吨谷物
	种 115 吨甜菜
	购买 40 吨谷物
	出售 42 吨甜菜
	出售 57 头小母牛（剩下 0 头）

相应该年利润为 26826 英镑。

年份	最优方案
第 5 年	在第 1 组土地上种 22 吨谷物
	种 131 吨甜菜
	购买 33 吨谷物
	出售 67 吨甜菜
	出售 51 头小母牛（剩下 0 头）

相应该年利润为 25283 英镑。

同时得到以下结论：

- 只是在第 1 年，牛棚的规模才限制了奶牛总数，故不应在扩建牛棚上投资。
- 在 5 年期结束时，将有 92 头奶牛。

正如第三部分所指出的，连续性约束有效地固定了连续年份中不断增加的奶牛数量。在此可用 3.4 节介绍的方法来简化模型，可先固定另外 18 个变量（除了原始模型中的 20 个变量），再删除 38 个约束。

14.9　经济规划

13.9 节中，在经济规划方面，设定了三个关键目标。

第一个目标是最大化第 5 年的总产能。表 14.5 所示的增长模式显示，第 5 年的总产能达到 21.42 亿英镑。

表 14.5 经济规划问题第一个目标对应的增长模式（单位：百万英镑）

变量	第 1 年	第 2 年	第 3 年	第 4 年	第 5 年
煤炭产能	300	300	300	489	1512
钢铁产能	350	350	350	350	350
运输能力	280	280	280	280	280
煤炭产值	260.4	293.4	300	17.9	166.4
钢铁产值	135.3	181.7	193.1	105.7	105.7
运输产值	140.7	200.6	267.2	92.3	92.3
人力需求	270.6	367	470	150	150
年底煤炭库存	0	0	0	148.4	0
年底钢材库存	0	0	0	0	0
年底运输库存	0	0	0	0	0

第二个目标为最大化第 4 年和第 5 年的总产量。表 14.6 所示的增长模式显示，这些年的总产值达到 26.19 亿英镑。

表 14.6 经济规划问题第二个目标对应的增长模式（单位：百万英镑）

变量	第 1 年	第 2 年	第 3 年	第 4 年	第 5 年
煤炭产能	300	430.5	430.5	430.5	430.5
钢铁产能	350	350	350	359.4	359.4
运输能力	280	280	280	519.4	519.4
煤炭产值	184.8	430.5	430.5	430.5	430.5
钢铁产值	86.7	153.3	182.9	359.4	359.4
运输产值	141.3	198.4	225.9	519.4	519.4
人力需求	344.6	384.2	470	470	150
年底煤炭库存	31.6	16.4	0	0	0
年底钢材库存	11.5	0	0	0	176.5
年底运输库存	0	0	0	0	0

第三个目标为最大化人力需求，表 14.7 所示的增长模式显示，总人力使用值达到 24.50 亿英镑。

表 14.7 经济规划问题第三个目标对应的增长模式（单位：百万英镑）

变量	第 1 年	第 2 年	第 3 年	第 4 年	第 5 年
煤炭产能	300	316	320	366	859.4
钢铁产能	350	350	350	350	350

Note

变量	第 1 年	第 2 年	第 3 年	第 4 年	第 5 年
运输能力	280	280	280	280	280
煤炭产值	251.8	316	319.8	366.3	859.4
钢铁产值	134.8	179	224.1	223.1	220
运输产值	143.6	181.7	280	279.1	276
人力需求	281.1	333.2	539.7	636.8	659.7
年底煤炭库存	0	0	0	0	0
年底钢材库存	11	0	0	0	0
年底运输库存	4.2	0	0	0	0

单独考虑第一个优化目标，其会导致精力集中在提高煤炭行业的产能上，原因是增加煤炭产能使来自其他行业的产出相对减少。

单独考虑第二个优化目标，其会导致更多的精力被投入到运输业上，原因是运输业使用的人力比其他行业少。

单独考虑第三个优化目标，其会导致煤炭行业的人力需求再次加大。

14.10　去中心化

通过求解 13.10 节中的模型，得到最优布局方案如下：

● 将部门 A 和部门 D 设在布里斯托。

● 将部门 B、C 和 E 设在布莱顿。

采用这种布局，可获得 80000 英镑的收益，通信成本为 65100 英镑。值得注意的是，此问题中，将部门搬出伦敦降低了通信成本，因为如果所有部门都留在伦敦，通信成本为 78000 英镑。

计算得到每年总的净收益为 14900 英镑。

14.11　曲线拟合

通过求解 13.11 节中的模型，得到

（1）使绝对偏差总和最小化的"最佳"直线方程为

$$y = 0.6375x + 0.5812$$

对应图 14.1 中的线 1，由该线产生的绝对偏差总和为 11.46。

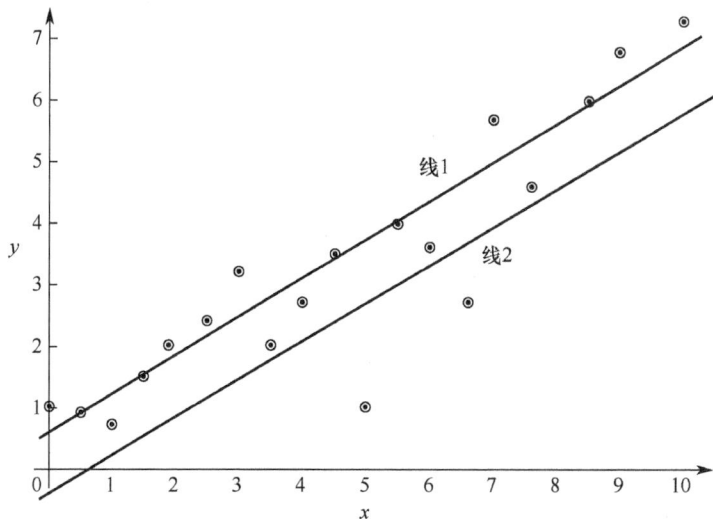

图 14.1 曲线拟合得到的直线

（2）使最大绝对偏差最小化的"最佳"直线方程为

$$y = 0.625x - 0.4$$

对应图 14.1 中的线 2，其产生的最大绝对偏差为 1.725[点（3.0, 3.2）、（5.0, 1.0）和（7.0, 5.7）都与该线有此绝对偏差]。相反，线 1 允许点（5.0, 1.0）的绝对偏差为 2.77。另外，虽然线 2 不允许任一点的绝对偏差超过 1.725，但与线 1 得出的 11.46 相比，绝对偏差的总和为 19.95。

（3）最小化绝对偏差总和的"最佳"二次曲线方程为

$$y = 0.0337x^2 + 0.2945x + 0.9823$$

对应图 14.2 中的曲线 1，其产生的绝对偏差总和为 10.45。

（4）最小化最大绝对偏差的"最佳"二次曲线方程为

$$y = 0.125x^2 - 0.625x + 2.475$$

对应图 14.2 中的曲线 2，其得出的最大绝对偏差为 1.475[点（0.0, 1.1）、（3.0, 3.2）、（5.0, 1.0）和（7.0, 5.7）都与该曲线有此绝对偏差]。

Williams 和 Mumford（1999）介绍了一种方法，可用于求解这类曲线拟合问题的解析解。

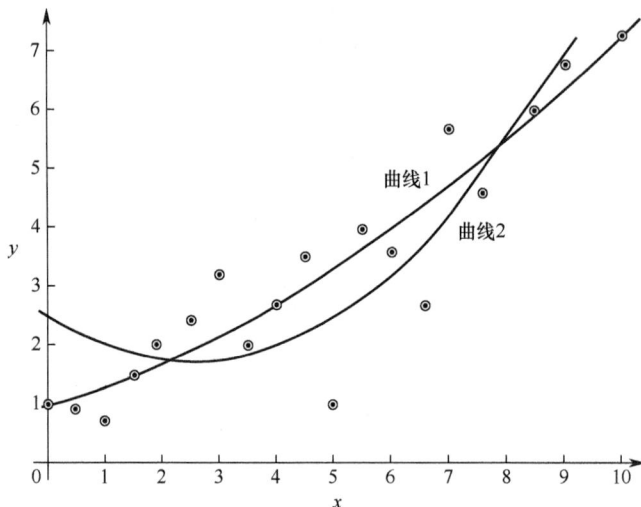

图 14.2 最小化最大绝对偏差总和的"最佳"二次曲线

14.12 逻辑设计

通过求解 13.12 节中的模型，得到如图 14.3 显示的最优解，除此之外也存在别的对称替代解。

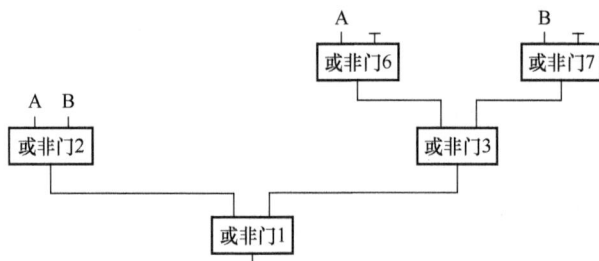

图 14.3 逻辑设计的最优解

14.13 市场分配

考虑 13.13 节中的本问题模型，其虽较易获得可行解，但得到最优解的难度很大。采用基础模型（无额外约束）来最小化百分比偏差总和时，在第 21 分支节点处获得首个可行解，其偏差总和为 8.49，最大偏差为 3.73%（区域 3OIL 目标）；

在第 360 分支节点处获得当前最优解，其偏差总和为 4.53，最大偏差为 2.50%（交货点目标）；在第 1995 分支节点完成搜索。

当切换至最小化最大百分比偏差目标时，在第 37 分支节点处获得可行解，其最大偏差为 2.50%（区域 3OIL 目标），偏差总和为 8.82；在第 3158 分支节点处，经过验证，为最优解。

第二个模型是通过为 3 个地区的 OIL 目标添加 228 个 "面" 约束而建成的。该模型规模的增加大幅减少了给定时间内可检索的节点数量。10 秒后，以最小化百分比偏差总和为目标，检索了 75 个节点，在节点 61 处获得的最小百分比偏差总和为 11.28，与此解相关的最大偏差为 2.77%（SPIRITS 目标）。当目标为最小化最大偏差时，检索了 36 个节点，但没有找到可行解。

最理想的是第三个模型，添加了 6 个 "更严格" 的单约束，其在逻辑上等同于 3 个地区的 OIL 目标对应的 6 个约束。以最小化百分比偏差总和为目标，在检索了 35 个节点后求得一个可行解，百分比偏差总和为 8.83，最大偏差为 2.5%（在 "增长" 前景目标中）。此计算在 394 个节点后终止，未找到其他可行解。

如果以最小化最大偏差为目标，在 44 个节点后找到一个可行解，最大偏差为 3.15%（在 SPIRITS 目标中），相关的百分比偏差总和为 12.14。在节点 200 处找到一个更优的解，最大偏差为 2.5%（在 "增长" 前景目标中），相关的百分比偏差总和为 9.7，而在 303 个节点后未找到更好的解。

经事后分析可以发现，最大最小目标不能降低到 2.5%以下，因为在右侧值为 3.2 的情况下，"增长" 目标中的松弛变量不能小于 0.2。于是，该约束中的松弛变量固定为 0.2，剩余变量固定为 0，重新运行该问题的第三个模型，以最小化百分比偏差总和。在节点 681 处找到了最优整数解，其中百分比偏差总和为 7.806，该解在 889 个节点后被证明是最优的，并将 M1, M2, M3, M4, M11, M16, M18, M21, M22 零售商分配给 D1，其他所有零售商被分配给 D2。

考虑该问题的计算难度，其重要性已经被充分证明。Aldar 等人（1999）介绍了一种使用 "基约减" 的重构方法，可解决类似问题。

14.14 露天采矿

通过求解 13.14 节中的模型，经过 28 次迭代，得到最优解为开采如图 14.4 所示的阴影区块，这使得利润为 17500 英镑。

1级
（表面）

2级
（25英尺深）

3级
（50英尺深）

4级
（75英尺深）

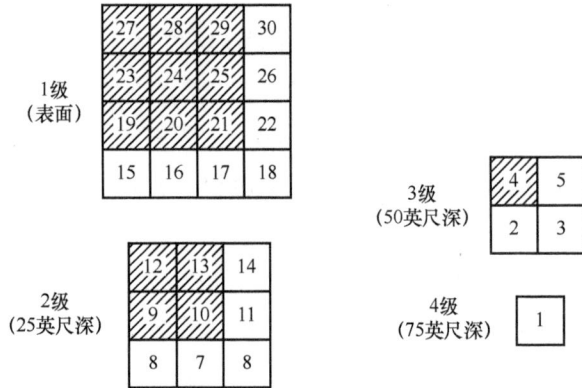

图 14.4　露天采矿问题的最优解

14.15　电价（发电）

通过求解 13.15 节中的模型，得到每个时段发电机的工作安排及输出如下：

时段	发电机工作安排
时段 1	12 台 1 型，输出 10200 兆瓦
	3 台 2 型，输出 4800 兆瓦
时段 2	12 台 1 型，输出 16000 兆瓦
	8 台 2 型，输出 14000 兆瓦
时段 3	12 台 1 型，输出 11000 兆瓦
	8 台 2 型，输出 14000 兆瓦
时段 4	12 台 1 型，输出 21250 兆瓦
	9 台 2 型，输出 15750 兆瓦
	2 台 3 型，输出 3000 兆瓦
时段 5	12 台 1 型，输出 11250 兆瓦
	9 台 2 型，输出 15750 兆瓦

采用最优方案时，每日运营总成本为 988540 英镑。

当从此类混合整数规划模型推导生产的边际成本时，会遇到变量不连续导致的困难，解决方法是，可将整数变量固定在最佳整数值上，再从生成的线性规划模型中获取经济信息。一般来说，最优解对应的实际情况发生变化会导致边际成本的变化。也就是说，即使不改变每个时段运行的各类发电机数量（尽管运行水平可能有所不同），也会产生边际成本。

此外，通过需求约束的影子价格（除以该时段小时数），能够得到每小时生产的边际成本，具体如下：

时段	成本
时段 1	1.3 英镑/兆瓦时
时段 2	2 英镑/兆瓦时
时段 3	2 英镑/兆瓦时
时段 4	2 英镑/兆瓦时
时段 5	2 英镑/兆瓦时

用此方法获得边际成本的估值，显然不会有储备电量对应的数值发生变化的问题，因为这些约束中所有变量都已固定。

除了用上述方法求得约束边际估值，也可采用对应于连续最优解的影子价格。在此模型中，连续最优解给出了以下运行模式，而这种运行模式在实际应用中显然是不可接受的，因为运行的发电机数量太少：

时段	发电机	输出功率
时段 1	12 台 1 型	输出 10200 兆瓦
	2.75 台 2 型	输出 4800 兆瓦
时段 2	12 台 1 型	输出 15200 兆瓦
	8.46 台 2 型	输出 14800 兆瓦
时段 3	12 台 1 型	输出 10200 兆瓦
	8.46 台 2 型	输出 14800 兆瓦
时段 4	12 台 1 型	输出 21250 兆瓦
	9.6 台 2 型	输出 16800 兆瓦
	1.3 台 3 型	输出 1950 兆瓦
时段 5	12 台 1 型	输出 10200 兆瓦
	9.6 台 2 型	输出 16800 兆瓦

所得目标值（成本）为 985164 英镑。

需求约束下的影子价格对应以下生产边际成本：

时段	边际成本
时段 1	1.76 英镑/兆瓦时
时段 2	2 英镑/兆瓦时
时段 3	1.79 英镑/兆瓦时
时段 4	2 英镑/兆瓦时
时段 5	1.86 英镑/兆瓦时

此时，对于 15% 的储备输出保证，可通过适当约束下的影子价格得出有意义的估值。唯一的非零估值在时段 4 的约束中，表明每小时成本为 0.042 英镑。该约束右端项的范围表明，15% 的输出保证可以在 2% 和 52% 之间变化，附加每小时的边际成本为 0.042 英镑。

14.16　水电

通过求解 13.16 节中的模型，得到每个时段应运行以下火力发电机，并给出相应输出：

时段	火力发电机	输出功率
时段 1	12 台 1 型	输出 10565 兆瓦
	3 台 2 型	输出 5250 兆瓦
时段 2	12 台 1 型	输出 14250 兆瓦
	9 台 2 型	输出 15750 兆瓦
时段 3	12 台 1 型	输出 10200 兆瓦
	9 台 2 型	输出 15750 兆瓦
时段 4	12 台 1 型	输出 21350 兆瓦
	9 台 2 型	输出 15750 兆瓦
	1 台 3 型	输出 1500 兆瓦
时段 5	12 台 1 型	输出 10200 兆瓦
	9 台 2 型	输出 15750 兆瓦

时段 4 和时段 5 工作的唯一水力发电机为 B，其输出为 1400 兆瓦。

应在以下时段按给定水平抽水：

时段	输出功率
时段 1	815 兆瓦
时段 3	950 兆瓦
时段 5	350 兆瓦

尽管在时段 5 既抽水又运行水力发电机 B 看似矛盾，但鉴于水力发电机只能在固定水位工作，为满足时段 1 开始时水库高度为 16 米的要求，这种操作是必要的。可使用模型来计算此环境要求的相应成本。

每时段开始时水库高度应为

时段	水位高度
时段 1	12 米
时段 2	17.63 米
时段 3	17.63 米
时段 4	19.53 米
时段 5	18.12 米

上述运行成本为 986630 英镑。

Note

在求解该模型时，最优目标值必须小于或等于 14.15 节总成本数值，这一点很有价值，有两大原因：首先，14.15 节中仅使用火力发电机的最优解是该模型的可行解；其次，使用水力发电机可在不加成本的情况下实现 15% 的附加输出保证，并且没有其他成本。当通过分支定界法求解该模型时，14.15 节中的最优目标值可用作优化树搜索的"目标切点值"。

Archibald 等人（1999）指出，可用随机规划优化水电的使用，以此应对不确定性建模问题。

14.17 三维立方体装球问题

通过求解 13.7 节三维立方体装球问题对应的数学模型，得到相同颜色的最少线条数量为 4 条。该问题有多个替代解，图 14.5 给出了其中一个。图 14.5 中分别呈现了立方体的顶部、中间和底部层面，其中阴影部分代表放置有黑球的单元格。

该替代解在搜索 15 个节点后求得，而要证明其为最优解则需 1367 个节点。

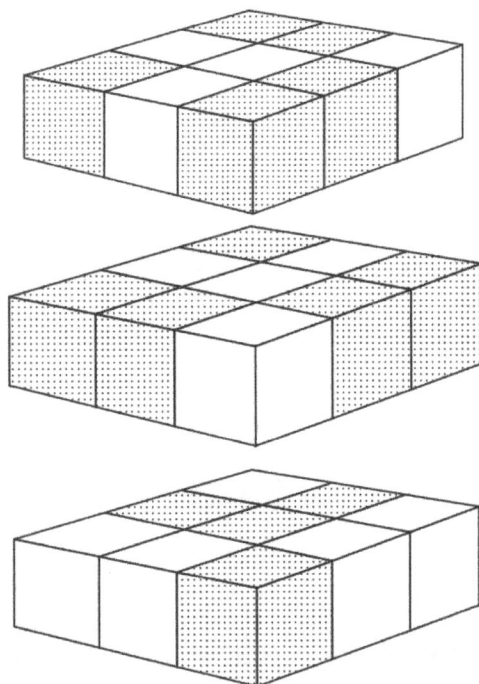

图 14.5 三维立方体装球问题的替代解

14.18　优化约束条件

通过求解 13.18 节中的模型，得到约束的"最简"版本（右端项最小）为

$$6x_1 + 9x_2 - 10x_3 + 12x_4 + 9x_5 - 13x_6 + 16x_7 + 14x_8 \leqslant 25$$

这也是要求系数绝对值和最小的约束条件，两者等价。

14.19　指派问题 1

通过求解 13.19 节中的模型，得到图 14.6 所示的运输对应的最小成本分配模式（数量单位为千吨）。

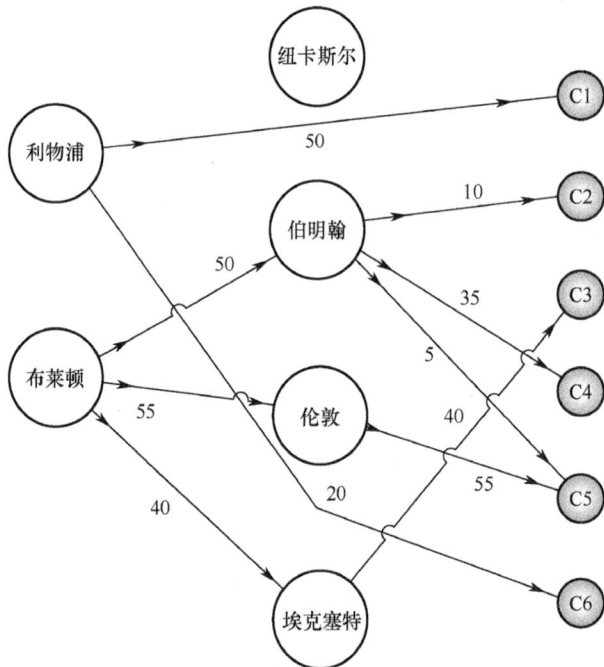

图 14.6　运输对应的最小成本分配模式（单位：千吨）

这里有一个替代最优解，其中从布莱顿到埃克塞特的 40000 吨货物来自利物浦。

采用这种分配模式时每月花费为 198500 英镑。

伯明翰和埃克塞特的仓库容量已用尽。在这些仓库中，每月附加增加 1 吨容量的价值（体现在降低配送成本上）分别为 0.20 英镑和 0.30 英镑。

只要单位分配成本保持在一定范围内，这种分销模式将保持不变，具体路径及成本范围如下所示（仅针对要使用的路径）：

路径	成本范围
利物浦到 C1	$-\infty \sim 1.5$
利物浦到 C6	$-\infty \sim 1.2$
布莱顿到伯明翰	$-\infty \sim 0.5$
布莱顿到伦敦	$0.3 \sim 0.8$
布莱顿到埃克塞特	$-\infty \sim 0.2$
伯明翰到 C2	$-\infty \sim 1.2$
伯明翰到 C4	$-\infty \sim 1.2$
伯明翰到 C5	$0.3 \sim 0.7$
伦敦到 C5	$0.3 \sim 0.8$
埃克塞特到 C3	$0 \sim 0.5$

仓库容量可在一定限度内改变，对于未充分利用的纽卡斯尔和伦敦仓库，在这些限制范围内改变容量对最佳分配模式没有影响。对于伯明翰和埃克塞特仓库，在限制范围内，仓库容量的变化对总成本的影响为每月每吨 0.2 英镑和 0.3 英镑。如果超出某些限制，则需要通过预测来解决问题，相应限制为

仓库	容量范围
伯明翰	$45000 \sim 105000$ 吨
埃克塞特	$40000 \sim 95000$ 吨

需要注意的是，上述所有灵敏度分析结果仅在允许范围内单个变量变动时成立。显然，当前解未满足客户对供应商的偏好要求。

通过最小化第二个目标函数，可将非优选供应商向客户的供货量降至最低。优化结果表明无法满足所有偏好，最小化第二个目标函数对应的最佳分配方案如图 14.7 所示，其中客户 C5 接收伦敦仓库（非最优仓库）10000 吨货物，此乃满足最小成本的最优偏好妥协方案（存在其他同等偏好妥协方案但成本更高），对应最低总成本为 246000 英镑，进而表明满足额外客户偏好的边际成本为 47500 英镑。

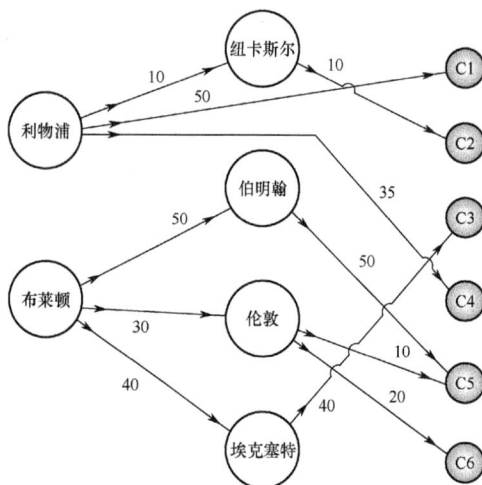

图 14.7　最小化第二个目标函数对应的最佳分配方案（单位：千吨）

14.20　仓库选址（指派问题 2）

通过求解 13.20 节中的模型，得到最低成本的解决方案为关闭纽卡斯尔仓库，并在北安普敦开设一个仓库，且扩建伯明翰仓库。这些调整和新的分配模式使得每月总成本（已考虑关闭纽卡斯尔仓库所节省的成本）为 174000 英镑。新的分销模式（数量单位为千吨）如图 14.8 所示。

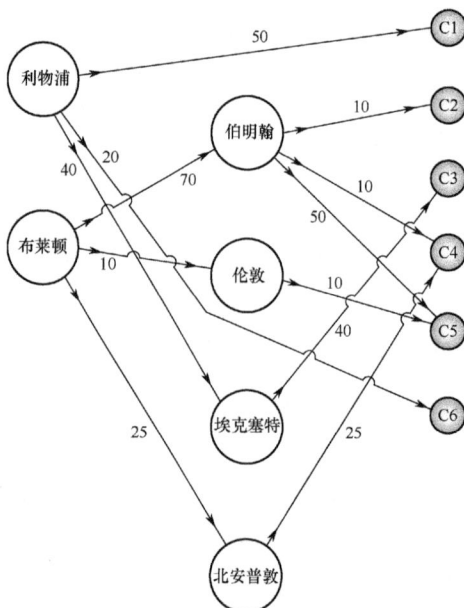

图 14.8　新的分销模式（单位：千吨）

Note

这一解经过 40 次迭代求得，由于连续最优解为整数，因此不需要进行树搜索。

14.21 农产品定价

通过求解 13.21 节中的模型，得到农产品的最优价格为

农产品	价格
牛奶	303 英镑/吨
黄油	667 英镑/吨
奶酪 1	900 英镑/吨
奶酪 2	1085 英镑/吨

由此得出的年收入为 19.92 亿英镑。根据上述价格可直接计算出对应的年需求量，具体包括：

农产品	价格
牛奶	4781000 吨
黄油	384000 吨
奶酪 1	250000 吨
奶酪 2	57000 吨

对价格指数施加约束的经济成本可从该约束下的影子价格来获得。在此例中，最优解中的影子价格显示，当新价格每增加 1 英镑时，过去一年的消费成本将会增加 0.61 英镑。

14.22 效率分析

高效利用的销售展厅式车库包括 3 号（贝辛斯托克）、6 号（纽伯里）、7 号（朴次茅斯）、8 号（奥尔斯福德）、9 号（索尔兹伯里）、11 号（奥尔顿）、15 号（韦茅斯）、16 号（波特兰）、18 号（彼得斯菲尔德）、22 号（南安普敦）、23 号（伯恩茅斯）、24 号（亨利）、25 号（梅登黑德）、26 号（法勒姆）和 27 号（罗姆西）。

需要注意的是，这些车库高效的原因可能不同。例如，纽伯里的员工人数是贝辛斯托克的 12 倍，但展厅空间却只大 5 倍，它卖出了 10 倍的阿尔法款车和 10.4 倍的贝塔款车，并赚取了 9 倍的利润，这表明其对展厅空间的利用更高效，员工只是次要的原因。

其他车库被认为效率低下，在表 14.8 中按效率降序排列，表中也给出了这些车库相对高效车库的效率值相关数据。

表 14.8　按效率排序的车库

车库	效率值	高效车库相对效率值基准的倍数
19 佩特沃斯	0.988	0.066（6）＋0.015（18）＋0.034（25）＋0.675（26）
21 雷丁	0.982	1.269（3）＋0.544（15）＋1.199（16）＋2.86（24）＋1.37（25）
14 布里德波特	0.971	0.033（3）＋0.470（16）＋0.783（24）＋0.195（25）
2 安多弗	0.917	0.857（15）＋0.215（25）
28 灵伍德	0.876	0.008（3）＋0.320（16）＋0.146（24）
5 沃金	0.867	0.952（8）＋0.021（11）＋0.009（22）＋0.148（25）
4 普尔	0.862	0.329（3）＋0.757（16）＋0.434（24）＋0.345（25）
12 韦布里奇	0.854	0.797（15）＋0.145（25）＋0.018（26）
1 温彻斯特	0.840	0.005（7）＋0.416（8）＋0.403（9）＋0.333（15）＋0.096（16）
13 多切斯特	0.839	0.134（3）＋0.104（8）＋0.119（15）＋0.752（16）＋0.035（24）＋0.479（26）
20 米德赫斯特	0.829	0.059（9）＋0.066（15）＋0.472（16）＋0.043（18）＋0.009（25）
17 奇切斯特	0.824	0.058（3）＋0.097（8）＋0.335（15）＋0.166（16）＋0.236（24）＋0.154（26）
10 吉尔福德	0.814	0.425（3）＋0.150（7）＋0.623（8）＋0.192（15）＋0.168（16）

例如，对于佩特沃斯车库，其使用输入如下：

车库相关属性	属性取值
员工	502（人）
展厅空间	550 平方米
1 类人群	2（千人）
2 类人群	2（千人）
阿尔法款询价	7.35 次（每 100 秒）
贝塔款询价	3.98 次（每 100 秒）

所得输出为

1.518	（每 1000 秒）	阿尔法款销售量
0.568	（每 1000 秒）	贝塔款销售量
1.568	（每百万镑）	利润

显然，仅对于佩特沃斯车库，其所得输出相对于输入，至少是 1.0119 倍。

对输入和输出约束的对偶值也有有效解释，可视为特定车库希望对其输入和输出施加的权重，目的是最大化输出与输入的加权比率，同时保证其他车库的相应比率保持在 1 以上。以佩特沃斯为例，求解模型的对偶值结果是输入为 0、0.1557、0.0618、0.0158、0 和 0，输出为 0.1551、0 和 0.495。

以下给出加权比计算结果：

$$\frac{0.1551 \times 1.5 + 0.495 \times 1.55}{0.1557 \times 5.5 + 0.0618 \times 2 + 0.0158 \times 2} \approx 0.988$$

这一计算结果即为效率值。佩特沃斯对高输出影响最大，因此能更好地展现其优势，而对高输入的影响最小。

3.2 节和 13.22 节中提到的对偶表达可对权重进行优选，以使得比值最大化，同时确保其他具有这些权重的车库的比值低于 1。

14.23 牛奶收集

通过求解 13.23 节中的模型，得到图 14.9 所示的牛奶收集问题的最优解。图中，短条虚线代表第 1 天的收集路径，点画虚线代表第 2 天的收集路径，整个收集过程覆盖的总距离为 1229 英里。

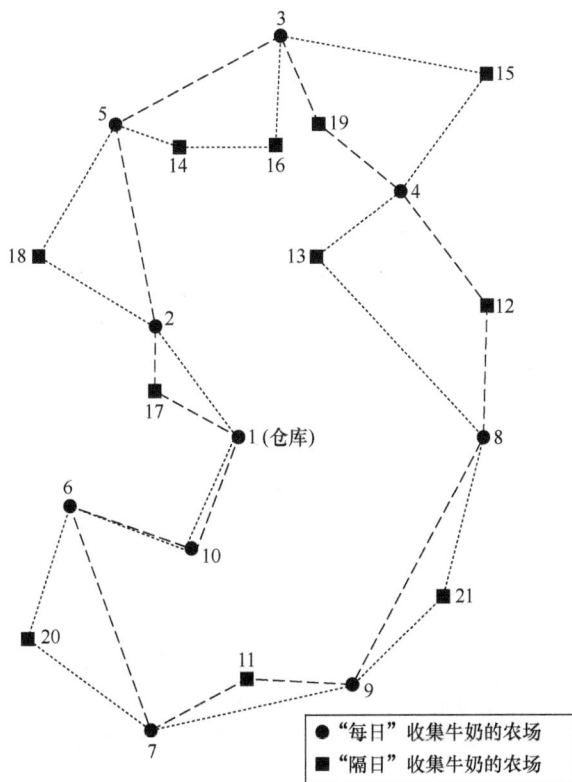

图 14.9 牛奶收集问题的最优解

基于 13.23 节的模型，初始解产生了非法子回路，具体为

- 第 1 天：农场(2,5,18)、(3,16,13,4,19)、(1,8,21,9,11,7,6,10)。
- 第 2 天：农场(6,7,20)及所有其他农场构成的回路。

该不可行解总里程为 1214 英里，随后引入子回路消除约束（约束在两天同时生效，以防止子回路在另一天再次出现），得到新的解中第 1 天无子回路，第 2 天产生子回路为(1,2,17,6,7,10)、(4,15,3,5,14,16,13)和(8,9,21)，再次引入子回路消除约束（同时在这天生效），最终获得图 14.9 所示最优解（无子回路）。

求解三个阶段中遍历的分支节点数为：34 个，13 个，272 个。值得关注的是，如果求解时未采用 13.23 节所述非聚合约束（disaggregated constraints），首阶段节点数将达 1707 个（而非 34 个）。

本问题基于 Butler、Williams 及 Yarrow（1997）研究的更大规模案例。原问题需采用更高级解法：通过推广旅行商多面体（travelling salesman polytope）结构特性的已知结论来实现优化求解。

14.24　收益管理

通过求解 13.24 节中的模型，得到本问题的最优解，必要时，座位数四舍五入为最接近的整数。

- 时段 1

可行限度内售票价格如下：

座位类型	售价
头等舱	1200 英镑
商务舱	900 英镑
经济舱	500 英镑

在时段 2 设定的临时价格如下：

座位类型	售价	对应情况
头等舱	1150 英镑	若时段 1 内出现情景 1
	1150 英镑	若时段 1 内出现情景 2
	1300 英镑	若时段 1 内出现情景 3
商务舱	1100 英镑	针对时段 1 内所有情景
经济舱	700 英镑	针对时段 1 内所有情景

在时段 3 设定的临时价格如下：

座位类型	售价	对应情况
头等舱	1500 英镑	针对时段 1 和 2 内所有情景
商务舱	800 英镑	针对时段 1 和 2 内所有情景
经济舱	480 英镑	针对时段 1 内所有情景及时段 2 内情景 1 和 2
	450 英镑	针对时段 1 内所有情景及时段 2 内情景 3

最优方案为预订 3 架飞机，预期收入为 169544 英镑。

● 时段 2

根据时段 1 确定的价格水平，结合给定的需求重新运行模型，从而在时段 2 生成以下决策建议。

可行限度内售票价格如下：

座位类型	售价
头等舱	1150 英镑
商务舱	1100 英镑
经济舱	700 英镑

在时段 3 设定的临时价格如下：

座位类型	售价	对应情况
头等舱	1500 英镑	针对时段 2 内所有情景
商务舱	800 英镑	针对时段 2 内所有情景
经济舱	480 英镑	针对时段 2 内情景 1 和 2
	450 英镑	针对时段 2 内情景 3

最优方案为此情景下还是预订 3 架飞机，预期收入为 172969 英镑。

● 时段 3

根据时段 1 和 2 确定的价格水平，结合给定的需求重新运行模型，在时段 3 生成以下决策建议。

可行限度内售票价格如下：

座位类型	售价
头等舱	1500 英镑
商务舱	800 英镑
经济舱	480 英镑

最优方案为此情景下仍旧预订 3 架飞机，预期收入为 176392 英镑。

采用最后一周需求，求得解为

● 时段 1

座位类型	数量、售价与收益
头等舱	25 个座位，售价 1200 英镑；收益 30000 英镑
商务舱	45 个座位，售价 900 英镑；收益 40500 英镑
经济舱	50 个座位，售价 500 英镑；收益 25000 英镑

- 时段 2

座位类型	数量、售价与收益
头等舱	50 个座位，售价 1150 英镑；收益 57500 英镑
商务舱	45 个座位，售价 1100 英镑；收益 49500 英镑
经济舱	50 个座位，售价 700 英镑；收益 35000 英镑

- 时段 3

座位类型	数量、售价与收益
头等舱	40 个座位，售价 1500 英镑；收益 60000 英镑
商务舱	25 个座位，售价 800 英镑；收益 20000 英镑
经济舱	36 个座位，售价 480 英镑；收益 17280 英镑

经过计算，运营需要 3 架飞机，因此减去飞机成本总收益为 184780 英镑。

对应原飞机上的舱位安排，优化解要求将商务舱的 4 个座位重新安排给头等舱，将经济舱的 5 个座位重新安排给商务舱。

如果要更改模型以实现预期需求（无追索权）情况下的最大化收益（允许给定需求低于预期），则最优解为

- 时段 1

座位类型	数量、售价与收益
头等舱	24 个座位，售价 1200 英镑；收益 28800 英镑
商务舱	39 个座位，售价 900 英镑；收益 35100 英镑
经济舱	50 个座位，售价 500 英镑；收益 25000 英镑

- 时段 2

座位类型	数量、售价与收益
头等舱	55 个座位，售价 1150 英镑；收益 63250 英镑
商务舱	43 个座位，售价 1100 英镑；收益 47300 英镑
经济舱	49 个座位，售价 700 英镑；收益 34300 英镑

- 时段 3

座位类型	数量、售价与收益
头等舱	34 个座位，售价 1500 英镑；收益 51000 英镑
商务舱	35 个座位，售价 800 英镑；收益 28000 英镑
经济舱	37 个座位，售价 480 英镑；收益 17760 英镑

此情景下，同样需要 3 架飞机，总收益为 180210 英镑。

该策略显然可通过对上一周期实施增量填充来优化：以最高收益方式利用闲置运力，即增售经济舱至 39 个座位（原方案为 37 个座位），从而使得 3 架航班满载。

此举将收益提升至 181170 英镑，但仍显著低于使用带追索权的随机规划模型求得的收益。

14.25　汽车租赁 1

通过求解 13.25 节中的模型，得到下面给出的解，其中车辆数已根据线性规划模型得出的分数答案进行了四舍五入。

该公司应拥有 624 辆汽车，如果遵循以下策略，每周可赚取 122398 英镑的利润。

每天开始时，每个网点未受损车辆的估计数如下（含已租出的车辆，即车辆不在任何网点）：

时间	格拉斯哥（辆）	曼彻斯特（辆）	伯明翰（辆）	普利茅斯（辆）
周一	68	99	145	46
周二	66	94	154	39
周三	70	100	125	47
周四	69	115	117	44
周五	71	102	126	44
周六	65	96	154	73

每天开始时，每个网点受损车辆的估计数如下：

时间	格拉斯哥（辆）	曼彻斯特（辆）	伯明翰（辆）	普利茅斯（辆）
周一	11	12	20	6
周二	7	12	20	4
周三	8	12	20	6
周四	9	12	20	5
周五	11	12	20	5
周六	7	12	22	3

在未受损车辆中，应按照问题陈述给出的比例，根据其所在时段和目的地，

确定每天出租车辆的具体数量：

时间	格拉斯哥（辆）	曼彻斯特（辆）	伯明翰（辆）	普利茅斯（辆）
周一	68	99	95	46
周二	66	94	154	39
周三	70	80	125	47
周四	69	115	111	44
周五	71	102	70	0
周六	65	93	124	73

规定不得转移未受损车辆，但应转移以下受损车辆（次日到达）。

格拉斯哥到曼彻斯特：

周一（辆）	周二（辆）	周三（辆）	周四（辆）	周五（辆）	周六（辆）
3	2	3	2	3	2

格拉斯哥到伯明翰：

周一（辆）	周二（辆）	周三（辆）	周四（辆）	周五（辆）	周六（辆）
5	5	3	4	9	5

普利茅斯到伯明翰：

周一（辆）	周二（辆）	周三（辆）	周四（辆）	周五（辆）	周六（辆）
5	3	6	5	5	3

曼彻斯特和伯明翰的 2 个维修点在 6 天时间里均处于饱和状态，每天分别维修 12 辆和 20 辆车。维修能力显然是公司经营的一个限制因素，这体现在维修能力约束的影子价格较高上，2 个维修点每天每辆车的影子价格在 617 英镑到 646 英镑之间。增加维修能力的方案是 12.25 节的主题，而文中涉及的解是在 153 次迭代中求得的。

14.26　汽车租赁 2

通过求解 13.26 节中的模型，得到本问题的优化解，对应最优方案为：仅需增加伯明翰的维修能力，同时使用维修能力扩充选项，将维修能力扩充至每天 22 辆，从而使所有网点的维修能力得到充分利用。

采取上述策略后，该公司能够将车辆规模扩充至 895 辆，每周利润达到 135511 英镑，但仍无法完全满足所有需求。

该模型在 5 个节点中完成求解。

14.27　遗失行李的配送

通过求解 13.27 节中的模型，得到本问题的优化配送方案：对应需要 2 辆货车，得到图 14.10 的解。求解过程中使用了 2263 个分支定界节点。

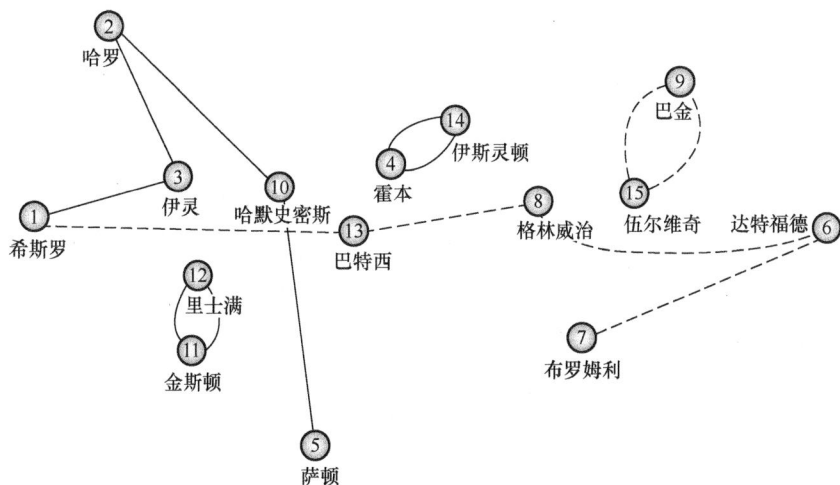

图 14.10　遗失行李配送问题的解

一辆货车的行驶路径用粗线表示，另一辆货车的行驶路径用虚线表示，两辆货车都需要 120 分钟，显然存在不可接受的子路径。

为了求得没有子路径的真解（此类解有很多），模型附加 31 个子路径消除约束，分 14 个阶段进行求解。该解需要 1296 个节点（在计算机上求解仅需几秒）。将所需货车的数量固定为 2 辆，并最小化货车行驶所需的最大时间，还需要另外 561 个节点求解（无须附加子路径消除约束）。此时生成了如图 14.11 所示的 2 条路径，货车到达最远位置所用的时间分别为 99 分钟和 100 分钟。

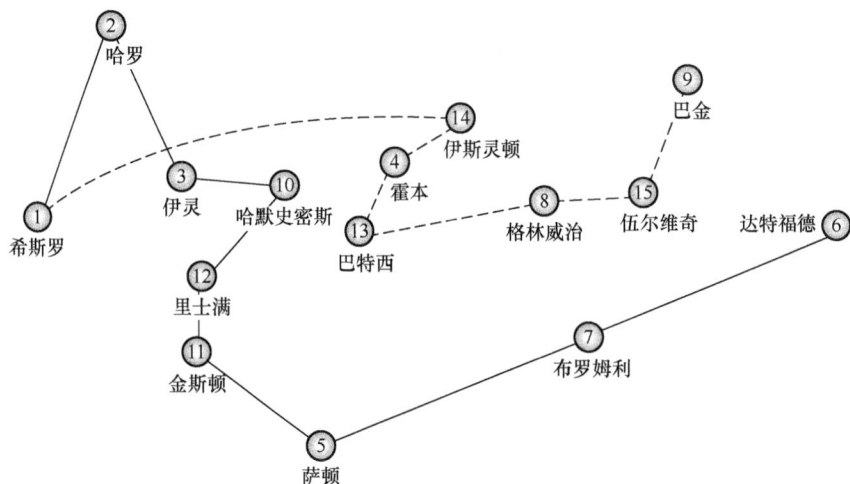

图 14.11　遗失行李配送的 2 条路径

14.28　蛋白质折叠

　　求解 13.28 节中的模型，通过遍历 471 个分支节点找到整数优化解，对应最优折叠方案中，除固有相邻匹配外，另有 8 对疏水氨基酸可形成优化匹配，折叠位点位于氨基酸(3,4)、(8,9)、(22,23)及(35,36)之间。蛋白质折叠的结果如图 14.12 所示，新增匹配以虚线标记。

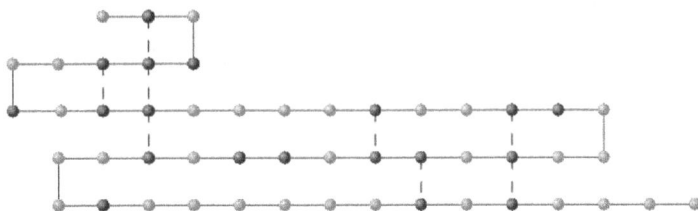

图 14.12　蛋白质折叠的结果

注：虚线表示附加匹配。

14.29　蛋白质比较

　　考虑 13.29 节中的模型，该借助 253 个分支定界节点来求解，最终得到如图 14.13 所示的结果。图中 5 条可比较的边表明，两种蛋白质之间的相似性较小。

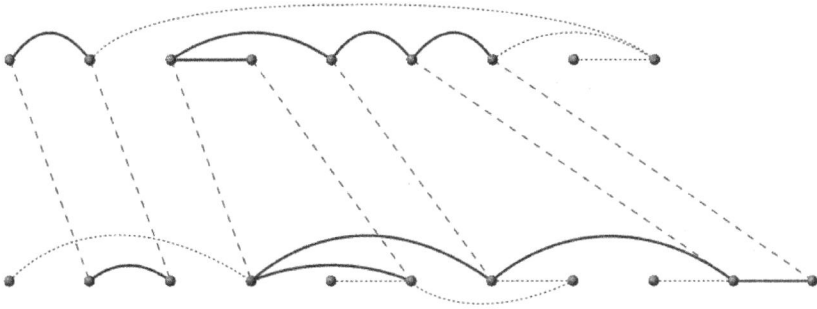

图 14.13　蛋白质比较问题的最终结果